생명 이야기

위세찬 지음

생명의 본질에 관한 몇 가지 견해

(주)바이오사이언스출판

저자 약력

위세찬

- 서강대학교 생물학과 학사, 석사
- 미국 일리노이 주립대학 박사(미생물학)
- 미국 캘리포니아 대학, 버클리 연구원
- 1987년 한림대학교 유전공학과(바이오메디컬학과) 교수
- 2011년 한림대학교 명예교수
- swee@hallym.ac.kr
- http://blog.naver.com/sechanwee

생명이야기 생명의 본질에 관한 몇 가지 견해

인쇄일: 2015년 5월 11일
발행일: 2015년 5월 18일

저　자: 위세찬
발행인: 한상정
발행처: (주)바이오사이언스출판
주　소: 137-060 서울특별시 서초구 효령로2길 10, 201호(방배동, 호산빌딩)
전　화: (02)581-4057~8　팩　스: (02)581-4059
이메일: inquiry@bioscience pub.com
홈페이지: http://www.biobooks.co.kr
ISBN: 978-89-6824-037-9 93470
등록번호: 제22-3079호

머리말

젊은 시절엔 누구나 아픔이 있게 마련이다. 나 역시 혹독한 시련을 겪었다. 가정과 사회에 대한 불만이 점점 확대되어 도대체 사람은 왜 살아야 하는지, 그토록 구차한 삶을 지속해 나갈 이유가 과연 있는지에 대한 심각한 질문에까지 이르렀다. 그와 더불어 아무렇지도 않게 묵묵히 살아가는 기성세대의 무신경, 심지어 그 진흙탕 속에서 희희낙락하는 속물성에 분노를 넘어 경멸을 퍼붓던 시절이었다. 돌이켜 보면 참으로 암담한 세월이었다.

좌충우돌하면서도 극단적인 선택을 하지 않았던 것은 무엇 때문이었을까? 언젠가는 해답을 얻을 수 있을 거라는 희망 때문이었을까? 아니면 유전자에 새겨져 있는 생존에 대한 의지 때문이었나? 어쨌거나 그로부터 많은 세월이 흘렀다.

과연 나는 해답을 얻었나? 그와 같은 형이상학적 의문이 내 손에서 해결되었으면 얼마나 좋았을까만 그것은 불가능한 희망이다. 답이 없기 때문이다. 해답은 얻지 못하였으나 문제는 해소되었다. 왜 살아야 하는지에 대한 질문자체가 소멸된 것이다. 굳이 답을 하자면 현재 살아있기 때문에 살아간다는 것. 결국 내가 그토록 혐오하던 그 기성세대와 똑같은 방식을 따르는 것 아닌가?

그 50년 가까운 세월 동안 쌓아온 변명을 일부 이 책 속에 담아 보았다. 생명이란 무엇인지를 놓고 고민하다가 어렴풋이 그려낸 데생 같은 것이다. 그것은 생명과학을 공부한 데 대한 보상일 터. 작고하신 은사님께서 자신 있게 예언하시던 것이 실현된 것이다.

이 책은 필자가 2010년부터 한림대학에서 교양과목으로 강의하던 것을 정리한 것이다. 수강생 중에는 인문·사회계열의 학생들이 절반 정도 되었는데 강의내용이 어렵다고 엄살을 떨면서도 잘 따라와 주었다. 사실 이 학생들이 아니었으면 이와 같은 책이 햇빛을 보기는 어려웠을 것이다. 참으로 자랑스러운 학생들이라고 추켜세워 주고 싶다.

내용을 모두 다섯 단원으로 나누어 구성하였다. 단원 1에서는 무생물에서 볼 수 없는 생명체의 특성으로부터 〈생명〉을 정의하였다. 이를 위하여 기존의 정의들과 자기복제 능력을 가진 여러 가지 존재들의 속성을 비교하고 참고하였다. 단원 2에서는 현재 발견되는 모든 생명체들을 구성하는 거대분자들의 특징과 그들의 합성에 관련된 에너지 문제를 살펴보았다. 또한 생명체에 저장된 유전정보를 포함하는 핵산의 성질, 그들의 복제, 유전자가 표현되는 과정을 간략하게 다루었다. 세 번째 단원 「생명의 기원」에서는 생명의 출현에 관한 여러 가지 가설을 검토한 후, '무생물발생설'에서 제시하는 생명 발생과정을 설명하였다. 그 다음 단원 4에서 일단 발생한 생명체가 지구상에서 다양한 종으로 분화되는 과정을 설득력 있게 제시하는 진화론을 다루었다. 마지막으로 단원 5에서, 생명이 자기 스스로 정보이면서, 정보 수용체로서 다양한 정보체로부터 정보를 생산하는 과정을 다루었다. 또한 물질적 실체에서 비롯된 정보는 거꾸로 실체로 전환될 수 없음을 뜻하는 '정보변환의 비가역성'을 논의하였다.

비록 각 단원과 세부 항목들이 나름대로 연관되어 있기는 하지만 이 책을 굳이 차례대로 읽을 필요는 없다. 각 항목들을 독립적 주제로 서술하였으므로 독자의 관심의 정도에 따라 선택하여 읽어도 무방할 것이다.

한 단원이 끝난 후 단원정리에서 그 내용을 요약하였다. 독자에 따라서는 부분적으로 어떤 단원의 전문적 내용을 거북하게 여길 수도 있겠으나 세부적인 것보다 전체의 윤곽을 파악하려는 태도가 더욱 중요하다. 단원정리를 통해 이야기의 진행을 이해하는데 도움이 되기를 바란다. 모쪼록 이 책을 통해 생명의 참모습을 조금이나마 들여다 볼 수 있게 된다면 저자로서 더할 나위없는 기쁨이 되겠다.

책을 구상하는 단계에서부터 마무리까지 끊임없이 용기와 격려를 아끼지 않은 신형철 교수에게 고마움을 전한다. 나름대로 새로운 생각을 끄집어내고 그것을 구체화하는데 도움을 준 '암반수 사우나'에 고마운 마음을 갖고 있다. 책 내용에 관해 토론하고 교정하는데 수고하여 주신 김현중, 이종완, 고재현, 권균, 김병현, 김성진, 손병홍, 송상용 교수 제위에게 감사의 뜻을 전한다. 바쁜 중에도 그림을 그려준 자랑스러운 질녀, 미셸의 공이 컸다. 사업적 성과가 불확실한 내용을 출판하는데 선뜻 동의해 주신 (주)바이오사이언스 출판에 감사한 마음을 전한다.

이와 같이 많은 분들의 도움으로 책이 완성되었으나 그 내용에 대한 비판은 오로지 필자의 몫이다. 설익은 생각, 터무니없는 주장 등이 있다면 그에 대한 질책을 기쁜 마음으로 받아들일 것을 천명하면서 귀와 가슴을 크게 열고 기다리겠다.

나의 가족, 특히 힘든 집안일을 떠안으며 내 일을 할 수 있게 놓아 준 아내 김명순에게 사랑을 담아 고마움을 전한다.

2014년 7월 일송도서관 커피숍에서

저자

차례

단원

1

생명이란 무엇인가?

1. 생명체의 특성

우리는 주변에 많은 생물들과 함께 살아가고 있다. 생물은 숫자도 많지만 종류가 다양하여 흔히 볼 수 있는 동식물들도 이름조차 알지 못하는 경우가 허다하다. 우리가 태어나기 전부터 이 땅에는 이미 수많은 생물들이 있어 왔다. 어떤 것은 땅에 뿌리를 내리고 물을 흡수하며 한편으론 잎에서 자신이 사용할 영양분을 생산한다. 어떤 것은 산과 들을 돌아다니며 풀을 뜯고 나무 열매를 먹는다. 또 어떤 것들은 다른 생물을 잡아먹고 산다. 새들은 깃털을 이용하여 하늘을 날고, 물고기는 아가미가 있어 물속에서도 숨을 쉰다. 어떤 생물은 너무 작아서 맨눈으로는 보이지 않는다. 현미경으로 확대해 보면 그들도 많은 종류로 나눌 수 있다. 생물체들이 이렇듯 엄청난 다양성을 나타내는 것을 보면 생명은 보편성을 지닌 현상임이 틀림없는 것 같다. 도대체 생명이란 무엇인가? 이토록 다양한 생물들은 생명이 없는 물체들과 비교하여 근본적으로 무엇이 다른가? 생명은 정의하기가 쉽지 않으므로 우선 생명체에서만 볼 수 있는 생명현상들을 열거하면서 이야기를 시작해 보자.

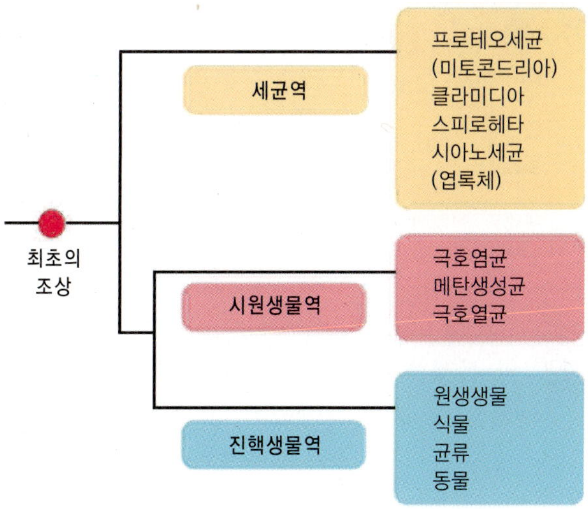

그림 1-1 지구상의 모든 생물체를 세 개의 역(domain)으로 구분한 칼 워즈의 분류. 최초의 조상을 나타내는 지점을 주목하시오.

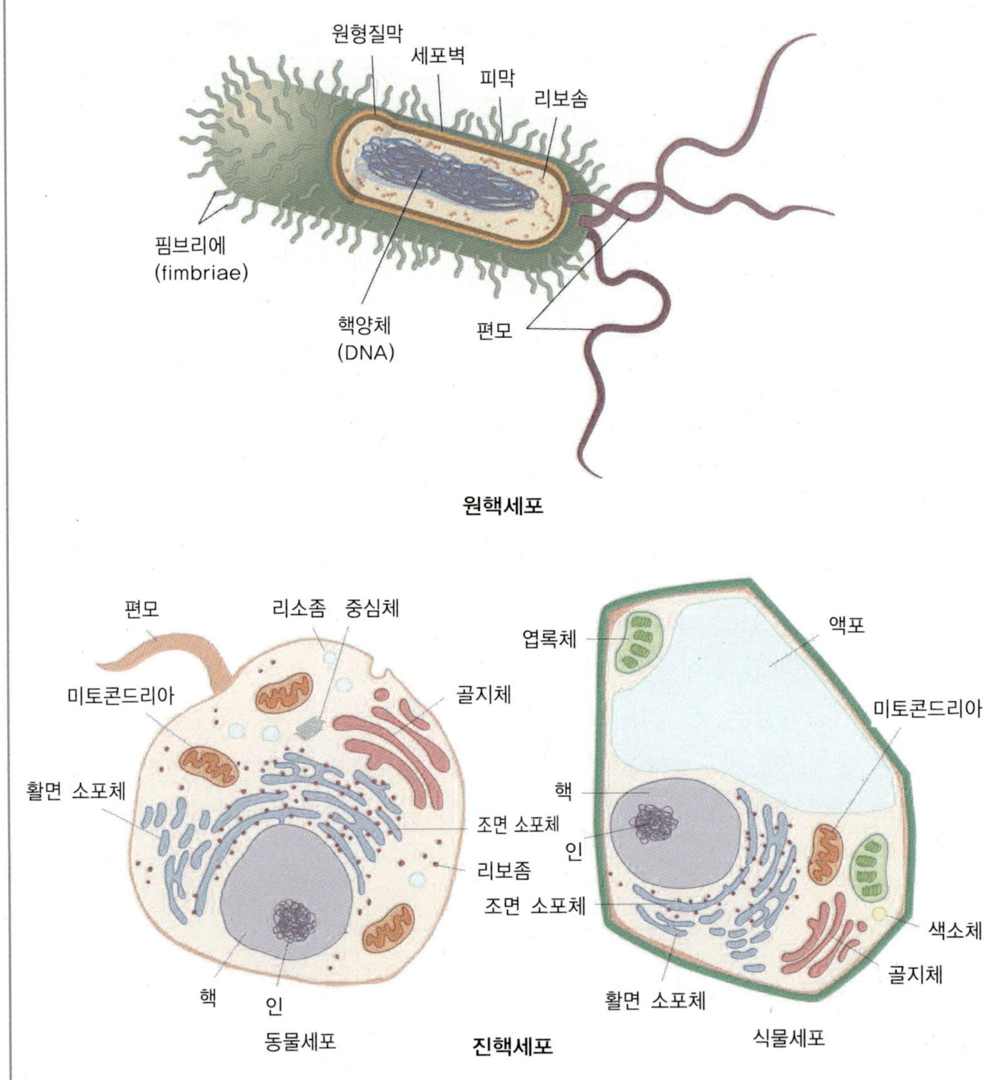

그림 1-2 원핵세포와 진핵세포. 원핵세포는 진핵세포와 달리 세포 내부에 막으로 싸인 소기관이 없으므로 그 구조가 상대적으로 단순하다.

생물은 유전정보와 그의 복제를 보장하는 체제 곧, 세포로 구성되어 있다. 지금까지 지구에서 발견된 모든 생물은 크게 세 개의 역[1], 곧 시원생물, 세균, 진핵생물[2]로 나눌

1) 생물을 분류하는 기본 단위는 '종' 이다. 각 종들의 유사성과 차이점을 기준으로 서로 묶거나 나누어서 더 높은 분류군(Taxon)인 속, 과, 목, 강, 문, 계 등으로 분류한다. 낮은 분류군인 종이나 속

수 있는데(그림 1-1) 이 세 그룹조차도 그들의 대사과정, 복제방식, 세포체의 구성 등이 매우 유사하다. 진핵생물 뿐 아니라 세균과 시원생물이 포함된 원핵생물[3] 같은 다양한 생물체들조차도 생명체의 기본 체제가 (구조와 그들의 기능) 같다는 것은 놀라운 일이다. (그림 1-2) 이러한 사실들을 설명하는 유일한 길은 이들 모두가 하나의 공통조상에서 유래되었음을 인정하는 것뿐이다. 생명현상이란 무엇인가? 우리가 관찰하는 생물에서 간추려 볼 수 있는 생명의 속성을 열거해 보자. 생명의 속성을 나타내는 작용을 생명현상이라 할 수 있겠기 때문이다. 무생물과 비교하였을 때 가장 두드러진 점은 이들이 생장을 한다는 것이다. 태어나고, 성장하고, 죽기 전에 생식(reproduction)으로 후손을 남긴다. 이것을 자가생산(autopoiesis)이라 할 수 있다. 또한 생물체는 자기보전성(self-sustaining)이 있다. 유전정보에 수록된 대로 자신의 체제를 형성하고 이미 구축해 놓은 체제(자신)가 일부 손상 또는 소실되면 그것을 복구한다. 말하자면 체제형성과 유지이다.

모든 물질은 부단히 변화한다. 특히 생명을 구성하는 물질들은 고도의 복잡성을 가지고 있어 더욱 쉽게 파괴, 분해된다. 그러므로 생명체제를 형성하고 유지하기 위해 생명물질들은 지속적으로 생산되어야 한다. 이를 위하여 환경으로부터 끊임없이 영양분을 섭취하고 이들을 생장에 필요한 물질로 전환시킨다. 이 과정에는 에너지가 필요하다. 이러한 에너지 요구에 부응하기 위하여 생명체는 외부에서 획득한 자원을 사용하여 자신이 필요한 형태로 변환시키는 능력이 있다. 식물은 환경에서 흡수한 빛 에너지를 ATP[4]라는 화

의 경우에는 유전적 근친관계, 말하자면 진화적 연관성이 비교적 잘 반영된다고 하겠으나 높은 단계로 갈수록 분류의 기준이 인위적, 주관적으로 흐르게 된다. 분류에 진화적 연관성을 더 잘 적용하기 위하여 칼 워즈(Carl Woese)는 모든 생물에서 한 종류의 리보좀 RNA의 염기서열을 서로 비교하였다. 그 결과 모든 생물을 크게 세 개의 그룹(Domain)으로 나누어 시원생물, 세균, 진핵생물로 하였다. 새로 생겨난 분류군을 '역'이라 번역하여 부른다.

2) 진핵세포로 구성된 생물. 진핵세포는 세포 내부에 잘 발달된 막 구조가 있어 세포질을 다양하게 구획지음으로써 특수한 기능을 수행하는 여러 종류의 소기관들을 지닌다. 소기관에는 핵, 미토콘드리아, 리소좀, 골지체, 엽록체 등이 있다. 흔히 핵을 둘러싸고 있는 핵막의 존재로 판단한다.

3) 원핵세포로 구성된 단세포 생물로 세포 내부에 막으로 싸인 구조가 없다. 세포를 원핵세포, 진핵세포로 구분하는 것은 세포내막 외에 유전체의 형태, 리보좀의 종류, 미세소관의 존재 등을 기준으로 한다. 그러나 이러한 구분은 최근에 와서 큰 도전을 맞게 되었다. 전자현미경을 사용하여 세포의 내부 구조를 관찰한 연구에 의하면 어떤 무리의 세균(Planctomycetes)은 여러 가지 기준으로 평가해 볼 때 원핵세포이지만 핵물질이 막에 둘러 싸여 있다. 따라서 핵막이 있느냐 없느냐에 따라 세포의 종류를 구분하고 원핵생물, 진핵생물로 분류하던 과거의 방식이 점차 퇴색되어가고 있다. 그러나 이 책에서는 편의상 계속 원핵세포, 진핵 세포(또는 생물)를 쓰고자 한다.

4) Adenosine 5'-triphosphate. 아데노신 삼인산. 아데노신의 5' 위치에 있는 세 개의 인산기 중 끝에 붙어 있는 인산 한 개 또는 두 개가 가수분해되어 ADP(Adenosine 5'-diphosphate) 또는 AMP (Adenosine 5'-monophosphate)로 전환될 때 방출되는 에너지가 세포의 여러 활동에 사용된다.

학에너지로 변화시켜 세포활동에 이용한다. 빛 에너지를 사용하지 않는 생물들은 외부에서 획득한 물질의 화학 에너지를 ATP로 전환시킨다. 생식과 자기보전성이 생명체의 필수 요건이라 한다면 에너지 변환 능력은 그 필수요건을 충족시킬 전제조건이라 할 수 있다. 생물체는 환경으로부터 오는 외부자극에 대하여 반응한다. 빛과 온도와 같은 물리적 환경변화뿐 아니라 영양분 또는 해로운 물질에 대한 화학적 환경변화도 감지하고 이에 적절한 방식으로 대응한다. 자극에 대한 반응이 생명의 기본 속성인지 아니면 생명체의 성공을 돕기 위해 진화된 이차적 속성인지를 가리는 데는 좀 더 깊은 성찰이 필요하다.

생명체의 특성을 더 많이 열거할 수 있겠으나 이 밖의 성질들은 위의 세 가지 특성에서 파생된 것이라 할 수 있다. 생명체의 특성을 아무리 상세하게 열거하고 설명한다 하더라도 이와 같은 기술은 생명체에 대한 이해를 돕기는 하지만 생명을 정의하는 것은 아니다. 생명현상을 가진 존재를 생명체라 할 수는 없겠기 때문이다. 생명을 어떻게 정의할 것인가? 위에서 생명의 속성 중에 가장 중요한 것으로 생식과 자기보전성 그리고 에너지 변환 능력을 꼽았다. 잠정적으로 생명체란 생식능력을 갖춘 자기보전체라 할 수 있겠다. 자기보전의 모든 내용과 방식은 유전정보에 수록되어 있고 따라서 유전정보의 복제를 토대로 이루어지는 생식의 의미가 더욱 중요하게 여겨진다. 생식은 세포분열에 의하여 이루어지며 세포분열은 유전정보의 복제를 전제로 일어나는 현상이므로 유전정보의 자기복제(self-replication) 능력은 생명체가 되기 위한 중요한 요건이다.

자기복제는 자신의 존재방식을 규정하는 유전정보를 지닌 물질을 복제함으로써 동일한 생명체의 증식을 가능케 한다. 자기복제 능력을 지닌 존재들은 매우 다양하게 알려져 있다. 오늘날 지구상에 알려진 모든 자기복제체의 유전정보 물질은 핵산이다. 그러한 존재들을 그룹 별로 열거하여 살펴보겠거니와 생명체로 편입되려면 자기복제 능력 이외에 또 어떤 속성이 필요한지 관심을 우리 뇌리의 한편에 지속적으로 묶어두자.

2. 생명체의 여러 가지 정의

위에서 생명체란 생식능력을 갖춘 자기보전체라 잠정적으로 정의한 것을 두고 이 시점에서 좀 더 생각해 보고자 한다. 에르빈 슈뢰딩거(Erwin Schrödinger)[5]는 생명체가 환경

5) Erwin Schrödinger. (1944) *What is life? The Physical Aspect of the Living Cell*, Cambridge: Cambridge University Press.
오스트리아의 물리학자, 1933년 노벨 물리학상 수상자. 1944년에 출간한 이 책은 생물학자들을 포함한 많은 과학자들에게 영감을 불어 넣었다. 그 영향으로 여러 물리학자들이 생명과학 분야로

에 비하면 매우 복잡한 조직 체제를 갖추고 있다는 점에 착안하였다. 간혹 환경에서 발견되는 결정체들은 복잡한 체제를 나타내고 있지만 생명체에 비하면 매우 단순한 것이다. 그들의 체제는 단위 분자의 주기적 반복에 의한 입체구조로 한 종류의 물질로 되어 있다. 이것에 비하면 생물체는 여러 종류의 단위물질이 비주기적 서열에 의하여 거대분자를 형성하고 그러한 거대분자들이 모여 매우 복잡한 체제를 이루고 있다.

이와 같은 체제를 만들고 유지하려면, 다른 말로 질서를 갖추려면 생명체 외부 환경은 더 큰 정도로 무질서하게 되어야 한다. 엔트로피(entropy)를 '무질서도'라고 한다면 생명체는 질서, 즉 네거티브 엔트로피(네거티브 무질서도)를 환경으로부터 흡수한다. 그 결과 생물체는 질서를 이루며 그 대가로 환경에 더 큰 무질서를 부과(방출)하는 것이다. 생명체의 이러한 특성들을 요약하여 그는 '생명체란 비주기성 결정으로 고도의 질서를 유지하기 위하여 환경으로부터 네거티브 엔트로피를 흡수하는 존재'라고 정의하였다. 슈뢰딩거의 정의는 간단하고 명료하지만 너무 물리학적 개념이어서 열역학에 익숙하지 않은 보통 사람들에게는 생명의 숨소리가 느껴지지 않는 생소한 것이다.

버날[6]은 생명을 다음과 같이 정의하였다. 곧, 생명은 '자기 자신인 유기 촉매에 의한 연속적인 유기화학 반응으로 자기존속하는(self-perpetuating) 능력을 갖춘 시스템'이다. 자기존속하는 능력에는 자가생산(autopoiesis)과 자기보전의 의미가 포함되어 있다고 볼 수 있다. 생명을 정의하는 데 동원되는 용어는 함축하는 의미에 따라 다르게 사용될 수 있다. 자기보전은 자기존속과 뜻이 거의 같지만 전자는 체제유지를, 후자는 생식을 더 강조한 것에 불과하다. 어떤 경우에도 자기복제는 생명의 정의에 포함시켜야 할 중요한 요소이다.

자기존속하는 과정에는 필요한 물질과 에너지를 공급하여야 하는데 그것은 자신의 일부를 이루는 효소의 촉매작용에 의하여 수행된다. 생명활동이 효소에 의하여 수행되므로 화학자들은 생명을 다윈의 진화를 겪으며 자기보전하는 화학적 체계라고 정의하였다.[7] 여기에서 사용한 진화의 개념은 생식, 여러 세대들을 잇는 물질의 연속성, 유전자의 변이, 돌연변이체의 자연선택 등의 현상을 포함시켜 사용한 것이다. 이것은 현재 NASA에서 외계 생명체의 존재를 판단하는 기준으로 채택한 실행정의(working definition)이기도 하다.

전향하여 바이러스, 분자유전학 분야에 큰 업적을 남겼다.

6) John Desmond Bernal, *The Origin of Life*, World Publishing Company, 1967

7) Joice G. Foreword. *In*: Deamer D.W., Fleischaker G. R. eds. *Origins of life*: The central concepts. Boston, Jones and Bartlett Publishers.
Horowitz and Miller, In *Progress in the Chemistry of Natural Products*, ed. L. Zechmeister. Springer Verlag, 1962 vol. 20, pp.423-59.

그림 1-3 생명의 정의에 따라 독자적으로 자신과 똑같은 것을 제작하는 로봇을 당신은 생명체라고 할 수 있는가? (출처; www.123rf.com)

컴퓨터의 발달과 함께 인공지능 연구가 활발한 요즈음 인공두뇌학적 생명체 정의가 있다. 코젠예프스키(Bernard Korzeniewski)[8]는 생명은 되먹임 장치의 네트워크라고 정의하였다. 여러 가지 형태의 로봇이 등장하고 있다. 문 앞에서 손님을 맞이하는 로봇을 비롯하여 청소 따위의 궂은 일, 산업현장의 위험한 일 등을 맡아하는 로봇도 있다. 자동차 조립공장에서 팔을 뻗어 부품을 받아들고 지정된 위치에 조립하는 로봇을 볼 수 있다. 그런데 로봇 자신을 조립하는 로봇은 어떠한가?(그림 1-3) 로봇의 성능을 크게 향상시켜 단순한 조립의 단계를 넘어 로봇을 구성하는 모든 부품까지도 스스로 제작하는 (자가생산 하는) 로봇이 있다면 그것을 생명체라 할 수 있을까?

아직도 선뜻 고개를 끄덕이지 않는 독자를 위해 한 가지 성능을 더 추가하자. 신기술을 적용하여 향상된 로봇은 이제 환경자원으로부터 원료를 뽑아내고 그 원료를 이용하여 부품을 만들 재료를 생산하는 기능이 추가되었다. 이 로봇은 환경에서 원료를 취득하여 자신이 필요한 재료로 전환시키고 여러 종류의 재료를 변형, 혼합하여 자신을 구성하는 부품을 만든다. 이렇게 만들어진 수많은 부품을 조립하여 결국 자신과 똑같은 로봇을 만들어 낸다. 이렇게 만들어진 로봇은 생명체인가?

3. 생명 스펙트럼

1) 세포

지구상의 생명체를 살펴보면 그들이 생명현상을 지닌 기본적인 단위, 곧 세포로 구성되어 있음을 알 수 있다. 지금 생각해 보면 너무나도 빤한 내용이지만 동물, 식물, 미생물

8) Korzeniewski B. "Cybernetic formulation of the definition of life". *J Theor. Biol.* (2001) **209**: 275-286.
Korzeniewski B. "Artificial cybernetic living individuals based on supramolecular-level organization as dispersed individuals". *Artificial Life* (2011) **17**: 51-67.

할 것 없이 모든 생물체들이 세포라고 하는 단위체 또는 그것들의 집합으로 구성되어 있다는 결론을 내리기까지는 오랜 세월이 소요되었다. 1665년 후크(Robert Hooke)가 코르크에서 세포[9])를 발견한 이래 동시대의 사람인 안토니 레이벤후크(Antonie van Leewenhoek)는 다양한 미생물을 발견하였다. 현미경의 성능이 좀 더 발전한 1838년에 이르러 매티아스 슐라이덴(Matthias Schleiden)은 모든 식물체가 세포로 구성되었음을 알게 되었고, 그 다음 해에 테오도르 슈반(Theodor Schwann)이 모든 동물도 세포로 구성되어 있다는 것을 발표하였다. 비로소 모든 생물은 세포로 구성되었고 세포는 생명현상을 나타내는 가장 작은 기본 단위라는 결론을 내리게 되었다. 이것이 소위 세포설이다. 세포설은 후에 더욱 발전되어 세포는 오직 이미 존재하는 세포의 분열에 의하여 생성된다는 새로운 항목이 추가된다. 세포는 어떤 조건을 갖추었기에 생명현상을 나타낼 수 있을까? 최우선으로 필요한 것은 세포를 주위 환경과 구별 짓는 경계, 곧 세포막이다. 세포가 환경과 차별화되려면 세포막은 세포를 환경으로부터 차단하는 장벽의 역할을 맡아야 한다. 그런데 세포막이 장벽의 역할을 완벽히 수행하게 되면 세포는 살아 있을 수 없다. 세포는 자기복제와 자기보전을 위해 환경에서 물질을 흡수해야 한다. 이런 이유로 세포막은 외부 물질을 선택적으로 투과시켜야 한다. 환경에 있는 물질 중 일부 또는 세포 속의 물질 중의 일부만이 세포막을 투과함으로써 환경과 구별되는 세포의 특성을 가질 수 있게 되는 것이다. 생명체는 환경과 단절되어 있는 고립계(isolated system)가 아닌 열린계[10])(open system)인 것이다.

생명현상을 나타낼 세포의 또 다른 조건은 위에서 언급한 대로 유전정보이다. 세포막 안에서 이루어지는 생명활동은 단순히 복잡한 화학반응의 무질서한 작용이 아니라 고도로 체계화되고 미세하게 조절되는 화학반응이다. 체계와 조절은 그 형식과 행동을 규정하는 지침을 필요로 한다. 유전정보가 바로 그것이다. 세포의 종류에 따라 원핵세포는 유전정보 물질이 세포내부에 그대로 노출되어 있고, 진핵세포의 경우 유전물질은 핵막이라 부르는 또 다른 생체막에 둘러싸여 있다. 생명활동을 위해서는 에너지와 물질이 필요하다. 이들은 세포막을 통해 흡수된다. 흡수한 물질에서 에너지를 추출하거나 변형시키는 과정을 수행할 효소 또한 필요하다. 대부분의 효소는 단백질이다.

세포는 효소를 이용하여 단백질, 핵산, 지질, 탄수화물 등 여러 종류의 거대분자(macromolecule)들을 합성해야 한다. 작은 세포 안에서 다양한 화학작용이 일어나야 하므로 세포 안에 구획(compartmentation)을 만드는 일이 절실히 요구된다. 원핵세포는 세

9) Robert Hooke가 실제 관찰한 것은 코르크의 죽은 세포가 남긴 세포벽으로 싸인 공간이었다. 이것이 마치 죄수를 수용하는 감방을 연상시켜 cell이란 이름을 붙이게 되었다.
10) 열린계이므로 생명체의 내부는 dynamic equilibrium(동적 평형)을 유지해야 한다.

포 구획화가 최소화되어 있는 데 비하여 진핵세포는 세포 안에 잘 발달된 막 구조를 갖추어 독특한 환경을 가진 여러 공간으로 나누어져 있다. 원핵세포가 진화적으로 진핵세포에 선행되었다는 점을 고려할 때 다음과 같은 비유를 들 수 있겠다. 즉, 세포를 사람이 사는 집이라고 하면 원핵세포는 원시시대의 움막집이라 하겠다. 벽과 지붕으로 외부환경으로부터 비바람을 막는다. 집 안은 하나의 공간으로 밥 짓고, 먹고, 자고, 또 노는 일 등 모든 활동이 그 속에서 이루어진다. 그에 비해 진핵세포에 비유되는 현대식 집은 많은 구획(방)으로 나누어져 있다. 주방, 거실, 침실, 화장실, 다용도실 등등. 이렇듯 개별적인 작용을 각각 특수한 공간에서 수행함으로써 효율적인 생명활동을 이룰 수 있다.

생명활동에 필요한 물질을 얻는 과정은 원핵세포든 진핵세포든 전적으로 세포막의 작용에 달려 있다. 세포막은 필요한 물질을 단순히 투과시키는 정도를 넘어 에너지를 사용하여 축적시키기까지 한다. 세포는 이렇게 얻은 물질을 변형시키면서 자신을 구성하는 성분으로 변화시킬 뿐 아니라 그것들을 이용하여 에너지를 생산하기도 한다. 물질을 합성하는 이유는 말할 것도 없이 또 다른 자신을 복제하기 위한 것이다. 원핵세포와 진핵세포는 비록 에너지 생산에 관계하는 구조는 크게 다르지만 생산 원리는 거의 동일하다. 원핵세포는 연료물질(주로 당)을 산화시키는 장소로 세포막을 택하였다. 세포 안에 특별한 칸막이가 없다 보니 이 중요한 작업을 수행할 마땅한 곳이 달리 없었으리라. 움막집에선 작업장이라 불릴 만한 나름대로의 공간이 없어 벽 안쪽에 선반을 걸고 작업도구를 얹어 놓고 벽을 마주 보면서 작업하는 격이다. 여기에 비하면 진핵세포의 작업장은 호화롭다. 미토콘드리아(mitochondria)라고 불리는 특수공간에서 다른 일로 방해받지 않고 에너지 생산에 전념할 수 있기 때문이다.

물질의 변형과정은 위에서도 말했거니와 효소의 작용으로 이루어진다. 원핵세포에서는 거의 모든 신진대사[11]가 세포질에서 이루어진다. 세포의 생명활동에 절대적으로 중요한 단백질 합성이나 유전정보의 복제과정도 역시 세포질에서 수행된다. 원핵세포와는 달리 진핵세포에서는 여러 가지 합성대사가 특별한 막 구조에 싸여서 진행된다. 합성된 일부의 단백질은 소포체(endoplasmic reticulum) 안에서 다양하게 변형되어 소낭(또는 소포, vesicle) 속에 들어가 물질분해에 관여하거나 다른 세포로 이동하게[12] 된다. 유전정보

11) 신진대사(metabolism)에는 분해대사(catabolism)와 합성대사(anabolism)가 있다. 분해대사는 복잡한 물질을 분해하여 작은 물질로 만들고 또 이들을 산화시켜 그 과정에서 에너지를 얻는다. 한편 합성대사에서는 분해된 작은 물질들을 이용하여 세포에서 요구하는 탄수화물, 지질, 단백질, 또는 핵산 따위의 거대분자로 만든다. 합성대사는 분해대사에서 생산한 에너지를 소모하는 과정이다.

12) 세포 밖으로 수송할 물질을 포함한 수송소낭(transport vesicle)이 세포막과 융합하게 되면 소낭 속의 물질은 자연히 세포 밖으로 나오게 된다.

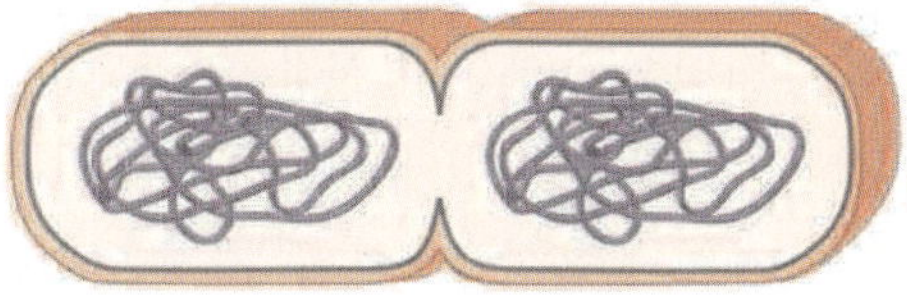

그림 1-4 이분법. 염색체가 복제된 후 각 염색체들은 서로 다른 세포로 분리된다.

의 복제 및 전사(transcription)는 핵 속에서 이루어진다. 핵은 말하자면 유전정보와 관련된 특수 공장인 셈이다.

원핵세포와 진핵세포는 세포구성에 있어 큰 차이를 보이지만 생명활동을 영위하는 기본원리는 동일하다. 세포활동의 첫 번째 요소인 자기보전에 필요한 물질을 환경에서 얻으며, 이들을 사용하여 에너지를 얻는다. 그 에너지는 얻은 물질 중의 일부를 자기물질(self material)로 합성하여 손상 또는 소실된 자신을 복구하는 데 사용된다. 세포의 또 다른 특성은 단순히 자기보전에 그치지 않고 새로운 자신을 생산하는 데 있다. 즉 생식이다. 세포는 생식을 통하여 죽기 전에 자신의 후계를 이어갈 뿐 아니라 증식한다.

원핵세포의 생식은 유전물질인 핵산의 복제가 이루어진 후 세포의 이분법(binary fission)에 의하여 완성된다. 앞에서 기술한 대로 대부분의 원핵세포는 핵물질이 막에 싸여 있지 않고 세포질의 중심부위에 뭉쳐 있다. 이것을 핵양체(nucleoid)라 부르는데 이는 염색체와 여러 종류의 단백질이 결합된 형태이다. 거의 모든 원핵세포의 염색체는 하나의 고리 모양의 핵산으로 이루어져 있다. 간혹 있어도 그만, 없어도 그만인 플라즈미드를 갖고 있기도 한다. 플라즈미드 역시 고리 모양의 핵산이다. 원핵세포에 속하는 세균의 염색체 DNA[13]는 수백만 개의 염기로 구성되어 있으며 이것이 수천 개의 유전자를 이룬다. 생식은 핵산이 복제될 때 매우 정교하면서도 체계적인 변화가 세포질과 핵산을 각각 이등분하여 차지하면서 일어난다(그림 1-4).

근본적으로 원핵세포의 생식은 한 개의 DNA가 복제되면서 두 개의 딸세포를 생산한 것이므로 이들은 복제되기 전의 모세포와 유전적으로 거의 동일하다. 흔히 이러한 방법으로는 단지 세포의 수가 늘어났을 뿐 다양성이 증가한 것은 아니라고 한다. 그러나 실제로는 핵산이 복제될 때 돌연변이가 일어나 약간의 다양성이 생길 수 있다. 돌연변이는 일어날 확률이 수십만에서 수백만 분의 일로 매우 낮다. 염기의 수로 보아 한 세포에 많게는 수 십 개의 돌연변이를 갖고 태어나는 것이다. 그러나 세균의 엄청난 개체수를 생각

13) Deoxyribonucleic acid. 핵산은 DNA와 RNA(ribonucleic acid), 두 종류가 있다.

하면 이 숫자는 결코 무시할 수 없고 결국 돌연변이가 나름대로 원핵세포의 다양성에 기여하는 것이다.[14] 이상적인 환경에서 세균의 성장속도는 매우 빠르므로 짧은 시간 안에 유전적으로 다양한 집단을 형성할 수 있다.

진핵세포의 생식과정은 무성생식과 유성생식의 두 가지 방법이 있다. 무성생식은 배우자 없이 한 세포가 유사분열을 통하여 유전적으로 자신과 동일한 두 개의 세포로 나뉘는 방식이다. 진핵세포는 유전체의 크기가 원핵세포의 수천 배에 이른다. 또한 여러 개의 염색체에 나뉘어 있다. 진핵세포의 DNA[15]는 원핵세포처럼 고리를 형성하지 않고 양 끝이 열려 있다. 이러한 여러 가지 물리적 특징 때문에 DNA는 원핵세포와는 비교할 수 없도록 복잡하게 조직화되어 있다. 따라서 진핵세포의 염색체가 분열할 때에는 매우 특별한 방식을 쓰는데 이를 유사분열 또는 체세포분열이라 한다. 염색체는 분열하지 않는 시기에는 염색질이라 불리는 가느다란 실 가닥처럼 풀어진 상태로 존재하며 세포분열이 일어나기 전에 DNA가 복제된다. 각 염색체에서 복제된 염색질들은 유사분열이 진행되면서 점점 꼬이고 조직화되어 특수한 형태를 이루며 염색이 잘 된다. 그 결과 현미경을 사용하여 쉽게 관찰할 수 있게 된다.

염색체란 용어 자체가 초기에는 이런 상태의 특수한 구조를 가리켰으나 지금은 'DNA와 그에 결합된 단백질로 구성된 유전물질' 정도로 폭 넓게 쓰고 있다. 모든 염색체들이 복제된 상태에서 세포 중앙에 모여 있다가 복제물들은 세포의 양 극단으로 서로 분리된다. 그 뒤 세포질이 세포의 중앙부위에서 갈라지면 새로 형성된 두 딸세포는 각각 한 세트의 염색체를 나누어 가지게 되는 것이다. 유사분열은 본질적으로 원핵세포의 이분법과 비슷하다. DNA가 복제한 후 서로 분리되어 새로운 염색체를 형성하는 방식이다. 무성생식에 의해 생성된 개체라 할지라도 한 개체에 수 만 개의 돌연변이를 가질 수 있으나, 원핵세포와 달리 분열 속도가 느려 이것만으로는 종의 다양성을 유지하기 어려울 것으로 보인다.

유성생식은 무성생식과는 달리 자식을 생산하는 데 두 배우자가 참여한다. 따라서 새로 태어난 자식은 양친의 어느 한쪽과도 유전적으로 같지 않다. 뿐만 아니라 자식은 모든 유전자를 쌍으로 갖고 있게 된다. 후손을 형성하는 데 양친의 유전자가 함께 관여한 결과

14) 이상적인 환경 속에서 세균은 10^9~10^{11} 세포/ml로 증식할 수 있다. 돌연변이 발생 빈도를 한 염기당 $1/10^{5\sim6}$이라고 하면, 대장균 염색체가 4.8×10^6 염기쌍을 가졌으므로 한 세포에 수 십 개의 돌연변이를 갖게 된다. 한 세균 집단의 변이는 ml 당 10^{10}~10^{12}개의 돌연변이를 포함하는 셈인데 이런 다양성 때문에 원핵세포가 멸종되지 않고 지금까지 존속하는 것이다.

15) Deoxyribonucleic acid, RNA(ribonucleic acid)와 더불어 핵산을 이루는 물질. DNA는 주로 유전체를 구성하는 정보저장 물질로서, RNA는 정보의 발현과 관련된 세포활동에 사용된다.

발생한 필연적인 현상이다. 유전자들은 염색체에 있으므로 양친은 생식세포를 형성할 때 자신들이 쌍(2n)으로 갖고 있는 염색체를 서로 분리하여 하나의 생식세포에는 한 벌(n)의 염색체만을 갖도록 하여야 한다. 이 과정이 곧 감수분열(또는 생식세포분열)이다. 세포는 분열하기 전에 유전자를 복제하므로 분열 직전의 염색체 상태는 2 x 2n이 된다. 결국 감수분열은 두 번의 분열을 통하여 한 벌(n)의 염색체를 갖는 생식세포 네 개를 생산하게 되는 것이다. 양친에서 생산된 생식세포들은 수정을 거쳐 다시 2n의 수정란이 된다. 유성생식에서 일어나는 염색체 변화를 간단히 알아보았다.

무성생식에서는 후손은 오직 돌연변이에 의해서만 유전적 다양성을 얻게 되는 데 비하여 유성생식은 다양성을 얻는 또 다른 이유가 있다. 첫째는 반수체(n)의 생식세포가 형성될 때(그림 1-5) 일어난다. 감수분열의 1차 분열에서는 쌍으로 갖고 있던 염색체들이 서로 분리되는데 이 염색체들은 원래 양친에게서 하나씩 물려받은 것이다. 모든 염색체 쌍들이(사람의 경우에 23쌍) 분리되어 다른 세포로 갈 때 매우 많은 경우의 수가 발생한다. 부친에게서 받은 염색체와 모친에게서 받은 염색체가 고스란히 서로 다른 세포로 갈라질 수도 있겠지만 그럴 확률은 매우 낮다. 대부분은 부모에게서 받은 염색체들이 서로 섞여서 나뉘게 될 것이다. 염색체가 어떻게 섞이느냐에 따라 다양한 조합이 생기게 되는데 그 수가 무려 2^n이 (n은 염색체 쌍의 수) 된다. 둘째는 염색체 쌍들이 서로 분리되기 직전

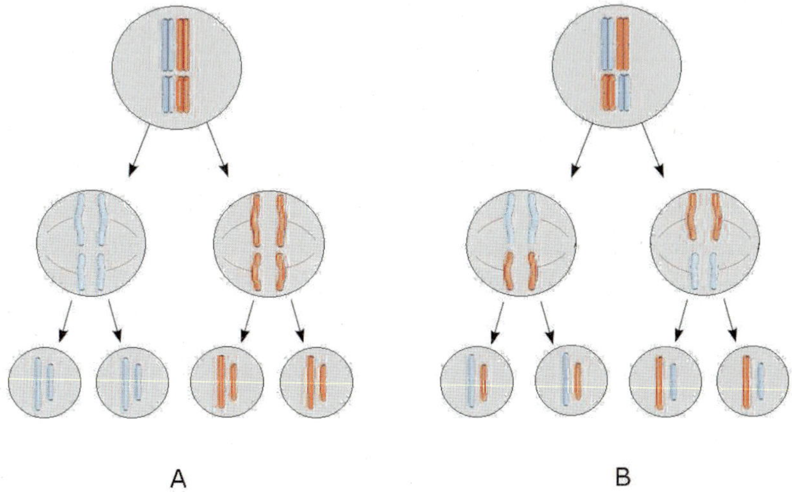

그림 1-5 진핵세포에서는 염색체들이 쌍으로(상동염색체) 존재하는데 이들은 생식세포를 형성할 때 서로 분리되어 최종 생식세포에는 염색체가 한 벌(copy)만 들어 있어 반수체이다. 이 때문에 생식세포들은 유전자 다양성을 나타내게 된다. A의 경우 길고, 짧은 두 염색체들은 어머니(붉은색)와 아버지(파란색)에게서 받은 것들이 1차 분열에서 함께 행동(동일한 세포로 이동)하였으나 B에서는 서로 다른 세포로 갈라졌다. 오직 이런 분배 방식만으로도 생식세포의 다양성은 2^n (n=염색체 쌍의 수)에 이른다.

에 일어난다. 이 시기에는 염색체들은 이미 복제가 완료된 상태이며 따라서 네 가닥의 염색분체가 한데 묶여 있다. 간혹 염색분체들은 정확한 위치에서 끊어져 서로 교환하는데 그 결과 아버지에서 받은 염색체와 어머니에게서 받은 염색체가 서로 섞이게 된다(그림 1-6). 말하자면 아버지 유전자와 어머니 유전자가 한 염색체 속에 섞이게 되는 것이다.

유성생식이 유전자의 다양성을 획득하는 또 다른 원인은 생식세포들의 융합에 의한 새로운 유전자 조합이다. 각각의 생식세포들은 상대 배우자 세포와 결합함으로써 부모에게서 받은 것과는 다른 유전자 구성을 가진 자손을 얻게 된다. 유전자 다양성에 대하여 특별히 언급하는 것은 그것이 생명체의 생존과 밀접하게 연관되어 있기 때문이다. 생명체는 여러 종류의 유전자들이 유기적으로 작용하여 생명활동을 수행하며 그러한 유전자들의 작용이 궁극적으로 그들의 생존을 좌우한다. 환경은 수시로 변화하며 때로는 생명체의 생존을 위협한다. 종을 구성하는 개체들 사이의 다양성이 가혹한 환경에서 멸종되는

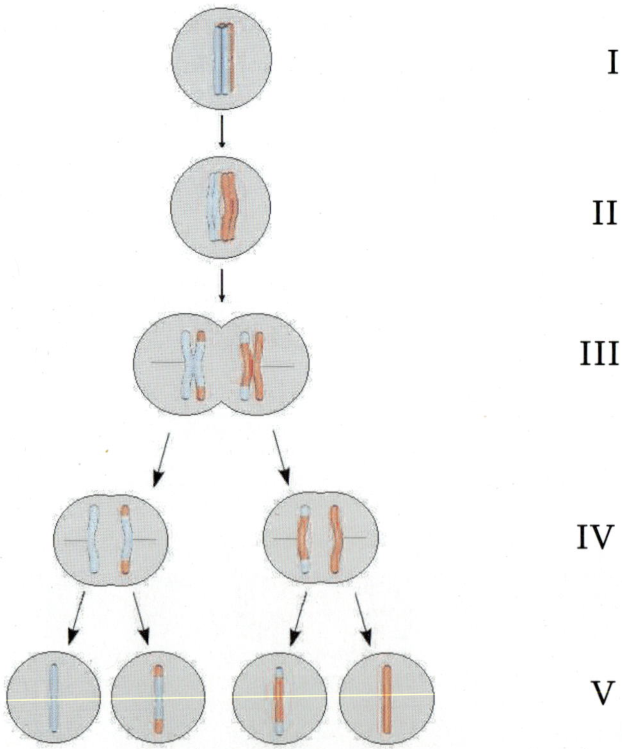

그림 1-6 교차에 의한 유전자 다양성. 생식세포 분열 전기에 이미 복제된 상동염색체들은 서로 쌍을 이루어 4가 염색분체(tetrad)를 형성한다(I 시기). 이 때 상동염색체의 염색분체 사이에서 교차가 일어나 끊어지면서 서로 상대 염색분체에 결합된다(II 시기). 상동염색체들은 서로 분리되고(III 시기) 염색분체들은 2차 분열에서 또 다시 분열하면(IV와 V) 생성된 4개의 생식세포는 모두 서로 다른 유전자형을 갖는다.

상황을 피할 수 있는 전략이다. 유전자와 유전체의 다양성에 관해서는 뒤에서(4장. 생명체의 다양성과 동일성) 더 깊이 논의하도록 하겠다.

지금까지 세포의 생식 방식을 간단하게 살펴보았다. 염색체가 복제된 후 세포질은 둘로 갈라져 두 개의 세포가 된다. 이 과정은 필연적으로 많은 생체물질의 생산을 요구한다. 세포를 구성하는 물질이 두 배로 늘어나야 하겠기 때문이다. 세포는 외부에서 흡수한 원료물질을 분해하여 자신의 물질을 생산한다. DNA는 물론이고 단백질, 탄수화물, 그리고 지질들을 합성하여 세포막과 세포 내, 외의 구조를 형성한다. 복잡한 생체 거대분자(핵산, 단백질, 탄수화물, 지질)를 합성하고 그것들을 세포구조로 조직화하는 데는 에너지가 필요하다. 결국 세포는 광합성을 제외하고 원료물질의 일부를 분해하여 자신이 필요한 에너지를 생산하여야 한다. 합성대사이든 분해대사이든 세포에서 일어나는 모든 화학반응을 신진대사라 일컫는다. 분해대사 중 에너지를 생산하는 과정에 좀 더 관심을 기울여 보자.

지금까지 알려진 생명체에서 수행하는 모든 에너지 생산 방식은 크게 두 종류로 나눌 수 있다. 그 하나는 기질수준 인산화 방식이며 다른 하나는 양성자 기동력을 이용하는 방식이다. 두 가지 방식은 모든 생물 역(domain)에서 나타나는 점으로 보아 생물 진화의 초기에 정착된 것으로 생각된다. 그토록 에너지 생산의 문제는 생명체 진화에 중요한 요인이다. 세포에서 사용 가능한 에너지는 거의 대부분 ATP 형태의 화학 에너지이다. 기질수준 인산화는 세포질에서 진행되는데 세포에서 생산된 고에너지 인산화 물질(인산기를 다른 분자에 전달하려는 경향이 큰 분자)이 자신의 인산기를 ADP에 전달하여 ATP를 생산하는 방식이다. 비교적 단순한 과정이어서 거의 모든 세포에서 발견된다.

양성자 기동력을 이용한 에너지 생산은 생체막을 사용한다. 높은 화학 에너지를 포함하는 연료 물질이 산화될 때 분리된 전자가 생체막에 묻혀 있는 여러 전자 전달체를 거쳐 산화, 환원되는 동안 양성자가 막 외부로 방출되고 그 결과 막의 안팎으로 전위차와 수소이온의 농도 차가 발생한다(그림 1-7). 연료물질의 화학 에너지가 다른 형태의 에너지로 전환된 셈인데 이 에너지를 양성자 기동력(proton motive force)이라 한다. 막에는 양성자 기동력을 이용하여 ATP를 생산하는(ADP + Pi → ATP) 효소가 있는데 ATP 합성효소(ATP synthase)가 그것이다. 생물체는 양성자 기동력 발생에 필요한 에너지원으로 여러 가지를 사용할 수 있다. 즉, 전자전달계에 공급하는 전자를 마련하는 방식이 각양각색이다. 광합성하는 생물은 빛 에너지를 이용하여 색소를 활성화하고 전자를 추출하여 전자전달계에 공급한다. 광합성을 하지 않는 생물들은 전자를 많이 포함하는 화합물을 산화시키면서 거기에서 얻은 전자를 공급하기도 하는데 전자를 제공하는 화합물이 유기물일 수도 있고, 무기물일 수도 있다.

위에서 기술한 대로 양성자 기동력을 이용하는 에너지 생산 방식은 생물의 모든 역에

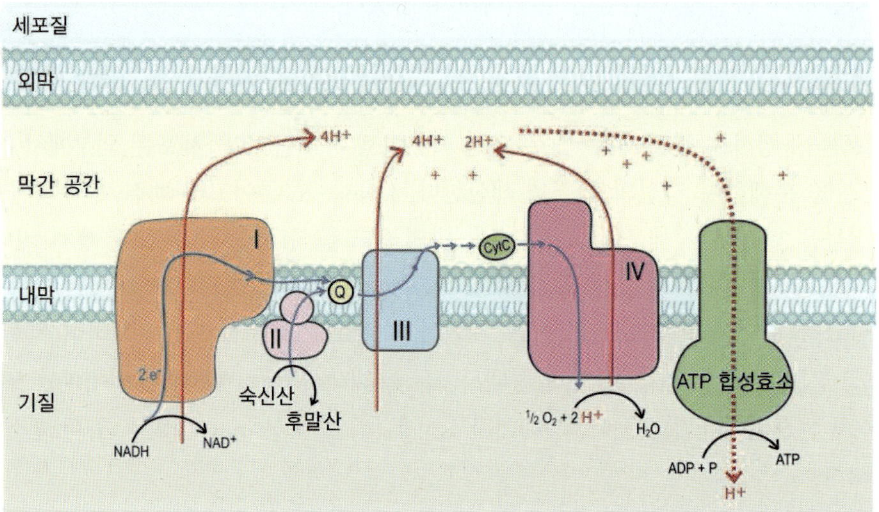

그림 1-7 양성자 기동력을 이용한 에너지 생산. 미토콘드리아 내막에 배열되어 있는 전자전달계에서 산화, 환원이 일어나는 동안 양성자가 내막 밖으로 이동된다. 그 결과 내막의 안팎으로 전위차와 수소이온의 농도차가 발생한다. ATP 합성효소는 그러한 양성자 기동력을 이용하여 ATP를 생산한다.

서 발견될 뿐만 아니라 비교적 원시 형태의 생물체에서도 발견되는 점으로 미루어 볼 때 생명의 진화 초기단계에 이미 정립된 것으로 보인다.

에너지 생산은 생명체의 궁극적 목표인 생식과 자기보전을 달성하기 위하여 필요한 것이다. 생식과 자기보전을 떠받치는 유전정보의 복제능력은 세포만의 전유물이 아니다. 유전정보를 갖는 여러 형태의 존재들이 자기 나름대로의 방식으로 복제능력을 나타낸다. 이제 그들을 하나씩 검토하여 보자.

2) 바이러스(virus)

세포가 아니면서 생식능력을 가진 존재 중에는 우리가 잘 알고 있는 바이러스가 있다. 바이러스는 간단한 유기체여서 유전정보 물질인 핵산과 그것을 보호하는 단백질 외투(protein coat)만으로 구성되어 있다. 간혹 종류에 따라서는 핵산을 보호하는 단백질 외투 외에 숙주세포에서 분리될 때 숙주의 세포막에서 유래된 막에 싸여 있는 것도 있다(그림 1-8c). 바이러스가 유전정보를 복제하거나 발현하기 위해서는 이를 수행할 수 있는 환경, 곧 핵산을 복제할 때 원료물질인 뉴클레오티드와 외투 단백질을 만들어 내는 합성 시스템과 합성에 필요한 에너지를 생산하는 시스템들이 필요하다. 그러나 바이러스는 이

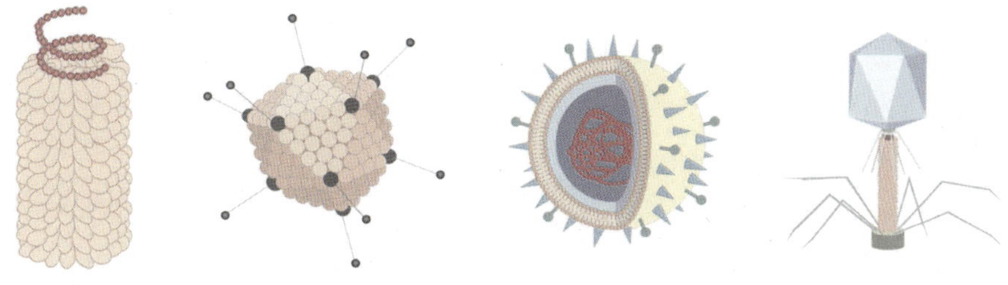

그림 1-8 여러 가지 바이러스. a) 담배모자이크 바이러스, b) 아데노바이러스, c) 독감 바이러스, d) T4 파지

런 시스템을 갖고 있지 않기 때문에 생식에 필요한 환경을 찾아 특정 세포 속으로 들어가야 한다. 이것이 바로 바이러스가 필연적으로 기생생활을 할 수밖에 없는 이유이다. 결국 세포가 생명에 요구되는 모든 활동을 **독립적**으로 수행할 수 있는 기본 단위임이 더욱 명확해 졌다. 자신의 유전정보를 실행하는 능력을 스스로 보유하는지의 여부, 곧 독립성을 생명의 기본 요소로 지정할 수 있다. 이 경우 바이러스는 생명체 범주에서 탈락하게 된다.

바이러스가 숙주를 감염시키는 작용은 단순히 바이러스와 세포 표면에 있는 분자 사이의 물리적 상호작용에 의한 것이며 바이러스 자신이 환경의 변화를 감지하는 시스템(감각기관)을 갖추고 있는 것으로 보이지 않는다. 세포와 접촉한 후 단백질 외투 속의 핵산만이 세포 속으로 들어가게 된다. 이 과정은 실제로는 종류에 따라 여러 가지 방식이 있다. 세포 속에 들어 간 핵산은 세포의 유전자와 관계없이 빠른 속도로 자신을 복제한다. 이는 바이러스 핵산이 자신의 복제원점을 갖고 있기 때문이다. 복제를 시작하는 특정부위가 바로 복제원점이다. 핵산이 복제를 시작할 때 이 특정한 부위에 여러 단백질이 결합하는데 그 결과 두 폴리누클레오티드의 상보적 수소결합이 부분적으로 풀려 두 가닥이 벌어지게 된다. 이 틈바구니에 중합효소가 스며들어 각각의 가닥을 주형으로 삼아 새로운 두 개의 핵산을 합성하는 것이다. 독립적으로 복제하는 핵산은 반드시 갖춰야 하는 특수 염기서열 부위이다. 복제원점을 갖추고 독립적으로 복제하는 단위체를 복제단위(replicon)라 한다. 바이러스 핵산이 계속 복제되어 일정한 양이 되면 자신의 핵산에 암호화되어 있는 정보로부터 단백질을 합성한다.

합성된 단백질들은 대부분 스스로 주머니 형태를 이루어 외투를 형성하는데 그 속에 핵산을 넣어 장차 세포 밖으로 나갔을 때 혹독한 환경으로부터 손상되지 않도록 보호하는 것이다. 어떤 바이러스는 숙주의 핵산과 그의 발현 시스템을 파괴하여 결국 죽게 하고, 또 어떤 것은 비록 파괴하지는 않더라도 숙주보다 월등히 빠른 속도로 복제하여 결국 자신의 목표인 증식을 성공적으로 수행한다.

바이러스의 자가생산은 핵산의 복제와 단백질 외투의 합성, 그리고 이것들을 조직화하여 나름대로의 체제를 이룩하는 작업이다. 이 일을 세포에 의존하여 이룬다 하여도 당신은 바이러스를 생명체의 범주에 포함시키고 싶은가?

3) 플라즈미드(plasmid)

세포는 때때로 염색체 외에 또 다른 DNA를 지닌다. 이것이 일명 '염색체외 DNA'라고도 불리는 플라즈미드이다. 대부분의 플라즈미드 DNA는 고리 형태[16]를 이루며 종류에 따라 세포 안에 많은 복사본(copy)이 존재하기도 한다. 이들은 어떤 세포에는 들어 있지 않기 때문에 세포의 생존에 필수적인 역할을 하는 것은 아니겠으나 흔히 항생제나 독성 물질에 대한 저항성 유전자를 갖고 있으므로 자연환경에서 세포가 살아가는데 도움을 준다(그림 1-9). 바이러스가 증식된 후 숙주를 떠나 일단 환경으로 방출되었다가 새로운 숙주를 만나 다시 복제하는 생활주기를 갖는 데 비하여 플라즈미드는 세포를 떠나지 않는다. 나름의 유전자와 복제원점을 가지고 있어 염색체 DNA와는 독립적으로 복제된다. 바

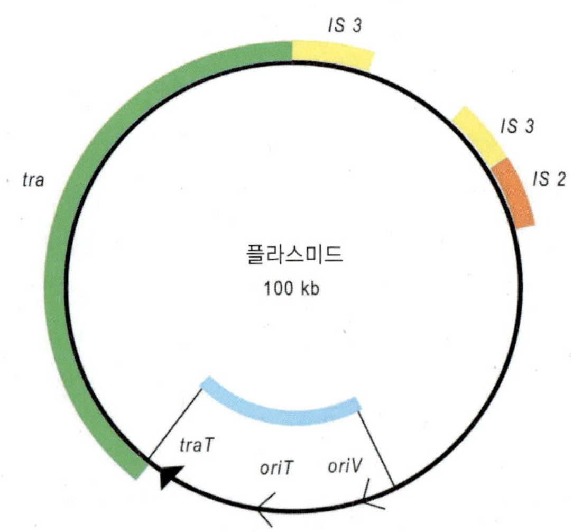

그림 1-9 접합성 플라즈미드로 가장 잘 알려진 F 플라즈미드의 유전자 구성. *tra*는 접합과정에 필요한 유전자들. *oriT*는 복제된 DNA가 수용자 세포로 옮겨 가는 시발점. *oriV*는 플라즈미드의 복제원점. IS(insertion sequence)는 다음 절에서 논의할 전위인자의 한 종류.

16) 진핵세포에는 고리형 뿐만 아니라 직선형 플라즈미드가 발견되는데 이들은 대부분 미토콘드리아에 있다. 직선형 플라즈미드는 양 끝에 역 반복서열(terminal inverted repeats)이 있는 것이 특징이다.

이러스가 복제 후 숙주를 떠나 거친 환경으로 나가는 것과 달리 플라즈미드는 숙주 속에서 일정한 수가 될 때까지 증가하여도 숙주세포 속에서 머문다. 숙주세포 밖으로 나가지 않으므로 그 DNA를 보호할 단백질 껍질 같은 것도 필요하지 않다. 복사본 수가 많은 플라즈미드는 세포가 분열하여 둘로 갈라지면 대략 반반씩 나뉜다. 그리고는 새로운 세포 속에서 다시 일정한 수가[17] 될 때까지 복제를 계속한다. 일반적으로 큰 플라즈미드들은 세포 속에 1~2개 들어 있고 이들은 각기 복제된 후, 세포가 분열할 때 염색체가 분리되듯이 정확히 양 쪽으로 나뉜다.

어떤 종류의 플라즈미드는 그것을 갖고 있지 않는 다른 세포(수용자, recipient) 속으로 이동하여 전파될 수 있는데 이는 세포와 세포 사이의 접촉이 있을 때 일어난다. 공여자(donor) 세포들은 수용자 세포들과 세포 간 접촉(접합)을[18] 일으키고 세포와 세포 사이에 형성된 통로를 따라 자신의 DNA를 옮긴다. 플라즈미드는 이 복잡한 접합과정에 요구되는 모든 유전정보를 가지고 있다. 말하자면 숙주를 조정하여 자기의 유전자를 전파시킨다. 이렇듯 유전정보를 복제하고 증식하는 데 있어 플라즈미드는 바이러스와는 전혀 다른 전략을 구사하는 것이다.

숙주 속에서 복제하고 세포분열에 따라 딸세포에 전달되어 숙주 세포와 영원히 운명을 같이 한다. 유전자 전파라는 관점에서 볼 때 이 방식은 소극적이다. 플라즈미드 DNA는 자신을 보호하는 단백질 외투 같은 것이 없이 벌거벗은 상태이므로 세포 밖으로 나갈 수 없다. 접합은 이런 조건을 회피하면서 여러 세포로 유전자를 전파하는 과정이다. 플라즈미드가 접합에 필요한 유전자를 갖추고 있다는 사실이 그저 놀라울 뿐이다. 어떤 유전자이든 자신이 처한 상황에서 다른 유전자와 상관없이 오로지 자신의 복제를 극대화하는 방식으로 행동하는 것처럼 보인다. 이런 행태를 두고 도킨스[19]는 유전자가 '이기적'이라 하였다.

4) 전위인자(transposon)

세포 속의 유전정보 물질(DNA)이 복제원점을 가지고 있으면 독자적인 자기복제가 가능하다는 것을 위에서 살펴보았다. 홀로 있는 DNA가 복제원점을 갖고 있지 않으면 자기복제가 이루어지지 않고 세포분열시 한쪽 세포에만 전달되어 세포집단 전체에서 오직 한

17) 플라즈미드는 세포분열 직후부터 다음 분열 때까지 계속 분열하여 나름대로 자신의 수를 일정하게 유지하는데 종류에 따라 특별한 조절 방식이 있다.
18) 접합을 일으키는 플라즈미드(conjugative plasmid)는 상대세포의 특별한 수용체에 결합하는 필리(pili)를 생산하는 유전자 및 DNA 이동에 관련된 많은 유전자를 포함하고 있다.
19) Richard Dawkins, 홍영남 옮김. 「이기적 유전자」 *The Selfish Gene*, 을유문화사, 2006

세포에만 머무르다 궁극적으로 소실되어 버린다. 한편 복제원점을 갖는 DNA들은 자신들의 복제주기에 따라 복제되어 그 수가 기하급수로 증가한다. 특이한 현상 중의 하나는 복제원점을 갖는 DNA 안에서도 어떤 염기서열 부위는 다른 부위보다 더 많이 복제하려는 경향이 있다는 것이다. 전위인자라 불리는 특수한 부위는 간혹 원래 있던 곳에서 여기, 저기로 위치를 이동하는 경향이 있다. 어떤 종류는 단순한 위치이동(단순전위)이 아니라 원래 있던 곳에 그대로 남아있고 다른 위치에 새로이 복제한 서열을 삽입(복제전위)하는 것이다. 도킨즈가 표현한 '이기적'이란 말을 실감하게 된다. 이들 염기서열은 왜 동일한 DNA 분자 안의 다른 염기서열보다 더 많이 복제하려는 것일까? 이 이기적 유전자의 구조와 행동양식을 살펴보자. 전위인자는 양쪽 끝에 특정한 염기서열이 역방향으로 반복되어 있다. 역반복서열 내부에는 전위인자의 위치이동에 관여하는 특수한 효소를 암호화하는 유전자가 있다. 효소 유전자에 의하여 생산된 것을 전위효소(transposase)라 부르는데 반복서열의 정확한 위치를 끊고 자신을 표적부위로 이동시킨다(그림 1-10). 단순전위는 뜯어 붙이기(cut-and-paste) 방식으로 원래 있던 장소에서 다른 장소로 단순 이전된다. 한편 복제전위는 표적위치에 복제된 전위인자를 삽입(copy-and-paste)시킨다. 이 방식으로 하나의 DNA 안에서도 전위인자 자신만의 수를 늘려간다. 이 복제과정에는 복제원점이 관여하지 않고 손상된 DNA 염기서열의 수선에서 볼 수 있는 과정이 진행된다. 좀 더 복잡한 전위인자는 항생제 저항성 유전자가 있어 이를 지니는 숙주의 생존에 도움을 주기도 한다.

가장 특이한 것은 뮤(Mu)라는 전위인자이다. 대부분의 전위인자가 숙주의 세포 속에, 더 정확히 말하면 DNA 속에 안주하는 데 비하여 뮤는 자신이 거처하고 있던 DNA와 그 세포를 박차고 외부세계로 나와 또 다른 숙주 DNA를 찾아 기생생활을 시작하는 것이다. 이런 독특한 생활사를 가지려면 항생제 저항성 유전자뿐 아니라 바이러스처럼 외부 환경에서 자신의 DNA를 보호하는 단백질 껍질을 생산하는 유전자를 갖고 있어야 한다. 대장균에 침입한 뮤는 단백질 껍질을 밖에 두고 DNA만 세포 속으로 주입시킨다. 그 후 뮤 DNA는 세균 DNA의 표적부위에 끼어 들어가고 이러한 전위를 세균 DNA 안에서 반복하여 많은 수로 복제된다.

뮤 DNA가 충분히 복제되고 나면 그 DNA로부터 단백질 유전자가 발현되어 단백질 껍질을 생산하고, 뮤 DNA를 잘라내어 단백질 껍질 속에 집어넣고, 세포를 깨뜨린 후 터져 나온다. 뮤는 세균을 감염시키는 바이러스인 파지(phage)[20]인 것이다. 뮤 파지가 다른

20) 세균세포를 숙주로 삼아 증식하는 바이러스를 파지 또는 박테리오파지라 한다. 뮤(Mu phage)는 마치 바이러스처럼 대장균을 만나면, 전위인자인 DNA가 단백질 껍질을 밖에 두고 DNA만 세포

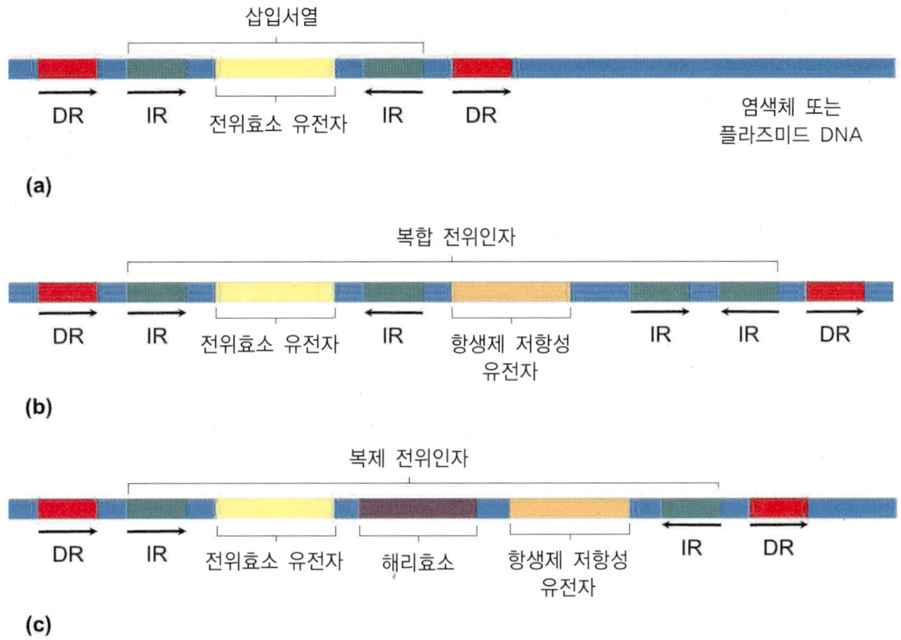

그림 1-10 전위인자의 종류. a) 삽입서열(insertion sequence)은 전위를 수행하는 전위효소의 좌우에 역반복서열(IR)을 갖고 있다. b) 복합전위인자는 항생제 저항성 유전자 좌우에 삽입서열을 갖고 있으나 간혹 한쪽 전위효소 유전자가 소실되기도 한다. c) 복제전위인자는 두 역반복서열 사이에 전위효소, 해리효소, 저항성 유전자들을 지니고 있다. DR; 직렬 반복서열(direct repeat) IR; 역반복서열(inverted repeat)

바이러스와 달리 특이한 점은 복제 방식으로 독립적 복제를 보장하는 복제원점을 갖지 않고 전위인자의 복제 시스템을 채택한 것이다. 만일 당신이 생명체 속에 바이러스를 포함시킨다면 뮤 파지도 생명체라 할 수 있는가? 다른 복제 전위인자도 생명체라 할 수 있는가?

5) 바이로이드(viroid)

식물에 병을 일으키는 병원체로 바이로이드가 있다. 바이로이드는 고리형태의 외가닥 RNA이다(그림 1-11). 식물체가 곤충이나 기계적 손상에 의하여 이 RNA에 감염되면 RNA는 세포의 핵이나 엽록체에 들어가 증식하며 결과적으로 병을 일으킨다. 놀라운 것은 바이로이드 RNA에는 유전정보가 전혀 없다는 것이다. 다만 자신의 복제에 필요한 구조적

속에 들어가 전위에 의한 복제로 대장균 DNA에 증식된다. 그 후 여러 카피(copy)가 된 DNA로부터 단백질 껍질을 합성하고 파지 알갱이가 완성되면 세포를 깨고 나온다.

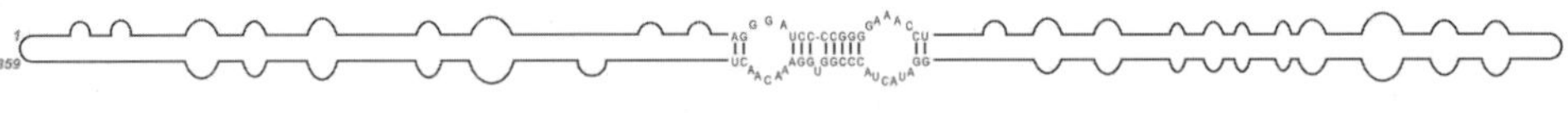

그림 1-11 바이로이드 PSTVd**의 구조.** 고리 내부의 상보적 수소결합으로 많은 기둥과 고리 (stem and loop) 구조를 이룬다. 이러한 구조적 특징으로 숙주의 대사과정을 교란하여 자신의 RNA를 생산 한다.

특성이 있을 뿐이다. 이 특별한 구조는 숙주의 전사 시스템을 사용하여 자신의 RNA를 복제한다. 유전정보 없이 다만 RNA의 독특한 구조를 이용하여 복제를 수행한다! 바이로이드는 RNA의 구조정보가 숙주세포의 전사[21] 시스템에 인식되어 자기 RNA를 계속 생산해 낼 뿐 단백질 생산을 암호화하는 서열정보를 전혀 갖고 있지 않다[22]. 유전정보가 없어도 복제를 수행하는 이런 성질은 생명체 진화의 초기 단계를 나타내는 실마리가 되는 것으로 생각된다. 아마도 바이로이드를 통해 최초 생물체의 정보물질의 진화과정, 서열정보의 해독과정의 진화 등을 엿볼 수 있지 않을까 기대된다. 자기복제를 수행하는 유기체인 바이로이드를 생명체로 분류할 수 있는가? 어쨌거나 도대체 핵산은 왜 계속 복제하는가? 왜 주변의 핵산보다 더 빨리 더 효율적으로 복제하려고 하는가? 왜 모든 핵산은 이기적인가?

6) 프리온(prion)

자기증식을 수행하는 유기체로서 더욱 경이로운 것은 프리온이다. 수년전 한미 FTA 체결을 앞두고 쇠고기 수입과 관련하여 커다란 쟁점이 되었던 광우병을 기억할 것이다. 우리로서는 혹시라도 광우병에 걸린 쇠고기를 들여올까 걱정되기도 했다. 광우병은 프리온의 감염에 의하여 발생한다. 프리온은 단백질로서 그 구조가 매우 특이하여 단백질 분해효소에 의하여 쉽게 분해되지 않는다. 뿐만 아니라 보통 단백질과는 달리 열처리로 일반적 살균방식인 121℃에서 15분간 적용하여도 불활성화 되지 않는다. 이렇게 제거하기 어려운 프리온이 소뿐만이 아니라 사람에게도 유사한 질병을 일으키는 것으로 밝혀졌으니 온 세상이 공포에 떠는 것은 너무나도 당연하다. 프리온이 처음 세상에 알려진 것은 양에서 발견된 스크래피(scrapie)라는 질병 때문이다. 이 병에 걸린 양들이 괴로움을 참지 못해 머리를 풀밭에 긁어대어 생겨난 이름이다. 비슷한 증상이 소에서 발견되어 BSE (bovine spongiform encephalopathy)라 불린다. 일반인에게는 광우병이라 알려진 소의 질병이다.

21) Transcription. 핵산을 주형으로 삼아 그의 상보적 RNA 염기서열을 합성하는 과정.

22) R. Flores et al. "Viroid Replication: Rolling-Circles, Enzymes and Ribozymes". *Viruses* (2009) 1:317-334.

$$PrP^{c} \xrightarrow{PrP^{sc}} PrP^{sc}$$

그림 1-12 프리온 증식. 프리온의 증식은 촉매작용이라 할지언정 복제라 할 수는 없다. 병원성 단백질(PrP^{sc})은 정상 단백질(PrP^{c})을 변형시켜 증가하는 것이지 스스로 복제되는 것이 아니다.

프리온이 소나 사람에 감염되면 뇌에 스폰지처럼 많은 구멍이 뚫리고 결과적으로 신경계가 파괴되어 죽게 된다. 그 뇌 속에는 많은 양의 프리온이 생성되어 있다. 프리온 단백질은 뇌 속에서 어떻게 증식하는가? 원래 프리온은 정상세포에 있는 막단백질이다. 정상 프리온 단백질을 PrP^{c}(prion protein, cellular)라 부르고 병원성 프리온 단백질을 PrP^{sc}(prion protein, scrapie)라 부른다. 병원성 프리온은 정상 프리온 단백질의 특정 부위가 잘려 나간 약간 작은 단백질이다. 그 결과 단백질의 구조가 변화하여 여러 가지 저항성을 갖게 된다. 병원성 프리온 단백질이 정상 프리온 단백질을 만나면 알 수 없는 작용을 거쳐 자신과 같은 병원성 프리온 단백질로 전환시킨다(그림 1-12).[23] 프리온 단백질 유전자의 특정 부위에 돌연변이가 생기면 병원성 단백질의 감염이 없더라도 스스로 병원성 단백질로 변화될 수 있다. 광우병이 젊은 소보다 늙은 소에서 더 많이 발병되는 이유이다. 오래 살다 보니 돌연변이가 많이 축적되어 나타나는 현상이다. 인간에게서 나타나는 프리온 질병인 크로이츠펠트-야콥 질환(Creuzfeldt- Jakob disease)이 노인에게서 나타나는 빈도가 더 높은 것도 같은 이유 때문이다. 최근의 연구에 의하면 헌팅튼병이나 알츠하이머병들도 광우병과 같이 체내의 정상 단백질이 변형되어 발병하는 것으로 알려졌다.[24]

병원성 프리온 단백질이 세포 안에서 증식되는 과정은 위에서 줄곧 보아왔던 핵산의 증식과정과는 크게 다르다. 핵산의 증식은 기존의 핵산이 주형(template)으로 작용하여 새로운 동일 핵산을 생산하는 복제과정인 데 비하여 병원성 프리온 단백질은 정상 단백질을 변형시킴으로써 증식되는 것이다. 프리온 단백질은 증식은 할지언정 이 증식과정을 복제라고 부를 수는 없다. 우리가 복제라고 말할 때에는 새로운 합성(de novo synthesis)을 전제로 하는 것이다. 이와 같은 증식과정을 보고 프리온을 생명체라고 할 수 있겠는가?

23) Alan J. Cann *Principles of Molecular Virology*, Fifth Edition, Academic Press, 2011. Chapter 8은 좋은 참고가 될 것이다.

24) 백승렬, 이정호. "단백질 응집제어 기술 : 퇴행성 신경질환과 아밀로이드". *Biochemistry and Molecular Biology News*. 2006(12)

4. 미토콘드리아와 엽록체

우리는 지금까지 여러 가지 자기복제체들을 복잡한 것에서부터 단순한 것까지 차례로 보아왔다. 이제 미토콘드리아와 엽록체를 한번 살펴보자. 이들은 세포 안에서도 이중 막으로 둘러싸여 있으며 핵 속의 염색체와는 별도로 자신만의 DNA를 지니고 있다. 핵 속의 염색체가 세포분열을 위하여 복제를 할 때 이들의 DNA는 자신의 복제원점에서 독자적인 복제를 수행하여 필요한 만큼의 개체수를 유지한다. 뿐만 아니라 자기 DNA 정보로부터 단백질을 합성하는 유전정보 발현 시스템을 갖추고 있어 자가생산 즉, 자기복제와 자기보전을 실현한다. 진핵세포에는 두 개의 단백질 합성 시스템이 존재하는데 세포질에는 80S 리보좀[25]이, 미토콘드리아나 엽록체 내부에는 원핵세포들처럼 70S 리보좀이 사용된다. 리보좀의 작용은 종류에 따라 서로 다른 항생제의 영향을 받는다. 미토콘드리아나 엽록체의 리보좀에 영향을 주는 항생제는 원핵생물의 단백질 합성을 억제하는 것과 동일하며 세포질의 단백질 합성에는 억제효과가 없다. 두 소기관들은 잘 알려진 대로 에너지를 생산하여 세포에 공급하는 기관이다. 이 에너지의 일부가 자신들의 자가생산에 사용될 것은 자명한 일이다. 이렇듯 두 소기관이 생명체의 속성을 두루 갖추었으니 과연 이들의 정체는 무엇일까?

린 마굴리스(Lynn Margulis)[26]에 의하면 진핵세포 속의 미토콘드리아와 엽록체는 아주 오랜 옛날에는 독립생활을 하던 호기성 호흡[27] 또는 광합성[28]을 하던 원핵생물이었으나 발효대사를 하는 숙주세포에 포획 또는 침입하여 두 개체 사이의 관계가 평형을 이루면서 공생관계로 발전했다는 것이다. 소위 내부공생설(endosymbiosis)이다(그림 1-13). 미토콘드리아와 엽록체가 생식뿐만 아니라 자기보전의 특성을 나타내므로 이들을 생명체라고 부를 수 있을까? 이들 소기관들은 세포에서 분리되어 독립적으로 살아가지 못한다.

25) 단백질 합성을 수행하는 알갱이로 RNA와 단백질로 구성된다. 리보좀(ribosome)은 두 개의 작은 알갱이로 나뉘는데 큰 것과 작은 것 모두 독특한 RNA와 단백질로 이루어진다. S는 원심분리 할 때 침강속도에 근거하여 알갱이의 크기를 가늠하는 단위로서 이 방법을 확립한 스웨덴 학자 Svedberg의 이름 첫 글자를 딴 것이다.

26) Lynn Margulis, Symbiosis in Cell Evolution, San Francisco: W. H. Freeman 1981.

27) 세포호흡이란 세포에서 영양분을 산화할 때 방출되는 전자를 제거하는 과정이다. 따라서 세포호흡에는 전자를 받아들일 수 있는 산화제가 필요한데 공기 중의 산소를 사용될 때 호기성 호흡, 산소가 아닌 질산염, 황산염, 철 3가 이온 등을 사용될 때 혐기성 호흡이라 한다. 과거에는 미토콘드리아의 조상형이라고 생각되는 세균으로, 전자전달계가 미토콘드리아의 것과 매우 유사하면서 일반세균의 특징을 가진 *Paracoccus denitrificans*를 꼽았다. 그러나 최근의 유전체 연구에서는 *Richettsia prowazekii*가 미토콘드리아와 가장 유사한 염기서열을 가진 것으로 나타났다.

28) 엽록체(chloroplast)의 조상형으로는 시안세균을 꼽는다. 시안세균의 주요 광합성 색소는 식물체의 색소와 동일한 엽록소 a와 엽록소 b이다.

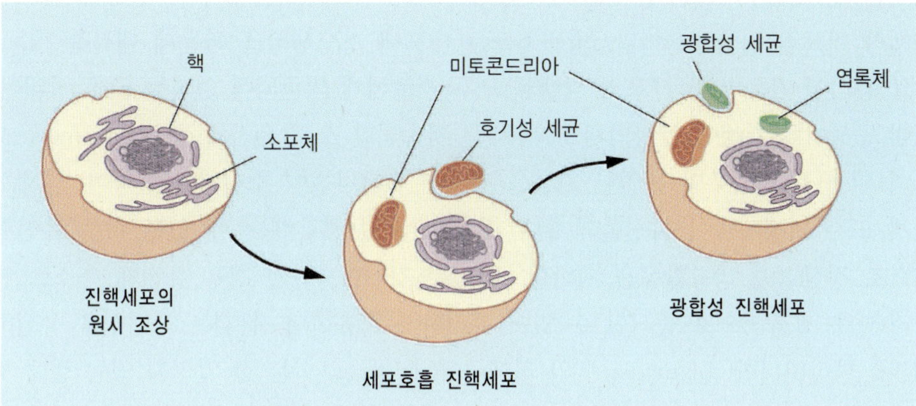

그림 1-13 **내부공생설**. 진핵세포의 원시조상 세포에 호기성 세균이 들어가 세포호흡하는 진핵세포가 되고 그 후 광합성 세균이 들어가 광합성 진핵세포가 되었다는 가설.

세포 역시 이들이 없이는 생존이 불가능하다. 핵 속의 유전정보와 중복된 여러 효소의 기능은 소실되어 있고 일부 유전자는 핵으로 이전되어 있다. 오랜 공생생활에서 독립성을 상실한 탓이다. 세포 또한 이들이 없이는 생존할 수가 없다. 상호 의존하여 전체로서 더 효율적으로 생식하는 방향으로 진화하다 보니 각자 가지고 있던 중복된 기능들이 삭제되었다. 이들은 이미 하나의 생명체로 통합된 것이다.

5. 독립성 – 생명정의에 포함시켜야할 속성

독립성과 관련하여 세포내 공생과 기생의 문제를 살펴보고자 한다. 푸른짚신벌레(*Paramecium bursaria*)는 짚신벌레 중 유일하게 조류[29)](algae)인 클로렐라(zoochlorella)와 공생생활을 한다. 클로렐라는 광합성으로 생산한 당을 숙주인 짚신벌레에 제공하고 짚신벌레는 클로렐라를 보호하고 이동시킴으로써 서로를 이롭게 한다. 이들은 분리하여 각각 배양할 수도 있다. 공생생활이 절대적인 것은 아니다. 또한 일단 분리한 클로렐라를 다시 짚신벌레 속에 넣어 주면 증식을 시작하여 유전적으로 조절된 일정한 수효에 이르게 된다.

29) 과거에는 원생생물을 하나의 계로 분류하여 그 속에 광합성 색소를 가지고 독립영양생활을 하는 진핵생물 무리를 조류(algae)라고 하였다. 대부분 단세포이지만 다세포일지라도 분화되어 있지 않다. 포자에 의해 번식한다.

기생은 한 생물이 숙주에 해를 끼치면서 이득을 취하는 관계이다. 질병을 일으키는 병원체가 대표적 기생생물이다. 병원체들은 세포내 기생생활을 하는데 대부분 세포 밖에서도 증식이 가능하다. 세포와 기생체 모두 서로에게 의존되어 있지는 않은 상태이다. 세포내 공생이나 기생이 안정되게 오랜 세월 지속되면 소위 유전체 축소(genome reduction)가 일어난다. 숙주와 동일한 기능을 가지는 유전자들이 소실되는 현상이다. 세포내 공생체 또는 기생체들이 자신들의 일부 유전자를 잃어도 핵 속에 있는 숙주 유전자의 발현으로 정상적인 생명활동을 지속할 수 있는 것이다. 이럴 경우 유전체 축소로 인해 오히려 더욱 효율적으로 증식할 수 있어 유리하게 작용한다. 문제는 독립성을 상실하는 데 있다. 클라미디아(chlamydia)[30]와 리케치아(rickettsia)[31]는 잘 알려져 있는 절대 세포내 기생(obligate intracellular parasite) 세균들이다. 말라리아를 일으키는 말라리아 병원충(plasmodium)은 원생생물에 속하는 진핵 세포로 역시 다른 세포 안에 기생함으로써 증식할 수 있을 뿐 세포 밖 환경에서는 스스로 살아나가지 못한다. 이러한 기생체들은 위에서 말한 대로 기생 생활에 적응하면서 많은 유전자들을 잃었기 때문이다. 기생체가 숙주와 분리되면 숙주에게는 잃을게 없겠으나 기생체는 생존이 불가능하게 된다. 세포내 공생의 경우는 어떠한가?

세포내 기생체들처럼 미토콘드리아나 엽록체는 공생을 통해 독립성을 상실하는 대가로 성공적으로 증식하였다. 이들은 세포의 종류에 따라 수백에서 수천 개로 증식되어 있다. 숙주 세포는 공생체들에게 영양분과 외부 위험으로부터 보호와 안전을 제공하고 공생체들은 숙주에게 그들이 생산한 에너지와 광합성 산물인 포도당을 제공한다. 서로 도움을 주고받는(상리공생) 이러한 관계 속에서 세포내 공생체들은 유전체 축소를 겪으면서 일부 기능을 숙주 세포에 의존하게 되었다. 숙주 세포 역시 공생체제에 적응한 나머지 미토콘드리아나 엽록체 없이는 생존이 불가능하게 되었다. 유전체 축소가 공생체뿐만 아니라 숙주에서도 일어났기 때문이다. 이들은 상호 의존하여 생명을 지속해 나갈 수밖에 없는 것이다. 절대 세포내 공생(obligate intracellular symbiosis)을 이룬 것이다.

미토콘드리아나 엽록체가 제 아무리 생명체의 속성을 많이 지녔다 하더라도 이들을 숙주와 구분하여 또 다른 생명체로 부를 수 있을까? 아니면 숙주만을 생명체라고 불러야 하는가? 이 경우는 기생체를 포함하는 숙주와는 상황이 다르다. 절대 세포내 기생체의 숙주는 홀로 생존이 가능하지만 절대 세포내 공생에서는 숙주와 공생체 모두 독자 생존

30) 클라미디아에 속하는 *Chlamydia trachomatis*는 성접촉으로 전파되는 요도염의 원인 병원체로 가끔 눈에 감염되어 트라코마를 일으키기도 한다.

31) 이 그룹에 속하는 *Rickettsia rickettsii*는 감염된 진드기로부터 사람에 전파되어 록키 뇌척수막염(rocky mountain spotted fever)를 일으킨다.

그림 1-14 핀타섬 거북, 외로운 조지(*Chelonoidis nigra abingdoni*)(출처 : 위키피디아)

이 불가능하므로 이 둘은 이미 하나의 생명체로 통합된 것이다. 생명체가 생존하려면 환경과 끊임없이 물질과 에너지의 교류가 전제되어야 한다. 환경과 고립되어 존재할 수는 없다. 모든 생명체는 나름대로 독특한 환경을 요구한다. 설혹 다른 생명체를 생존의 환경으로 요구한다 할지라도 생명의 기본 속성을 다른 생명체에 의존할 수는 없다. 그들이 독자적으로 생존할 수 없다고 한다면 그들을 생명체로 부르기는 어려울 것 같다. 생명체에서 독립성이란 이처럼 중요한 것이다. 생명체의 독립성이란 환경으로부터의 독립이 아니라 다른 생명으로부터의 독립을 뜻하는 것이다. 따라서 생명을 '독립적 자기복제 시스템' 이라고 정의하면 어떨까?

이것만으로 생명체의 정의가 충분한가? 1871년 갈라파고스 군도의 핀타 섬에서 처음 발견된 수컷, 외로운 조지(Lonesome George)는 땅거북의 한 아종(*Chelonoidis nigra abingdoni*)으로 자신이 속한 종으로는 유일한 개체로 알려졌었다(그림 1-14). 이 거북은 2012년에 알 수 없는 이유로 죽을 때까지 이사벨라 섬 보호구역에서 사육되고 있었다. 같은 종의 암컷을 발견하지 못했으므로 2009년에는 조지에게 다른 아종의 암컷과 짝짓기를 시켜 후손을 만들려고 애썼지만, 실패하였다. 암컷 상대가 없어 생식이 불가능하지만 조지는 누가 뭐래도 생명체 아닌가? 암말과 숫당나귀 사이에서 태어나는 노새는 생식능력이 없어 노새가 노새를 낳는 일은 불가능하다. 그렇더라도 노새를 생명체가 아니라고 하지 않는다. 여기에서 생명체의 정의를 다소 수정해야 할 필요를 느낀다. 과연 어떻게 하여야 모든 문제점들을 피할 수 있을까? '자기복제체에서 유래된 독립적 자기보존체' 라고 하고 싶다.

단원정리 1

우리가 사는 지구에는 참으로 다양한 생물들이 살고 있다. 생김새며, 살아가는 장소, 그리고 살아가는 방식 또한 천차만별이다. 생명체의 이러한 다양성이 생명현상의 보편성을 말해주는 것처럼 보인다. 그런데, 생명이란 과연 무엇인가? 길 가에 돌멩이가 하나 놓여 있고 그 옆에 비슷하게 생긴 두꺼비가 앉아 있다. 돌멩이와 두꺼비는 근본적으로 어떻게 다른가? 생명을 정의하는 일은 쉽지 않은 과제이므로 우선 생명체의 특성을 살펴봄으로써 배경지식을 습득해 보자. 먼저, 생명체들은 특별한 체제를 이루고 있다. 이 체제는 우선 세포라는 형태를 중심으로 그 아랫단계로 세포 소기관, 거대분자들의 복합체, 거대분자, 분자들로 체제를 이루며 그 윗단계로는 조직(tissue), 기관, 기관계, 개체 등으로 조직(oraganization)이 체계화 되어 있다. 이런 체제에서 소위 생명현상을 나타낸다. 생명현상 중에 가장 두드러진 것은 자가생산(autopoiesis)이다. 이것은 생장(생식과 성장)을 의미한다. 그 외에 자기보전(self-sustaining) 기능도 있는데 이는 체제를 형성하고 유지하기 위한 것이다. 자가생산과 자기보전은 필연코 에너지를 소모하는데, 이 때문에 생명체는 외부 환경에서 얻은 에너지를 자신이 필요한 형태로 전환시키는 능력(energy transduction)을 갖추어야 한다. 자가생산과 자기보전은 또한 정보를 요구한다. 유전정보는 생명체제를 건설하고, 운영하는 방식을 수록한 청사진이다. 유전정보는 핵산의 염기서열로 이루어지는데 이것이 자기복제(self-replication)를 통해 자가생산을 이룩하고 유전자 발현을 통해 자기보전을 수행한다.

오스트리아의 물리학자 에르빈 슈뢰딩거(Erwin Schrödinger)는 생명은 비주기성 결정으로서 환경으로부터 네거티브 엔트로피를 흡수하는 존재라고 하였다. 존 버날(John Desmond Bernal)은 자기 자신인 유기 촉매에 의한 연속된 유기화학 반응으로 스스로 존속하는 능력을 갖춘 시스템이라고 정의하였다. 외계의 생명을 탐사하는 NASA에서는 호로비츠와 밀러(Horowitz and Miller)의 정의를 사용하는데 그것은 '다윈의 진화를 겪으며 자기보전하는 화학적 체계' 이다. 컴퓨터의 발달로 인공지능을 설계하면서 코젠에프스키(Korzeniewski)는 생명은 되먹임 장치의 네트워크라고 규정하였다. 위와 같은 생명에 관한 정의를 염두에 두고 하나의 로봇을 상상하여 보자. 이 로봇은 환경에서 원료를 취득하여 자신이 필요한 재료로 전환시키고 여러 종류의 재료를 변형, 혼합하여 자신을 구성하는 부품을 만든다. 이렇게 만들어진 수많은 부품을 조립하여 결국 자신과 똑같은 로봇을 만들어 낸다. 이 로봇을 생명체라고 하겠는가?

생물과 무생물의 차이는 위에서 예로 든 두꺼비와 돌멩이에서 보는 것처럼 언제나 명백히 구분할 수 있는 것은 아니다. 무지개가 빨간색에서 보라색에 이르는 동안 무수히 많은 중간단계가 있다. 이와 마찬가지로 생명체와 비생명체 사이에 많은 중간 형태가 있어 필자는 이를 생명 스펙트럼이라 부른다.

생물의 기본단위는 세포이다. 세포 이하의 구조에서도(예를 들어, 바이러스) 생명현상을 발견할 수 있는가? 그러한 생명현상을 나타내는 존재들을 생명체라 부를 수 있을까? 세포는 그 체제에 따라 원핵세포와 진핵세포로 나눌 수 있다. 원핵세포는 세포 내부에 이렇다 할 구획이 없어 세포막 안의 모든 소기관들이 세포질에 흩어져 있다. 유전물질도 비록 세포 중심에 뭉쳐 핵양체라 불리는 독특한 구조를 이루나 막으로 싸여 있지 않다. 이와는 달리 진핵세포는 세포막 안에 많은 구획으로 나뉘어져 있다. 세포핵, 세포 소기관들이 막으로 싸여 세포질로부터 격리되어 있다.

원핵세포의 생식은 단순히 유전물질의 복제 후 세포가 둘로 갈라지는 이분법(binary fission)에 의한다. 진핵세포는 종류에 따라 무성생식을 하는 것과 유성생식을 하는 것들이 있다. 무성생식은 배우자 없이 한 세포가 유사분열을 통하여 유전적으로 자신과 동일한 두 개의 딸세포로 나뉘는 방식이다. 유사분열은 본질적으로 원핵세포의 이분법과 유사하다. 염색체의 DNA가 복제한 후 서로 분리되어 각기 새로운 염색체를 형성하고 두 세포로 갈라지는 방식이다. 유성생식은 무성생식과는 달리 자식을 생산하는 데에 두 배우자가 참여한다. 따라서 새로 태어난 자식은 양친의 어느 한쪽과도 유전적으로 동일하지 않다. 유성생식을 하는 개체들은 염색체를 양친에게서 각각 물려받으므로 성염색체를 제외한 모든 염색체를 쌍으로 가지고 있다. 이 때문에 유성생식은 염색체들의 재조합, 교차, 수정, 돌연변이 등의 과정으로 유전자들의 다양한 조합을 만들어 낼 수 있다. 원핵세포나 무성생식을 하는 진핵세포가 유전자의 다양성에 오직 돌연변이에 의존하는 것과는 크게 다르다. 원핵세포이든 진핵세포이든 생식의 기본적 과정은 염색체를 이루는 핵산이 복제된 후 세포가 둘로 갈라지는 것인데 핵산이 복제될 때에는 복제원점이라고 불리는 특별한 지점에서부터 시작된다는 것이다. 복제원점에는 많은 종류의 단백질들이 작용하여 복제과정을 조절함으로써 특정한 시기에, 필요한 양 만큼 복제가 일어난다. 복제원점을 갖고 있는 핵산을 복제단위(replicon)라 부른다. 생명체의 가장 중요한 특성인 자가생산과 자기보전은 핵산의 자기복제(self-replication)를 기반으로 한다. 그런데 핵산의 자기복제는 세포가 아닌 것들에서도 일어난다.

바이러스(virus)는 매우 간단한 구조를 갖고 있다. 핵산과 그를 둘러싸고 있는 단백질 외투가 그것이다. 간혹 종류에 따라서는 숙주에서 빠져나올 때 숙주의 세포막을 뒤집어 쓰고 나오는 것들도 있다. 이렇게 간단한 구조 때문에 바이러스는 반드시 다른 세포에 기생하여 증식한다. 자가생산에 필요한 물질대사와 에너지 생산 시스템이 없기 때문이다. 일단 세포 속에 들어가면, 바이러스 유전자들은 세포활동을 지휘하여 자신의 핵산,

단백질들을 합성하고 그것들을 조립하여 온전한 바이러스 입자를 생산한다. 그리고는 세포를 탈출하여 다른 세포에 침입할 기회를 엿본다. 바이러스의 핵산은 복제원점을 갖고 있어 능동적로 복제과정을 진행시킬 수 있다.

플라즈미드(plasmid)는 세포가 염색체 외에 따로 보유하고 있는 핵산이다. 플라즈미드는 복제단위여서 독립적 복제가 가능하다. 그 때문에 염색체와는 별도로 복제를 수행하며 염색체가 한번 복제할 때에 여러 번 복제하여 세포 안에 많은 수를 보유한다. 세포의 입장에서 플라즈미드는 있어도 그만 없어도 그만이지만 그 안에 항생제나 독성물질에 대한 저항성 유전자가 들어 있어 숙주에 유리한 점을 제공한다. 세포가 분열할 때 플라즈미드는 딸세포에 따라 들어가 다음 세대의 세포에 전파된다. 또한 접합(conjugation)과정을 통해 더 적극적으로 플라즈미드가 없는 세포에 전파되기도 한다. 접합은 세포와 세포의 직접 접촉에 의하여 일어난다. 플라즈미드는 바이러스와 달리 세포 밖을 나가는 일이 없기 때문에 자신의 DNA를 보호할 단백질 껍질 같은 것은 필요하지 않으나 저항성 유전자와 함께 접합에 관련된 유전자를 보유하고 있어 세포 접촉과 DNA 이동과 같은 복잡한 과정을 수행하는 것이다.

전위인자(transposable element)는 DNA 안의 특정한 염기서열로 DNA 안에서 여기저기 자리를 옮겨 다닌다. 전위인자의 양끝은 특별한 서열이 서로 반대 방향으로 중복되어 있는데 이것을 역반복서열이라 한다. 전위인자는 유전자의 위치이동에 사용될 전위효소 유전자, 항생제 저항성 유전자 등을 포함한다. 전위에는 뜯어 붙이기처럼 이전의 위치에서 새로운 위치로 옮겨가는 단순전위와 새로운 위치로 갈 때 복제되어 원래의 장소에도 전위인자가 그대로 남아 있는 복제전위가 있다. 전위는 복제원점을 필요로 하지 않는 DNA 수선과정의 변형이라 할 수 있다. 전위인자 Mu는 세균의 염색체 안에서 많은 수로 복제된 후 바이러스처럼 세포를 분해시키고 밖으로 나가는데 이런 이유로 자신의 DNA를 보호할 단백질 껍질을 필요로 한다. 전위인자이지만 세균에 기생하는 파아지(phage)인 셈이다.

바이로이드(viroid)는 고리 형태를 이루는 외가닥의 RNA 이다. 이 RNA에는 서열정보를 갖춘 유전자가 없고 단순히 세포 속에서 복제되고 세포의 활동을 교란하여 식물에 병을 일으킨다. 세포의 전사과정을 이용하여 복제되고 곤충이나 식물체 사이의 직접 접촉에 의해 다른 식물로 전파된다.

프리온(prion)은 병원성 단백질로 쿠루병(kuru), 광우병(BSE), 크로이츠펠트-야콥병(Creutzfeldt-Jakob disease, CJD) 등을 일으킨다. 광우병을 일으키는 프리온 단백질(PrP^{SC})은 세포막에 있는 정상 단백질(PrP^{C})을 자신과 같은 병원성 단백질로 변화시킨다. 즉, 세포에서의 증식은 자신을 만드는 촉매 역할을 함으로써 이루어진다. 이것을 증식이라 할지언정 복제라 할 수는 없다.

자기복제성에 기초하여 생명을 정의한다고 하면 위에서 본 것처럼 복잡한 정도에 따라 세포, 바이러스, 플라즈미드, 전위인자, 바이로이드, 프리온으로 나열할 수 있다. 어디까지 생명체에 포함시킬 것인가? 바이러스를 생명체로 분류하고자 하면 플라즈미드나 전위인자는 어떠한가?

미토콘드리아와 엽록체는 세포 속에 존재하는 소기관들이다. 이들은 자신의 DNA를 갖고 있어 세포의 분열주기와 관계없이 독립적으로 분열한다. 비록 일부 기능은 핵의 유전자에 의존되어 있을지라도 스스로 복제하고 단백질 합성이나 에너지 생산 시스템을 갖고 있어 완벽한 생명체의 모습을 하고 있다. 이런 이유로 마굴리스(Lynn Margulis)는 내부공생설에서 원시 진핵세포에 호기성 세균이 공생하면서 종속영양진핵세포가 되었고 미토콘드리아는 그 호기성 세균의 후손이라고 하였다. 또한 광합성 세포는 종속영양진핵세포와 광합성 세균의 공생으로 형성되었으며 그 때문에 미토콘드리아와 함께 광합성 세균의 후손인 엽록체를 포함하고 있다고 주장하였다. 미토콘드리아와 엽록체는 세포에서 분리되면 스스로 살아갈 수 없고 세포 또한 생존할 수 없다. 오랜 세월 공생을 통해 이미 서로에게 의존되어 독립성을 상실한 것이다. 기생 생물에서도 비슷한 현상이 나타난다. 클라미디아(Chlamydia), 리켓챠(Rickettsia), 말라리아 병원충(Plasmodium) 등은 절대적 세포내 기생체로서 세포 밖에서는 독립적으로 생존이 불가능하다. 공생이든 기생이든 두 세포가 어우러져 살다보니 유전체의 축소(Genome reduction)가 일어난 결과인 것이다. 미토콘드리아와 엽록체를 생명체로 볼 것인가? 어떤 세포는 미토콘드리아나 엽록체 없이 생존할 수 있으므로 만일 그렇게 한다면 생명체 속에 또 다른 생명체를 허용하는 것이다. 독립성은 생명의 정의에 포함시켜야할 중요한 속성으로 자리매김 되어야 한다. 한편 생명의 정의에 자기복제만을 고집하면 생식능력이 없는 개체들을 배제하게 된다. 따라서 생명을 '자기복제체에서 유래된 독립적인 자기보전체'라고 하면 어떨까 싶다.

단원

2

생명물질과 유전정보

1. 생명체제의 구성 물질

생명체가 다른 비생명체와 다른 점은 그들이 보여주는 복잡한 유기적 조직체계이다. 이러한 조직체계는 세포 속의 여러 가지 거대분자(macromolecule)들로 이루어진다. 단백질, 탄수화물, 핵산들은 마치 건물을 지을 때 벽돌을 사용하는 것처럼 그들을 구성하는 단위체(subunit)가 있다. 개별 단위체 분자를 단량체(monomer)라 하는데 이들이 중합반응에 의해 서로 결합하여 분자량이 큰 중합체(polymer)가 된다(그림 2-1). 거대분자들의 중합반응은 주로 탈수반응에 의하여 일어난다. 거대분자들은 나름대로 몇 가지 종류의 단위체로 구성되어 있다.

단백질은 20종류의 아미노산으로 구성된다. 아미노산은 아래의 구조식에서 나타낸 바와 같이 중심 탄소원자에 네 개의 결합[1]이 모두 다른 것과 연결되어 있다. 아미노산은 유기산[2]으로 카르복실(carboxyl, -COOH)기를 포함하며 그 이름에서 짐작하듯이 아미노(amino, NH_2-)기와 결합한다. 한 개의 결합은 수소원자와 이루고 마지막 결합에 R로 나타낸 20종류의 작용기가 연결된다. 알파 탄소(α-carbon)라고 불리는 중심 탄소 주위에 결합한 세 개는 모든 아미노산에서 동일하지만 네 번째 R과의 결합으로 독특한 아미노산이 결정된다(그림 2-2).

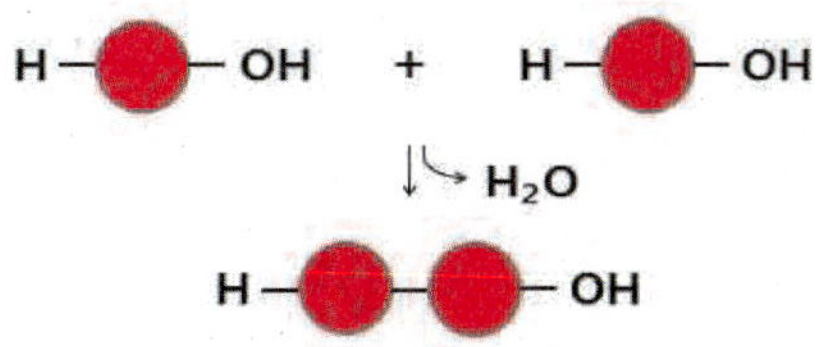

그림 2-1 탈수반응. 단위체들이 중합될 때 흔히 두 단위체에서 물 분자가 빠져나오면서(한 단위체에서 H를 다른 단위체에서 OH를 제공하여) 이루어진다. 이를 탈수반응이라 한다. 이의 역반응은 가수분해이다.

1) 원자마다 다른 원자와 결합할 수 있는 공유결합의 수는 대부분 최외각 전자의 수에 의존하는데 이를 원자가 전자(valence electron)라 한다. 즉, 원자가 전자의 수가 결합수를 결정한다.
2) 염산(HCl), 황산(H_2SO_4), 질산(HNO_3)과 같은 무기산과 달리 유기산은 대부분 카르복실기를 갖고 있다.

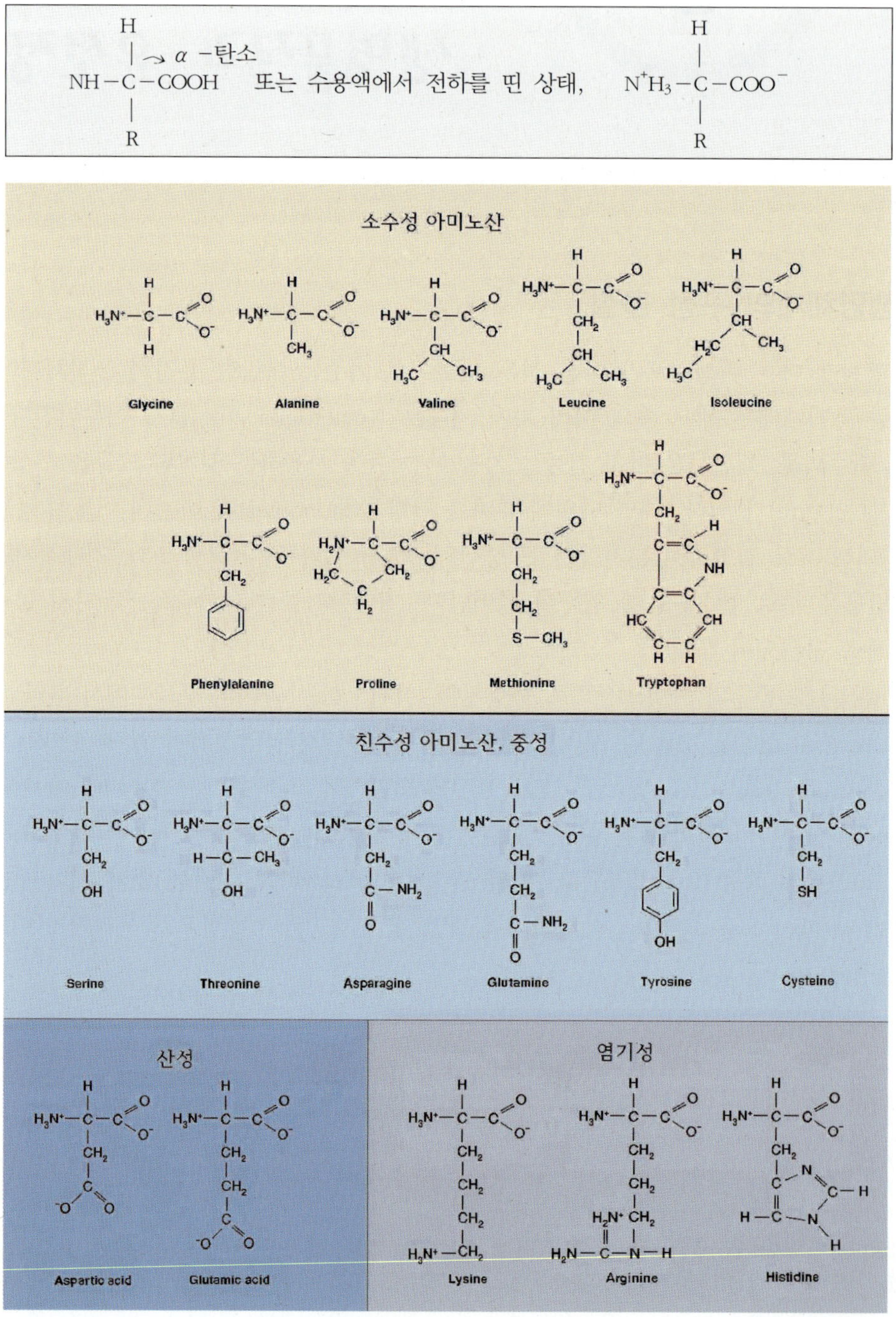

그림 2-2 여러 가지 아미노산. 알파 탄소에 결합된 기능기 R에 따라 아미노산의 독특한 성질이 나타난다. 이것들을 그룹으로 나누면, 소수성인 것과 친수성인 것, 친수성인 것에는 중성, 산성 또는 염기성을 띠는 것이 있다. 세포에는 여기에 표시된 것 이외의 아미노산들도 있으나 단백질을 구성하는 것은 위의 20 종류 뿐이다.

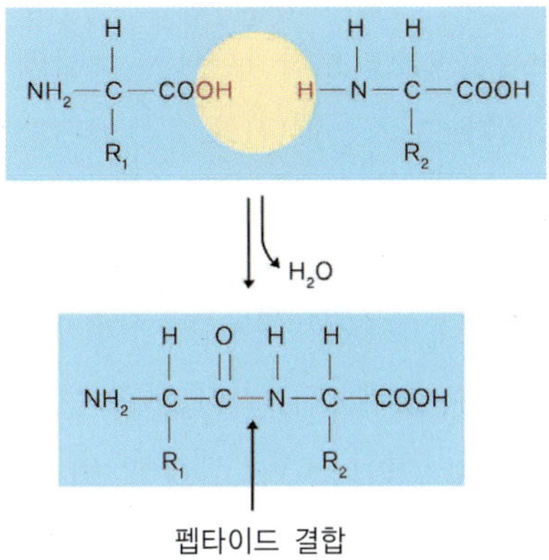

그림 2-3 두 아미노산의 탈수반응으로 형성된 펩티드 결합. 이 결합의 결과로 첫 번째 아미노산에는 온전한 아미노기가, 마지막 아미노산에는 온전한 카르복실기가 남아 있음을 주목하시오.

아미노산들은 한 아미노산의 카르복실기와 다른 이미노산의 아미노기 사이에서 물 분자가 빠지면서 펩티드 결합이 형성된다(그림 2-3). 단백질은 많은 아미노산의 펩티드 결합으로 이루어진 폴리펩티드인데 결합하는 아미노산의 서열에 따라 분자구조와 기능이 결정된다. 세포에서 단백질이 담당하는 역할은 실로 다양하다. 콜라겐은 섬유성 단백질로 연결조직에서 지지하는 기능을 하며, 우유의 카제인은 영양분을 저장하며, 헤모글로빈은 혈액에서 산소를 운반한다. 또한 항체 단백질은 외부에서 침입한 병원체와 싸우는 방어기능을, 액틴과 미오신의 섬유성 단백질은 근육에서 수축과 이완 작용을 한다. 호르몬 단백질은 세포의 활성을 조절하는 기능을, 효소는 화학반응에 참여하여 반응 속도를 촉진한다. 이와 같은 다재다능한 기능은 폴리펩티드가 형성하는 다양한 구조에서 비롯된다. 그것은 아미노산의 독특한 구조가 만들어낸 펩티드 결합과 알파 탄소에 결합된 기능기 R에 의해 나타나는 현상이다. 아미노산이 아니었던들 생명체가 탄생될 수 없었을 것이라 생각해 보면 여기에서 생명의 신비가 느껴진다. 단백질의 평균 분자량이 3만 달톤(30 kDa)이라고 할 때 이것을 구성하는 아미노산 수는 300개에 약간 못 미친다. 20종류의 아미노산을 가지고 무작위로 300개를 연결하여 만들어 낼 수 있는 가짓수는 무려 20^{300}, 대략 10^{390}이다. 실로 엄청난 다양성이 아닌가?

핵산은 두 종류가 있는데 RNA와 DNA가 그것이다.[3] RNA와 DNA를 구성하는 단위체

3) RNA(ribonucleic acid), DNA(deoxyribonucleic acid), 리보뉴클레오티드(ribonucleotide), 디옥시리보뉴클레오티드(deoxyribonucleotide), 아데닌(adenine), 구아닌(guanine), 시토신(cytosine), 우라실(uracil), 티민(thymine)

는 모두 4종류의 뉴클레오티드로 이루어져 있다. RNA의 단위체를 리보뉴클레오티드, DNA의 단위체를 디옥시리보뉴클레오티드라 부른다. 뉴클레오티드는 세 종류의 성분으로 구성되는데 당, 질소염기, 인산이 그들이다(표 2-1). RNA에 포함되어 있는 당은 리보오즈이며 DNA에 포함된 당은 디옥시리보오즈이다. 리보뉴클레오티드에는 네 종류의 염기가 포함되는데 아데닌, 구아닌, 시토신, 우라실이 그들이다. 디옥시리보뉴클레오티드 역시 네 종류의 염기가 포함되는데 우라실 대신 티민이 있고 나머지 세 개는 동일하다. 질소염기와 당이 결합한 물질을 뉴클레오시드[4]라 부르는데 이 분자의 5' 위치에 인산이 결합되면 뉴클레오티드라 부른다. 인산은 한 개에서 세 개까지 결합된다. 예를 들어, RNA를 구성하는 뉴클레오시드에 질소염기로 아데닌이 들어 있으면 아데노신, 구아닌이 있으면 구아노신, 시토신이 있으면 시티딘, 우라실이 있으면 우리딘이라 한다. 아데노신-5'-삼인산은 우리가 익히 알고 있는 에너지 분자 ATP이다.

표 2-1 핵산의 종류와 그들의 구성성분

핵산의 종류	RNA	DNA
단위체	리보뉴클레오티드	디옥시리보뉴클레오티드
당	리보오즈	디옥시리보오즈
질소염기	아데닌, 구아닌 시토신, 우라실	아데닌, 구아닌 시토신, 티민
인산	1~3개	1~3개

뉴클레오티드들도 서로 연결되어 중합체를 이룬다. 이들이 세포에서 중합될 때에는 뉴클레오시드-5'-삼인산[5]이 사용된다. 폴리뉴클레오티드는 유전정보를 지닌 물질이므로 유전적 다양성을 염두에 둔다면 많은 종류의 서열정보를 나타낼 수 있어야 한다. 그러나 뉴클레오티드는 불과 네 종류 밖에 되지 않아 단백질에 비해 서열이 단순할 것 같이 보여 과연 이것으로 생명계의 개체 및 종 다양성을 표현할 수 있을지 얼핏 의심을 갖게 된다. 그러나 연속되는 세 개의 뉴클레오티드 서열이 하나의 아미노산을 지정한다면 300 개의 아미노산 서열을 결정하는데 900개의 뉴클레오티드면 충분하다. 유전정보를 나타낼 물질로 아무런 손색이 없다.

탄수화물은 이름에서 암시하는 것처럼 분자식 $(CH_2O)_n$으로 표기되는데 마치 탄소 원

4) 뉴클레오시드(nucleoside), 아데노신(adenosine), 구아노신(guanosine), 시티딘(cytidine), 우리딘(uridine), 아데노신-5’-삼인산(adenosine-5’-triphosphate, ATP)
5) RNA로 볼 때 ATP, GTP, CTP, UTP들이다. 이들이 RNA를 합성할 때 사용되는 기질이다.

자에 물 한 분자가 결합한 듯이 보인다. 그러나 실제로는 물 분자와 아무런 연관이 없다. 세포에서 구조를 형성하거나 저장 연료로 사용되며, 단위체는 단당류로서 그 종류가 매우 다양하다. 즉, 탄소 3~8개를 가진 여러 종류가 있고 그중에서 탄소 5개, 6개짜리가 상대적으로 중요하다. 탄소 5개짜리 단당류 중에 핵산에 포함되는 리보즈나 디옥시리보오즈가 있고 탄소 6개짜리 단당류의 구조 이성체[6] 중에는 세포 구조를 형성하는 단위로 또는 에너지 공급원으로 쓰이는 포도당, 과당 등이 있다. 단당류 역시 탈수반응으로 분자량이 매우 큰 중합체를 이룰 수 있다. 식물세포나 세균의 세포벽은 각각 셀루로즈와 펩트도글리칸이 주성분인데 이들의 단량체는 포도당 또는 그의 유도체이다. 또한 갑각류와 곤충의 딱딱한 외골격 역시 포도당의 유도체가 결합된 중합체이다. 탄수화물은 단량체의 종류가 많고 구조가 매우 다양하지만 그들의 중합체들은 세포의 형태와 얼개를 구성하는데 또는 저장 에너지로 쓰일 뿐이다. 이에 비하면 단백질과 핵산은 단위체들이 직선배열[7]을 이루며 그 서열이 정보를 포함한다.

생명체는 성장하면서 많은 양의 거대분자들을 합성하며 조직체계를 형성한다. 뿐만 아니라 조직체계를 유지하기 위해서도 물질과 에너지를 소모한다. 거대분자들은 가수분해 과정을 거쳐 끊임없이 분해되는데 이들을 지속적으로 존속시켜야 되겠기 때문이다. 과연 생명체는 에너지 없이는 생산과 체제유지의 사명을 이루어 낼 수 없다. 생명과학에서 에너지 문제를 소홀히 다룰 수 없는 이유이다.

2. 에너지, 자유에너지

지금까지 생명의 체제를 형성하고 유지하는데, 생명현상을 나타내는데 에너지가 요구된다는 점을 앞 단원에서부터 누누이 설명하였다. 광합성을 하는 생물들은 빛 에너지를 자신이 사용할 수 있는 형태로 전환시킨다. 어떤 생명체들은 먹이로 삼는 물질을 흡수하여 분해하고 그것을 자신의 물질로 다시 합성한다. 분해된 물질 중의 일부는 더욱 분해되

6) 구조이성체(structural isomer)는 동일한 분자식을 갖지만 구조식이 서로 다른 분자들을 일컫는다. 예를 들어 포도당과 과당의 분자식은 모두 $C_6H_{12}O_6$이지만 그들의 분자식은 아래와 같이 서로 다르다.

포도당,

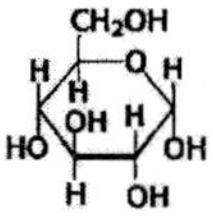

과당

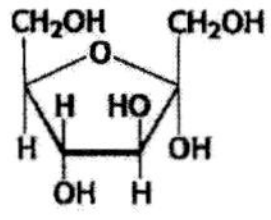

7) 여기서 직선이라 함은 가지가 없다는 뜻이다. 실제로 거대분자들은 중합체의 사슬들이 접히고, 구부러지고, 또는 꼬여서 매우 복잡한 3차원적 공간 구조를 이룬다.

어 포함된 탄소가 이산화탄소로 완전히 산화되는데 이 과정에서 에너지가 생산된다.[8] 합성된 에너지는 자신의 물질을 합성하는 데뿐만 아니라 물질의 흡수, 운동 등에 사용된다. 이토록 중요한 에너지이기에 좀 더 깊이 있게 논의해 보고자 한다.

무릇 에너지라 함은 변화를 일으키는 능력이라 정의할 수 있다. 어떤 에너지는 일을 할 수가 있다. 곧, 중력이나 마찰력 따위의 저항하는 힘을 이기고 물체를 이동시키는 작업을 수행할 수가 있는 것이다. 에너지에는 여러 가지 형태가 있다. 운동에너지는 물체의 운동에서 비롯되는 에너지로 날아오는 야구공과 휘두르는 배트를 보면 쉽게 이해된다. 빛과 열 에너지 또한 이 범주에 속한다. 빛은 광자의 이동에 의해 발생하는 에너지이며 열은 원자나 분자의 운동으로 생성되는 에너지이다. 움직이는 물체 뿐 아니라 정지된 물체도 에너지를 가질 수 있는데 위치에너지가 그것이다. 높은 곳에서 떨어지는 물체가 낮은 곳에서 떨어질 때보다 파괴력이 더 큰 것은 높은 위치 자체로 더 큰 에너지를 갖기 때문이다. 화학에너지는 일종의 위치에너지로 원자들의 결합에서 원자핵과 화학결합에 관여하는 전자들의 상대적 위치에 따라 다른 에너지를 갖게 된다. 원자들의 결합이 변화되는 화학반응에서 에너지가 방출될 수 있는 것은 바로 이 때문이다.

생물체는 한 형태의 에너지를 다른 형태로 변환시킬 수가 있다. 에너지 변환(energy transduction)은 생명체의 초기 진화에 매우 중요하다는 점을 이미 언급한 바 있다. 식물에서 일어나는 광합성은 빛에너지를 이용하여 화학에너지를 생산하는 과정이다. 엽록소를 비롯한 여러 색소들은 빛에너지를 흡수하였다가 방출하면서 그 에너지를 세포가 사용할 수 있는 화학에너지인 ATP를 생산하는 데 사용한다.[9] 또한 모든 생물의 세포에서는 한 종류의 화학에너지를 다른 종류의 화학에너지로 전환시킬 수 있는데 우리가 섭취한 음식물의 에너지를 세포 활동에 필요한 ATP로 만드는 것이 한 가지 예이다. 화학에너지(ATP)는 편모나 섬모, 또는 근육을 통해 운동에너지로 전환되기도 한다. 세포에서 보듯이 하나의 반응계 속에서 분자들이 서로 작용하여 여러 가지 화학반응을 거쳐 새로운 분자들을 만들어 낸다. 우리가 특히 관심을 가지는 것은 어떤 특정한 반응이 일어날 때 에너지를 흡수할지 아니면 방출할지 여부이다.

물리계에서 일어난 변화에 수반되는 에너지 관계를 연구하는 학문 분야를 열역학이라

8) 엄밀한 의미에서 에너지 생산이 아니고 분해물질의 화학에너지(세포가 당장 사용할 수 없는)를 세포에서 널리 사용되는 형태의 다른 화학에너지(ATP)로 전환시키는 것이다.

9) 빛에너지를 흡수한 엽록소는 전자를 방출하면서 안정한 상태로 돌아간다. 이때 방출된 전자는 전자전달계를 지나면서 양성자 기동력을 생산하고 이것이 결국 ADP + P_i를 ATP로 전환시킨다. 방출된 전자는 다른 색소에 의해 다시 한 번 에너지를 얻어 $NADP^+$를 환원시켜 NADPH를 만든다. ATP와 NADPH는 이산화탄소의 동화작용에 쓰이는데 그 결과 생산된 포도당은 이산화탄소보다 더 높은 화학 에너지를 갖게 된다.

하는데 여기에는 몇 가지 법칙이 있다. 그 중에 제1법칙은 소위 에너지 보존법칙이라 하는 것이다. 어떤 물질계가 한 상태에서 다른 상태로 변할 때 그 계가 얻은 에너지의 총량은 외부에서 들어온 일의 양과 흡수한 열을 합친 값이다. 이것은 마지막 상태와 초기 상태의 에너지 총량의 차이와 동일하며 상태가 변화하는 과정과는 무관하다. 만일 이 물질계가 외부와 일과 열의 교류가 없는 고립계(isolated system)이면 갖고 있는 에너지의 총량은 변하지 않고 일정하다. 내부의 에너지가 한 형태에서 다른 형태로 바뀔 수는 있으나 에너지는 생산되지도 소멸되지도 않는다. 우주가 고립계라 한다면 마찬가지로 우주의 에너지 총량은 일정하다. 말하자면 에너지는 보존된다는 것이다.

열역학 제1법칙에서 고립계의 에너지 총량은 변하지 않고 오직 형태가 바뀔 뿐이라 하였는데 이것만으로는 에너지와 관련된 여러 가지 현상을 설명할 수 없다. 왜 어떤 에너지는 특정한 다른 형태로 전환될 수 없는가? 예컨대, 열이 뜨거운 곳에서 차가운 곳으로 저절로 전달되는데 역으로 차가운 곳에서는 뜨거운 곳으로 옮겨가지 않는가? 질서가 흐트러지는 것은 자연스럽게 일어나는데 무질서한 것은 왜 저절로 질서를 갖추지 못하는가? 그림 2-2에서 외부와 고립된 두 개의 병이 밸브를 사이에 두고 연결되어 있다. A 상태는 왼쪽 병에 가스가 차 있고 오른쪽 병은 진공 상태이다. 이제 밸브를 열어 두 병이 통하도록 하면 왼쪽의 가스는 오른쪽으로 이동하면서 두 병에 골고루 분산되어 B 상태가 된다. 이 계는 외부와 고립되었다 하였으므로 제1법칙에 의하여 A, B 상태는 에너지가 동일하다. 그런데 가스가 왼쪽에서 오른쪽으로 이동할 때 일이 발생하게 된다. 이는 발생한 일의 양만큼 A 상태가 B 상태보다 에너지가 높다는 뜻이 아닌가? 이와 같은 딜레마를 해소하기 위하여 우리의 시스템을 면밀히 검토해 보자. A 상태에서는 가스가 왼쪽에만 치우쳐 있어 나름대로 질서를 갖추고 있다. 반면에 B 상태에서는 가스가 두 병 전체에 퍼져 A보다 더 무질서한 상태가 되었다. 또한 A 상태에서는 B 상태로 저절로 전환되지만 B 상태에서는 절대로 자발적으로 A 상태로 변하지 않는다. 이러한 비가역성과 제1법칙의 모순을 해결하고자 19세기 후반의 과학자들은 무질서한 정도를 엔트로피(entropy)라 규정하고 이 개념을 에너지 형태로 전환시키는 방법을 창안하였다. 그리고는 고립계가 열적 평형상태에 있지 않으면 항상 엔트로피가 증가하는 방향으로 변한다고 하였다. 마

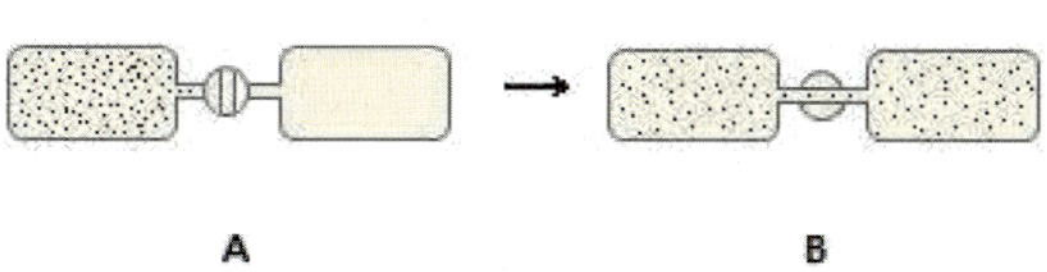

그림 2-4 무질서도로 설명되는 엔트로피 개념. 외부와 에너지 교류 없이 A 상태에서 B 상태로 전환될 때, 발생되는 일의 양은 B 상태가 획득한 무질서도의 증가로 변환시킨다.

침내 계의 엔트로피가 최고점에 이르게 되면 열역학적으로 평형상태에 도달하게 된다. 이것이 열역학 제2법칙이다.

간혹 생명활동에 의해 세포가 조직화되는 현상이(엔트로피의 감소) 열역학 제2법칙에 위배된다고 주장하는 사람들이 있다. 세포는 고립계가 아니고 열린계, 즉 외부 환경과 물질 및 에너지 교류가 가능한 시스템임을 잊은 결과이다. 세포 내부가 조직화되기 위해서는 외부 환경이 더 많이 무질서하게 되어 우주 전체의 엔트로피는 증가하게 되는 것이다. 슈뢰딩거의 생명의 정의-비주기성 결정으로 환경으로부터 네거티브 엔트로피를 흡수하는 존재-를 다시 한 번 상기해 보자. 생명체는 환경에서 질서(네거티브 엔트로피)를 흡수하고 무질서(엔트로피)를 방출한다!

생물학자에게 열역학은 매우 중요하다. 세포의 신진대사는 많은 반응들이 거미줄처럼 얽혀 있는 조직이다. 그 중에서 어떤 반응이 에너지를 생산하는지, 어떤 반응이 에너지를 투입해야 일어나는지 또한 어떤 반응이 자발적으로 일어나는지 등을 알고 싶은 것이다. 여기에서 말하는 에너지는 단순히 '변화를 일으키는 능력' 이상의 의미, 즉 '일을 수행할 수 있는 능력'을 뜻하는데 이를 자유에너지(free energy)라 부른다. 예컨대 엔트로피(무질서 상태)로 전환된 에너지는 세포에서 어떤 반응도 일으킬 수 없으므로 일로 전환될 수 있는 에너지만을 떼어서 다루고자 하는 것이다.

19 세기 말 깁스(Josiah Willard Gibbs)는 자유에너지의 개념을 확립하는데 큰 업적을 남겼다. 그는 반응 전과 후의 자유에너지 변화(ΔG)는 반응의 방향을 알려주는 지표가 됨을 알았다.[10] 즉, 시스템의 온도와 압력이 일정할 때(생물체처럼) ΔG가 0보다 적으면

10) $\Delta G = \Delta H - T\Delta S$

ΔG ; 자유 에너지의 변화

ΔH ; 엔탈피(enthalpy) 변화, 온도와 압력이 일정할 때 시스템의 총 열량의 변화와 동일하다.

T ; 절대온도, ℃+273

ΔS ; 엔트로피의 변화

이 식의 의미를 단순하게 해석해 보면 이렇다. 반응계에서 일어난 변화의 결과 일로 전환될 수 있는 에너지(자유에너지, ΔG)의 변화량은 그 계가 갖고 있는 총 열량의 변화에 일로 전환될 수 없는 엔트로피 변화에 의한 에너지 값을 뺀 값이다.

실제 화학반응에서 ΔH, ΔS 값을 측정하기란 쉽지 않은 작업이므로 아래와 같이 측정하기 쉬운 농도의 함수로 변형시킨다.

$\Delta G = \Delta G_o + RT \cdot \ln Q$

ΔG_o ; 표준상태에서의 자유 에너지 변화

R ; 기체상수

Q ; 반응계수, 반응 $A + B \rightleftarrows C + D$에서 $Q = [C] \cdot [D] / [A] \cdot [B]$

반응이 평형에 이르면($Q = K$) ΔG는 0이 되므로,

(<0) 자발적으로 일어나며, 0보다 크면 결코 자발적으로 일어나지 않는다. 또한 ΔG가 0이면 이 반응은 평형상태에 도달한 것이다. 반응 전 자유에너지($G_{전}$)가 반응 후 자유에너지($G_{후}$)보다 커야 $\Delta G(=G_{후}-G_{전})$가 0보다 적게 되는데 이것은 반응에서 에너지를 방출한다는 의미이다. 이러한 반응은 평형에 도달할 때($\Delta G=0$)까지 자발적으로 진행되며 반응 전과 후의 에너지 차이만큼 일을 할 수가 있는 것이다. 마찬가지로 ΔG가 0보다 큰 반응은 에너지를 흡수하는 반응이며 자발적으로 일어나지 않기 때문에 다른 에너지 방출반응과 연계되어야만(에너지를 공급해 주어야) 진행된다.

3. 에너지 연계(energy coupling)

거대분자가 만들어지는 것은 단위체들이 질서를 이루는 과정이므로 저절로 일어나지는 않는다. 에너지를 사용해야 합성과정을 진행시킬 수 있다. 핵산을 제외한 다른 거대분자들의(예를 들어, 단백질이나 탄수화물의 경우) 합성은 에너지를 소모하는 반응이므로 단량체의 중합과정은 에너지 방출반응과 연계(coupling)되어야 한다. 중합과정에서는 단량체들끼리 직접 결합하는 것이 아니고 화학적으로 반응성이 큰 활성단량체를 사용함으로써 에너지 연계를 수행한다. 아미노산의 경우는 아미노산·AMP를 거쳐 생성된 아미노산·tRNA가 활성단량체이며 다당류의 합성에 사용되는 당은 뉴클레오티드·당이 활성화 형태이다(표 2-2). 이들 활성단량체를 사용할 때에 비로소 중합과정이 스스로 진행된다. 중합과정에서의 에너지 연계는 활성단량체를 만드는 과정이다.

표 2-2 거대분자의 중합과정에 사용되는 활성 단량체들

거대분자	단위체	활성단량체
단백질	아미노산(20종류)	아미노산·tRNA
탄수화물	단당류(여러 종류)	뉴클레오티드·당
핵산	뉴클레오티드(4종류)	뉴클레오티드

이와 같은 활성단량체가 만들어지는 과정과 그로부터 중합체가 형성되는 과정을 살펴보자. 먼저 아미노산의 활성화는 그림 2-5에서 보듯이 두 단계 [(1)과 (2)]로 일어난다.

$$\Delta G_o = -RT \cdot \ln K = -2.303\ RT \cdot \log K$$

K ; 평형상수

평형상수가 1보다 크면(반응이 정 방향으로 진행되면) ΔG_o는 −값을 갖게 되고, 그 결과 이 반응은 에너지를 방출하며 자발적으로 진행된다. 반대로 평형상수가 1보다 작으면 ΔG_o는 +값을 갖게 되고, 이 반응을 정 방향으로 진행시키려면 에너지를 공급해야 한다.

두 단계의 합을 (3) 식으로 쓸 수 있고 이것은 (4)와 (5)의 두 식으로 분해할 수 있다. 결국 아미노산 활성화 형태인 aa·tRNA를 얻기 위하여 ATP를 AMP와 피로인산으로 분해시켜 그 때 방출되는 에너지를 이용하는 것이다.

$$aa + ATP \rightarrow aa \cdot AMP + PP_i \quad (1)$$
$$aa \cdot AMP + tRNA \rightarrow aa \cdot tRNA + AMP \quad (2)$$
$$aa + ATP + tRNA \rightarrow aa \cdot tRNA + AMP + PP_i \quad (3)$$
$$\Downarrow$$
$$aa + tRNA \rightarrow aa \cdot tRNA \quad (4)$$
$$ATP \rightarrow AMP + PP_i \quad (5)$$

그림 2-5 아미노산 활성화에 소모되는 ATP. (1), (2) 두 단계로 이루어지는 아미노산 활성화. 반응 (3)을 (4)와 (5)의 두 식으로 나누어 보면, 아미노산 활성화에 에너지 소모가 수반됨을 쉽게 알 수 있다.

이렇게 합성된 활성단량체가 폴리펩티드를 형성할 때 반응의 자유에너지가 – 값을 갖게 되어 자발적으로 진행된다. 활성단량체를 생산하면서 ATP를 소모하였으므로 폴리펩티드는 결국 그 에너지로 합성되는 것이다(그림 2-6).

$$\text{펩티드}(aa_n) + aa \cdot tRNA \rightarrow \text{폴리펩티드}(aa_{n+1}) + tRNA$$
$$aa + ATP + tRNA \rightarrow aa \cdot tRNA + AMP + PP_i$$
$$\text{펩티드}(aa_n) + aa + ATP \rightarrow \text{폴리펩티드}(aa_{n+1}) + AMP + PP_i$$
$$\Downarrow$$
$$\text{펩티드}(aa_n) + aa \rightarrow \text{폴리펩티드}(aa_{n+1})$$
$$ATP \rightarrow AMP + PP_i$$

그림 2-6 폴리펩티드 합성과 ATP **소모**. 폴리펩티드 사슬에 새로운 아미노산을 추가하는 반응(에너지 흡수반응)은 ATP의 가수분해(에너지 방출반응)와 연계되어 일어난다.

탄수화물의 합성 역시 폴리펩티드 경우처럼 활성단량체를 사용하여 복잡한 체제로 전환하는데 따르는 자유에너지 문제를 극복한다. 그림 2-7과 그림 2-8에서 활성단량체의 생산, 다량체로의 합성과정을 나타내었다.

뉴클레오티드 + 당 → 뉴클레오티드・당
(ATP + 글루코즈 → ADP・글루코즈 + P_i)
(UTP + 갈락토즈 → UDP・갈락토즈 + P_i)

그림 2-7 **단당류의 활성화.** 단당류는 여러 종류의 뉴클레오티드와 직접 결합하여 활성화된다

(글루코즈)$_n$ + ADP・글루코즈 → (글루코즈)$_{n+1}$ + ADP
ATP + 글루코즈 → ADP・글루코즈 + P_i

(글루코즈)$_n$ + ATP + 글루코즈 → (글루코즈)$_{n+1}$ + ADP + P_i
↓
(글루코즈)$_n$ + 글루코즈 → (글루코즈)$_{n+1}$
ATP → ADP + P_i

그림 2-8 **탄수화물의 합성과** ATP **소모.** 전분{(글루코즈)$_n$}이 합성될 때 활성단량체가 사용되므로 당(글루코즈) 한 분자 첨가하는데 필요한 에너지는 결국 ATP의 가수분해에서 방출되는 에너지로 충당한다.

위에서 보아 온 것처럼 단백질과 탄수화물과 같은 생체물질을 합성하는 과정은 에너지 흡수반응(ΔG_o는 +값)이므로 반응을 추진하기 위하여 에너지를 방출하는 반응과 연계하지 않으면 안 된다(그림 2-9). 세포의 에너지 소모 반응과 연계하여 일어나는 에너지 방출반응의 대표적인 것이 ATP 가수분해이다. 말하자면 ATP가 ADP + Pi, 또는 AMP +

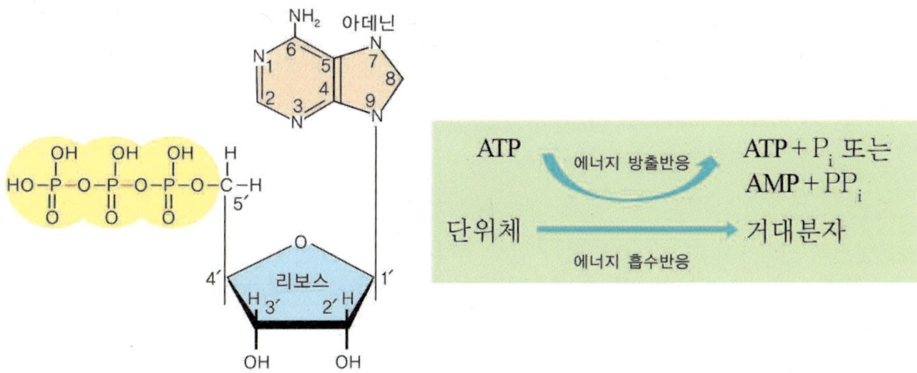

ATP(아데노신 삼인산)

그림 2-9 ATP**와 에너지 연계 반응.** 거대분자를 합성할 경우처럼 에너지 흡수반응이 일어나려면 ATP 가수분해와 같은 더 큰 에너지 방출반응과 연계되어야 한다.

2 Pi로 분해될 때 방출되는 자유에너지($\Delta G_o \simeq -7.4$ kcal/mol)를 합성반응에 사용하는 것이다.

4. 자기복제체의 생명력 – 왜 끊임없이 복제하려는가?

다른 거대분자들과 달리 핵산의 합성과정은 에너지를 소모하지 않고 오히려 에너지를 방출하는 반응이다. 즉 반응의 자유에너지(ΔG_o)는 －값을 갖는다. 소위 자발적 반응이다. 그 이유는 말할 것도 없이 핵산의 단위체인 뉴클레오티드 자신이 에너지 물질이기 때문이다. 핵산 합성과정의 이와 같은 속성은 매우 중요한 의미를 지니고 있으나 충분히 주목받지 못하고 있다. 우리는 이 문제를 더욱 깊이 논의할 것이다.

생명체가 되려면 먼저 유전정보와 에너지가 필요하다. 이 유전정보와 에너지는 지구를 포함한 우주의 어디에서 반드시 무생물 환경으로부터 만들어져야만 한다. 현존하는 생물체에서 유전정보를 구성하는 물질과 생체에너지로 사용되는 물질이 모두 뉴클레오티드인 것은 우연한 사건이 아니다. 많은 과학자들은 생명체로 진화되어 가는 초기의 자기복제체로 RNA를 거론하고 있다. RNA를 구성하는 리보뉴클레오티드가 DNA를 구성하는 디옥시리보뉴클레오티드보다 더 보편적이며 원시적 물질이라 여기기 때문이다[11]. 초기복제체인 RNA가 진화과정의 어느 시점에서 더 안정한 DNA로 대체된 것으로 보인다. RNA가 자기복제체로서 행세하려면 먼저 자신의 구성 단위체인 리보뉴클레오티드들이 중합되어야 한다.

유전정보를 구성하는 뉴클레오티드는 ATP, GTP, CTP, UTP 네 종류인데 이중 ATP는 세포에서 생체 에너지로 주로 사용되기도 한다. 무생물적 합성(prebiotic synthesis)[12]으로 생성된 뉴클레오티드가 스스로 고에너지 물질이면서 유전정보를 지닌 핵산의 단위체이기 때문이다. 핵산의 이러한 속성은 생명체가 초기 지구 상태에서 출현하는데 매우 중요한 역할을 한다. 만일 핵산의 중합과정이 다른 거대분자의 합성에서처럼 에너지 흡수반응이라면 생명의 출현은 불가능하였을 것이다. 에너지 생산 시스템이 존재하지 않는

11) 세포물질의 진화에서 RNA는 DNA보다 먼저 생성된 것으로 보인다. 그 이유는 첫째, 세포 안에는 여러 종류의 RNA가 다양한 기능을 수행하고 있다. 또한 RNA 단량체인 리보뉴클레오티드가 다양한 유도체를 형성하여 조효소의 역할을 담당하고 있다. 둘째, DNA가 오로지 유전정보를 제공하는 역할을 하는 데 비해 RNA는 유전정보와 촉매작용을 함께 수행한다. 이와 같은 성질은 초기 생명체 진화에 매우 중요한 것이다. 마지막으로, 모든 DNA의 단위체, 디옥시리보뉴클레오티드는 RNA 단량체인 리보뉴클레오티드로부터 생산된다.

12) 생명체의 진화 과정에서 최초의 생명체는 자신을 구성하는 모든 물질을 원시 지구의 환경에서 얻어야 한다. 이 물질들은 생명체 이전에 화학적으로 합성(prebiotic synthesis)된 것들이다.

환경에서 에너지 흡수반응이 정착될 수는 없겠기 때문이다. 이런 관점에서 외부 에너지의 공급 없이 이루어지는 핵산(RNA)의 합성은 생명체가 생산한 최초의 거대분자일 것이라 추측할 수 있다.

지난 단원에서 검토한 바와 같이 여러 종류의 자기복제체들은 나름대로의 방식을 동원하여 부단히 자신을 복제하려고 한다. 자기복제체는 무엇 때문에 이토록 복제하려는 것일까? 그 해답은 이들의 복제물질이 핵산으로 이루어져 있다는 사실에서 찾을 수 있다. 유전정보의 복제 즉, 핵산의 합성이 자발적으로 진행되는 에너지 방출과정이기 때문이다[13]. 유전정보는 복제의 대상인 자신(template)과 합성에 필요한 단위체인 뉴클레오티드만 있으면 스스로 증식되는 것이다. 어떤 유전자는 특별히 이기적이어서가 아니라 복제의 조건을 다른 유전자보다 특별한 방법으로 더 쉽게, 더 자주 마련한다.[14] 모든 유전자가 이기적으로 보일 수밖에 없는 것은 그들의 복제는 기회가 생겼을 때 어김없이 이루어지는 자발적 반응이기 때문이다.

생명체로 진화하는 초기의 원시 자기복제체가 단백질 효소 없이 자기복제를 이룰 수 있는 RNA로 구성되었다는 가설은 매우 타당하다. 원시 지구 상태에서 무생물적 합성(abiotic synthesis)으로 축적된 뉴클레오티드만으로 자기복제체를 만들어낼 수 있다는 설명이 가능하기 때문이다. 원시 자기복제체가 생명체로 발전하려면 생체막과 함께 에너지 변환 체계(energy transduction system)를 갖추어야 한다. 뉴클레오티드들의 중합과정이 에너지 방출반응이어서 자발적으로 진행된다고 하여도 그 중합체의 가수분해 과정 역시 에너지 방출반응이다. 얼핏 보아서 모순인 것 같지만 이것은 진실이다.[15]

따라서 원시 자기복제체가 안정된 형태로 되기까지 수많은 중합과 가수분해 반응을 반복하게 될 것이다. 그러는 동안 원시 막 속의 뉴클레오시드 삼인산(NTP)의 농도는 급격히 감소하고 분해산물인 뉴클레오시드 일인산(NMP)이 축적될 것이다. 폴리뉴클레오티드가 시행착오 끝에 원시 복제체가 되려면 활성 에너지를 잃어버린 NMP를 NTP로 전환시켜야 한다. 이 과정은 에너지 흡수반응이므로 외부의 에너지 자원에서 이 반응에 필요한

---

13) polynucleotide($NMP^{\#}_{n}$) + NTP^{*} $\rightarrow$ polynucleotide(NMP_{n+1}) + PP_i

$PPi \rightarrow 2\ Pi$

polynucleotide(NMP_n) + NTP $\rightarrow$ polynucleotide(NMP_{n+1}) + 2 Pi $\quad \Delta G \cong -7$ kcal/mol

\# NMP = nucleoside monophosphate(뉴클레오시드 일인산)

* NTP = nucleoside triphosphate(뉴클레오시드 삼인산)

14) 세포에 침입하여 염색체의 활동을 교란하고 자신을 복제하는 바이러스나 동일한 염색체에 여러 유전자와 함께 연관되어 있는 전위인자의 복제과정을 보면 쉽게 이해가 간다.

15) 아래의 가수분해 반응은 중합반응의 정확한 역반응이 아니다.

polynucleotide(NMP_{n+1}) + H_2O $\rightarrow$ polynucleotide(NMP_n) + NMP

에너지를 생산하여야 한다. 원시 자기복제체는 너무나 단순한 체제여서 오로지 RNA의 합성으로 불완전하게나마 복제를 이룰 뿐 초기부터 고도의 복잡성을 지닌 유전정보를 갖추지는 못했을 것이다. 따라서 원시 생명체의 에너지 전환 체계는 단백질 효소를 사용하지 않고 이루어져야 한다. 이것이 과연 가능한가? 많은 과학자들은 최초의 생명체는 종속영양체(heterotroph)[16]일 것이라고 추측하고 있다.

원시 지구에 존재하던 여러 종류의 무기물이 환경에서 공급되는 우주선, 자외선, 열에너지 등의 작용으로 변화된 유기물을 이용하는 생물체이다. 반면에 독립영양체(autotroph)는 자신이 사용할 영양물질과 에너지를 스스로 합성하는 생물체이다. 영양물질의 합성이나 에너지 생산은 너무나 복잡하기 때문에 초기의 단순한 생명체가 수행하기에는 무리가 있다는 것이다. 그러나 초기 생물체로 가정한 종속영양체가 에너지를 얻기 위하여 유기물질을 분해하려면 그 또한 복잡한 대사경로를 거치지 않으면 아니 된다. 이 과정은 여러 종류의 효소를 필요로 하며 이는 유전정보가 진화된 후에나 가능한 일이다. 초기 생물체가 막(membrane) 안팎의 화학적 환경 차이를 이용하여 에너지를 획득할 수 있지 않을까? 신진대사가 진화되기 전에 에너지 생산 체제가 확립되어야 한다. 최초의 생물체가 독립영양체일 가능성을 엿보게 하는 대목이다. 이와 관련된 내용은 다음에 있을 생명의 기원 단원에서 더 논의하고자 한다.

이 절의 주안점이 자기복제체의 복제 추진력에 관한 것임을 상기하자. 유전정보가 진화하기 전의 원시 자기복제체는 단백질 효소의 도움 없이 복제되어야 한다. 초기에 수많은 시행착오를 거쳤겠지만 완성된 복제 시스템은 참으로 놀라운 것이다. 외부로부터 별도의 에너지 공급 없이 자발적으로 진행되는 것이다. 한 무리의 자기복제체가 복제 시스템을 완성한 이래 오늘까지 35억년 이상의 세월 동안 얼마나 많은 후손을 얻었을까? 지구상에 나타났던 세포의 수는 얼마나 될까? 우주에 별들이 많다 한들 이보다 더 많을까? 놀라운 성공의 원인은 첫째 복제과정이 에너지 방출반응 곧, 자발적 반응이라는 점이다. 둘째로는 생물체의 효율적인 에너지 전환 시스템에 있다. 생물체는 환경에서 제공하는 다양한 에너지 자원으로부터(태양광 또는 환원상태의 무기 또는 유기 화합물) 자신이 사용하는 데 편리한 ATP를 지속적으로 재생시킨다. 그리하여 ATP는 인산화 과정으로 소비되어 NDP로 전환된 뉴클레오티드[17]나 중합체에서 가수분해되어 떨어져 나온 NMP를 다

16) 종속영양체설(heterotroph hypothesis)에 의하면 최초의 생명체는 무생물적 합성에 의해 축적된 유기물질을 분해하여 에너지를 얻는 종속영양체일 것이라고 주장한다.

17) NTP는 여러 종류의 물질을 인산화(phosphorylation) 한다. 인산화 반응은 특수한 환경(금속이온과 적절한 표면)에서 효소의 도움없이 일어날 수 있다. 그 결과 NTP는 NDP로 변하며 NDP가 다시 생체에너지 물질인 NTP로 돌아가려면 인산과 결합하여야 한다. 이 과정은 에너지를 요구한다.

시 충전시켜 사용할 수 있는 NTP로 바꾸어 놓는다. NTP가 안정적으로 공급되면 RNA 자기복제체는 스스로(자발적으로) 복제하게 된다. 복제과정이 에너지 방출반응이기 때문이라는 점을 위에서 밝힌 바 있다.

5. 핵산의 복제 방식

현재 지구에서 발견되는 생물은 유전물질로서 DNA를 가지고 있다. 같은 핵산일지라도 RNA는 유전정보를 저장하는 물질로서 뿐만 아니라 유전정보의 발현에 관련되는 세포 활동에도 관여한다. 비록 많은 종류의 바이러스가 RNA를 유전정보물질로 사용하고 있지만 신기하게도 세포를 가진 것들은 모두 RNA가 아닌 DNA를 유전물질로 채택하고 있는 것이다. 이것은 아마도 세포가 생성되는 초기 생명진화 단계에서 자연선택된 결과가 아닌가 싶다. 세포가 생겨나기 이전의 초기 자기복제체는 RNA로 구성되어 있었겠지만 이 문제 역시 **생명의 기원**에서 다루기로 하고 이곳에선 DNA 복제에 관한 내용만을 살펴보도록 하겠다.

왓슨과 크릭(J. Watson and F. Crick)이 DNA 모형을 처음 발표하였을 때, DNA는 두 가닥의 디옥시폴리뉴클레오티드가 서로 나선으로 꼬여 있고(이중 나선) 마주 보는 두 가

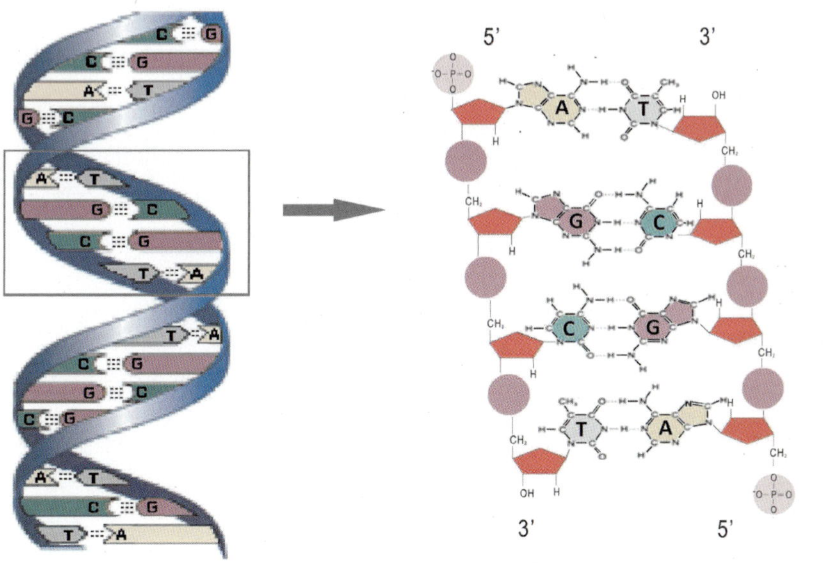

그림 2-10 DNA **모형**. 두 개의 폴리뉴클레오티드 사슬이 서로 꼬여 나선을(이중나선) 이루며 폴리뉴클레오티드들의 당-인산 뼈대는 바깥에, 염기들은 안쪽에 위치한다. 한 쪽 사슬의 염기는 다른 쪽 사슬의 염기와 상보적 수소결합(A는 T와, G는 C와)을 형성하는데 이 염기쌍들은 나선 축에 직각 방향을 이룬다. 두 개의 사슬은 서로 반대 방향으로 향해 있다.

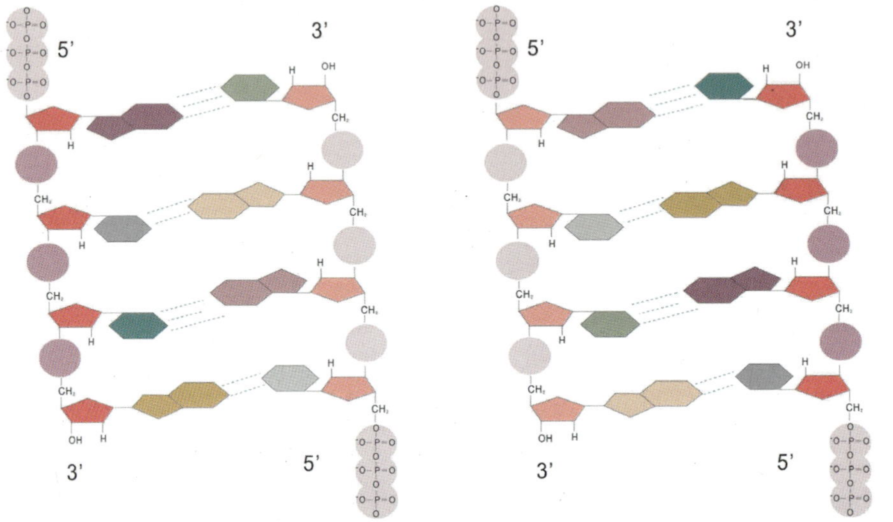

그림 2-11 반보전적 복제. DNA의 복제방식으로 나선을 이루던 두 개의 사슬이 풀려 서로 갈라지고 각각의 사슬을 주형으로 삼아 새로운 상보적 사슬을 합성하게 된다. 그 결과 모든 DNA에서 한 가닥은 옛 것을 상대 가닥은 새 것을 갖게 된다.

닥의 질소염기 사이에서 수소결합에 의한 상보적 염기쌍이 형성됨을 제안하였다(그림 2-10). 상보적 염기쌍은 두 가닥이 서로 역평행(antiparallel)일 때 가능하다. 수소결합의 결과 매우 특별한 염기쌍이 형성되는데, 이를테면 한 가닥의 염기가 A(아데닌)일 때 상대편 염기는 T(티민), G(구아닌)일 때 C(시토신)로 결합하여 두 가닥은 서로 상보적이라는 것이다. 그리고는 이러한 사실들이 즉각 유전물질(DNA)의 복제 메커니즘을 암시한다고 하였다.[18] 즉, 상보적 수소결합을 하고 있는 두 가닥이 풀어졌을 때 각 가닥이 주형으로 작용하여 새로운 가닥을 합성하게 되면 처음에 존재하던 DNA와 동일한 염기서열의 DNA가 두 개 생겨나는 것이다(그림 2-11).

이같은 복제방식은 DNA의 두 가닥 중 하나는 원래의 어버이 DNA에서 온 것이고 다른 가닥 하나는 새로 합성되었음을 뜻하는 것이다. 이를 두고 반 보존적 복제[19]라 한다. 비록 개념적으로는 단순하고도 명료한 DNA 복제 방식은 실제로는 매우 복잡하다. DNA가 존재하는 형태에 따라 복제를 개시(시작)하는 방식이 크게 다르므로 구체적인 예를 들어 설명하기로 한다.

18) J. D. Watson and F. H. C. Crick "Molecular Structure of Nucleic Acids". Nature, (1953), 737
19) 반보전적 복제(semiconservative replication)는 메설슨(Meselson)과 스탈(Stahl)에 의하여 실험적으로 증명되었다.

복제원점 자기복제체가 복제를 위하여 필요한 에너지를 어떻게 충당하느냐 즉, 자체적으로 생산하느냐, 아니면 다른 생명체에 의존하느냐에 따라 생명체를 가르는 기준이 될 수 있다고 하였다. 그런데 DNA에 따라서는 복제를 자신이 능동적으로 개시하는 경우와 수동적으로 개시하는 경우가 있다. 진핵세포와 원핵세포의 염색체 DNA는 복제원점이라고 하는 독특한 염기서열을 지닌 구역이 있다(그림 2-12). 복제원점을 가진 복제체를 복제단위(replicon)라 부른다고 기술한 바 있다. 핵산이 복제될 때 복제 원점에 필요한 여러 종류의 단백질이 결합하면 핵산의 두 가닥이 벌어지게 된다. 이곳에 DNA 염기쌍의 수소결합을 끊는 효소, 복제효소 등이 결합한 후, 외줄기로 풀어진 각 가닥을 주형으로 삼아 새로운 가닥을 합성하게 된다. 독립적으로 복제하는 핵산은 반드시 갖춰야 하는 특수 염기서열이다. 모든 세포(원핵세포이든 진핵세포이든)의 염색체는 복제원점을 가진 복제단위이다.

세포 속에는 염색체 이외의 DNA가 존재하기도 하는데 이미 설명한 바 있는 플라즈미드가 그것이다. 세포에 염색체 DNA는 오직 한 벌(copy)만 있는데 비하여 플라즈미드는 수십, 수백 벌 들어 있다. 그 이유는 염색체 DNA와는 독립적으로 조절되는 복제원점을

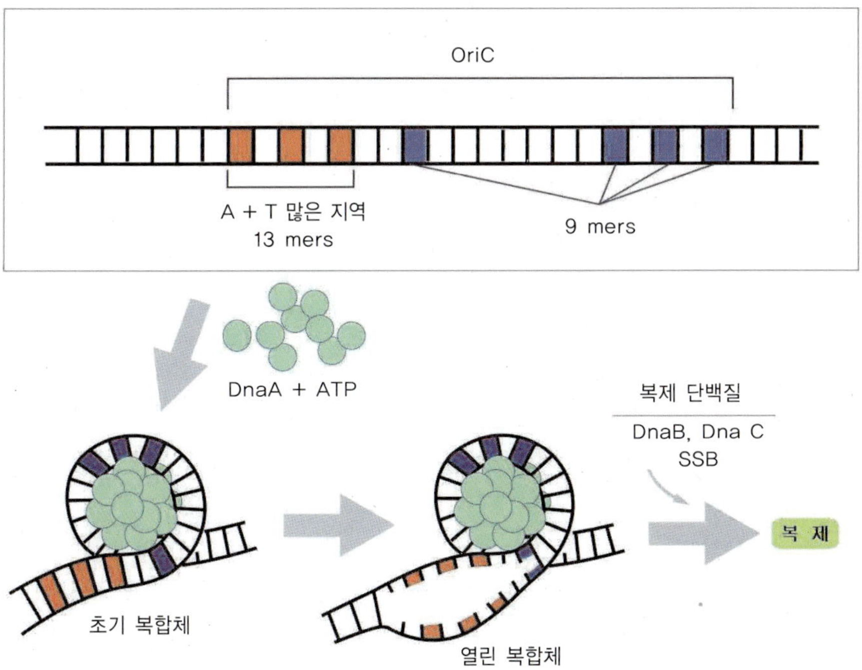

그림 2-12 복제원점(*oriC*)에서의 복제개시. 복제원점에 있는 4번 반복되는 9개 염기서열을 갖는 부위에 DnaA 단백질이 여러 분자 결합하여 DNA 구조를 크게 왜곡시킨다. 그 영향으로 AT가 많은 부위에서 DNA의 두 가닥이 열리게 된다. 이곳에 DNA 중합효소를 비롯한 복제 단백질들이 결합하여 DNA 복제가 양쪽 방향으로 진행된다.

가지고 있기 때문이다. 세포에 침입한 바이러스는 세포의 염색체 DNA와 복제 경쟁을 하는 처지이므로 당연히 독립적인 복제원점을 가져야 한다. 복제원점은 단순히 복제의 시작점을 나타낸다기보다 복제개시를 조절하는 기능을 가지고 있으므로 이를 통하여 세포 속의 DNA 양을 결정하게 된다.

굴렁쇠 모델 모든 복제체가 복제원점을 가지고 있는 것은 아니다. 파지(세균성 바이러스)나 플라즈미드처럼 고리 형태를 나타내는 DNA는 좀 더 손쉬운 방법으로 복제가 가능하다. DNA의 특정한 위치에서 두 가닥 중 한 가닥이 끊어지면 한 쪽은 3' 쪽에 -OH 기를, 5' 쪽에는 인산 기를 갖게 된다(그림 2-13). DNA 복제효소가 이 틈새에 끼어들어 끊어지지 않은 가닥을 주형으로 삼아 새로운 뉴클레오티드를 3' 쪽에 붙여나간다. 수소결합을 하고 있는 5' 쪽의 가닥을 풀어내면서, 이 방식은 고리모양의 가닥을 주형으로 삼아 끊어진 가닥의 3' -OH 말단 부분이 연장되는, 마치 굴렁쇠를 굴리는 듯한 모습이다. 이제 땅에 깔아 놓은 외가닥 DNA를 주형으로 상보적 DNA 가닥을 합성하면 길고 긴 DNA 이중나선을 얻을 수 있게 된다. 합성된 DNA는 굴렁쇠를 여러 번 굴려 얻은 것이므로 그 길이는 고리형 DNA의 수십, 수백 배에 이른다. 적절한 방식으로 끊어 다시 고리를 만들면 많은 수의 DNA로 복제되는 것이다. 이 방식을 필자는 굴렁쇠 모델이라 이름 하였다. 굴렁쇠 모델에 의한 복제는 DNA 복제에 관해서는 매우 간편하고 효율적이긴 하지만 주위의 상황과 조화를 이루어야 하는 경우 복제 속도를 조절, 통제하기가 쉽지 않다. 아무래도 복제원점에서 복제 속도를 정교하게 조절하는 복제단위와는 질적 차이를 보인다.

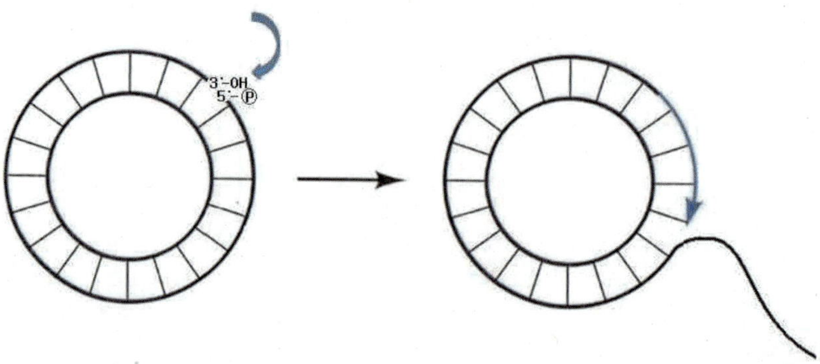

그림 2-13 **굴렁쇠 모델.** 바이러스나 플라즈미드 DNA의 특정부위에서 한쪽 가닥이 끊어지면 마치 굴렁쇠를 굴리듯 안쪽 가닥을 주형으로 이미 수소결합하고 있는 5′-Ⓟ 가닥을 풀어내면서 노출된 3′-OH에 새로운 염기서열을 붙여나간다. 풀려나간 5′-Ⓟ 가닥을 주형으로 삼아 상보 서열을 합성하면 매우 긴 여러 카피(copy)로 반복된 DNA가 생겨난다. 특별한 지점을 절단하여 고리를 만들면 많은 수의 복제산물을 얻게 된다.

전위 앞 단원에서 설명한 대로 단순전위는 뜯어 붙이기(cut and paste) 방식으로, 원래 있던 장소에서 빠져 나와 다른 장소로 이동하므로 유전자 복제는 이루어지지 않는다. 한편 복제전위의 경우 전위인자는 원래 있던 자리에 그대로 남고 새로운 복제물을 표적부위에 삽입시킨다. 전위효소(transposase)는 표적부위를 인식하고 양끝을 엇갈리게 끊고 전위인자의 양단 역시 엇갈리게 끊은 다음 표적부위의 한쪽 끝과 전위인자의 한쪽 끝을 연결시킨다(그림 2-14). DNA 중합효소는 끊어진 채 남아있는 두개의 3' 말단에서 외가닥 부분을 주형으로, 비어있는 부분을 합성하여 이중나선의 DNA를 완성하는 것이

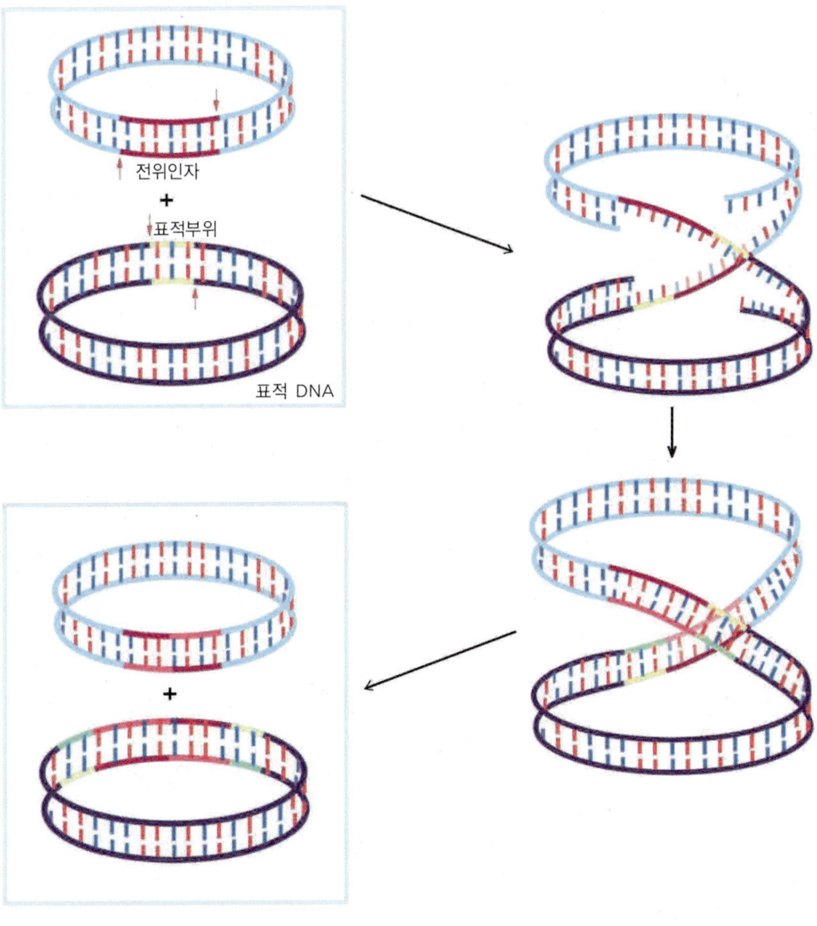

그림 2-14 복제전위. 전위효소는 전위인자가 지니고 있는 유전자에서 발현된다. 이 효소는 전위인자의 양끝을 인식하고 한 가닥씩 어긋나게 끊는다. 끊어진 가닥을 역시 어긋나게 끊은 표적부위의 가닥과 연결시킨 후(오른 쪽 위) 비어 있는 DNA 부분을 합성하여 채워 넣는다.(오른쪽 아래) 이로써 전위인자와 표적부위는 복제되며 두 DNA는 하나로 이어진다. 두 전위인자는 내부의 특정 지점에서 절단되어 서로 바꾸어 연결되는데 그 결과 두 DNA는 다시 둘로 나뉜다. 원래의 전위인자는 제자리에 있고 복제된 전위인자는 양 끝에 표적부위를 갖게 된다.(왼쪽 아래)

다. 복잡한 과정을 좀 더 거쳐(두 전위인자는 내부의 특정위치에서 끊어져 서로 상대 DNA에 결합함으로써) 전위인자는 원래의 자리와 표적부위 두 곳에 나타나게 된다. 새로 생겨난 전위인자의 양쪽에는 표적부위가 나타나는 것으로 보아 표적부위 역시 복제되었음을 알 수 있다. 전위인자의 복제방식은 위에서 본 굴렁쇠 모델보다 훨씬 복잡한 양상으로 전개된다. 전위과정에는 전위효소와 DNA 중합효소, 그 밖에 또 다른 효소들이 필요하지만 DNA 복제의 관점에서 보면 전위인자 자신이 복제의 주체라기보다 굴렁쇠 모델과 마찬가지로 수동적으로 진행되는 과정이다.

지금까지 복제 개시와 관련된 여러 가지 방식을 검토하였다. 지난 단원에서 잠깐 언급한 바와 같이 모든 복제체는 자신의 복제를 최대한 증대시키기 위해 서로 경쟁하고 있다. 염색체 DNA, 플라즈미드, 바이러스, 전위인자, 심지어 바이로이드까지도 자신이 처한 환경에서 최대한의 복제를 위해 행동하고 있다. 이들은 자신의 복제를 위해 자신이 속해 있는 생명체를 죽음에 이르게도 한다. 자기복제체의 복제효율은 그들이 사용하는 중합효소의 종류에 따라, 또한 그들이 포함하고 있는 유전정보에 따라 달라질 것이다. 지나친 비약일 수 있겠으나 개체란 보기에 따라서 그것이 지니고 있는 유전자의 증식(복제)을 극대화하고 보장하는 껍질에 불과한 것이다.[20]

6. 생명활동과 유전자

특별한 경우가 아니라면 유전정보는 DNA의 염기서열로 이루어져 있다. 세포에서 유전정보가 하는 일이란 무엇인가? 말할 것도 없이 가장 중요한 일은 복제를 수행하는 일이다. 유전자는 복제 즉, 증식을 위하여 채택되고 진화된 물질이기 때문이다. 그러면서도 유전자는 세포의 생명활동을 수행하여야 한다. 생물학자들이 유전자가 세포활동에 어떻게 작용하는지를 이해하는 데는 오랜 세월의 연구가 필요하였다. 그들은 유전적 결함을 가지고 있는 개체가 정상적인 개체와 어떻게 다른지 면밀하게 분석하여 유전자의 역할을 추정하였다.

결정적인 가설은 1941년 조지 비들과 에드워드 테이텀(George W. Beadle and Edward L. Tatum)의 붉은빵곰팡이 연구에서 도출되었다. 이들은 아르기닌(arginine)을 합성하지 못하는 여러 개의 돌연변이체를 확보하였다. 스스로 아르기닌을 합성하지 못하므로 이 돌연변이체들을 최소배지[21]에서 배양하려면 별도로 아르기닌을 첨가해 주어야 한

20) 리처드 도킨스, 홍영남 옮김 「이기적 유전자」, 을유문화사, 2006. 이 책에서 도킨스는 개체란 유전자의 생존기계에 불과하다고 하였다.
21) 최소배지는 탄소원(carbon source)을 제외하면 모든 영양물질이 무기화합물로 구성되어 있다. 대

균주 \ 배지		여러 가지 배지에서의 성장 여부			
		최소배지	최소배지 + 오르니틴	최소배지 + 시투룰린	최소배지 + 아르기닌
야생종		+	+	+	+
아르기닌 영양요구주	돌연변이 A	−	+	+	+
	돌연변이 B	−	−	+	+
	돌연변이 C	−	−	−	+

실험결과의 해석

전구물질 → 오르니틴 → 시투룰린 → 아르기닌

효소 A 효소 B 효소 C

↑ ↑ ↑

유전자 : A B C

그림 2-15 **'한 유전자-한 효소' 가설**. 조지 비들과 에드워드 테이텀의 실험 결과를 해석하고 도출한 결론으로 한 유전자는 하나의 효소를 생산하는 정보를 제공한다는 가설. (본문 참조)

다. 이 돌연변이체들 중 어떤 것들은 아르기닌뿐만 아니라 아르기닌 합성의 중간 단계라 생각되는 물질을 넣어 주어도 배양이 가능하나 그보다 더 앞 단계 물질을 첨가하면 배양이 불가능한 것을 알게 되었다. 이들이 보유한 돌연변이체들은 아르기닌 합성의 각 단계에 결함이 있었기 때문이다. 어떤 것은 오르니틴(ornithine)을, 어떤 것은 시투룰린(citrulline)을, 어떤 것은 아르기닌을 첨가하여 배양할 수 있다. 돌연변이체들은 결함이 생긴 단계 이후의 물질을 첨가하면 성장하는데 문제가 없지만 결함이 있는 단계 이전의 물질로는 배양할 수가 없다. 각 합성단계에 관여하는 물질이 효소임을 생각할 때 결함을 가진 돌연변이체들은 해당 단계의 효소를 합성하지 못하기 때문인 것이다(그림 2-15).

돌연변이란 유전자의 변형에 의해 생기는 것이므로 유전자는 효소를 생산하는 정보를 가진 것으로 결론을 내리게 되었다. 유전자는 효소를 생산하게 함으로써 세포활동을 수행하는 것이다! 이것이 이른바 '한 유전자-한 효소' 가설이다. 그러나 효소에는 단백질 부분과 비단백질 부분이 있고 어떤 단백질은 여러 개의 폴리펩티드로 구성되어 있으므로 유전자가 효소의 생산정보를 지닌 것으로 규정하기보다는 하나의 폴리펩티드를 생산하는 정보를 지닌 DNA로 정의하는 것이 더 타당하다.[22] 문제는 세포활동이 폴리펩티드에

부분의 미생물 야생종들은 최소배지에서 자신이 필요한 모든 화합물을 합성하여 사용한다.

의해서만 이루어지는 것이 아니라는 점이다. 다양한 종류의 RNA들이 단백질 합성에 중요한 작용을 담당하고 있고 그 중의 어떤 것은 유전자의 발현을 조절하는 역할을 한다. 이런 RNA들은 자신의 구조 자체로 세포활동을 하는 것이며 폴리펩티드를 위한 정보를 전혀 가지고 있지 않다. 또한 어떤 DNA 부위는 유전자 발현의 조절기능을 가질 뿐 아무런 생산물도 만들어 내지 않는다. RNA에 의하여 수행되는 세포활동이나 유전자 발현조절 작용 역시 유전자의 작용이므로 유전자를 새롭게 정의하여야 한다. 유전자를 '세포활동에 기여하는 산물(product)의 생산 정보를 지닌, 또는 그들의 발현에 영향을 주는 DNA 부위'라고 하면 무난하지 않을까 싶다.

7. 유전자 발현의 원리

유전자의 발현은 유전자의 정보로부터 세포활동에 기여하는 산물을 생산하는 과정을 뜻하는 것이다. 이 과정은 두 단계로 이루어진다. 먼저 정보를 지닌 DNA로부터 RNA를 생산하는 과정이다. 모든 유전자가 동시에 발현되는 것은 아니므로 특정한 유전자 즉 DNA의 일부만이 RNA 생산에 참여한다. RNA는 한 가닥의 폴리뉴클레오티드(polynucleotide)이므로 DNA의 두 가닥이 풀려 그 중 한 가닥만을 주형으로 삼아 상보적 가닥을 생산한다. 말하자면 DNA 두 가닥 중 한쪽 가닥에만 유전정보가 수록되어 있다.

주형으로 사용되는 DNA 가닥은 디옥시리보뉴클레오티드(deoxyribonucletide)의 서열로 이루어졌지만, RNA를 생산할 때에는 리보뉴클레오티드와 짝을 지어 상보적 가닥을 늘여 나감으로써 DNA의 염기서열을 RNA의 서열로 정확하게 바꾸어 놓는다. 이 과정을 전사(transcription)라 한다.

전사과정에서 생산된 RNA에는 여러 종류가 있다. mRNA(messenger RNA), tRNA (transfer -), rRNA(ribosomal -), sRNA(small -)[23], 그 외에 촉매작용을 하는 촉매 RNA[24] 등이 있다. mRNA를 제외한 다른 RNA들은 그것 자체로 세포활동에 직접 사용된다. 그러나 mRNA의 경우에는 자신이 직접 세포에서 활동하지 않고 오직 단백질을 생산하기 위한 정보를 제공한다. 단백질은 20종의 아미노산이 여러 개 결합하여 생성된 폴리펩티드

22) 새로 수정된 가설, 이른바 '한 유전자-한 폴리펩티드'설(one gene-one polypeptide hypothesis)이다.

23) sRNA는 100 뉴클레오티드 이하의 작은 RNA로서 유전자의 전사, 번역과정에 조절역할을 담당한다.

24) 촉매작용을 하는 RNA로서 통칭하여 리보자임(ribozyme)이라 한다. 어떤 효소는 많은 부분 단백질로 구성되어 있으나 촉매작용의 핵심부분에 RNA를 포함하기도 한다.

로 구성된다. 어떤 아미노산들이 어떤 서열로 결합하느냐에 따라 단백질의 3차원적 공간 구조가 결정되며 그러한 단백질의 구조가 그 단백질의 성질을 결정하는 것이다. 결국 mRNA의 염기서열이 단백질의 아미노산 서열로 바뀌는 정보전환을 번역(translation)이라고 부른다.

문제는 폴리뉴클레오티드의 염기서열이 어떻게 아미노산 서열로 바뀌느냐 하는 것이다. 네 종류의 염기로 이루어진 서열이 스무 종류의 아미노산 서열로 바뀌는 과정을 알려면 신호(네 종류의 염기)가 의미를 형성하는 체계(syntax)를 이해하여야 한다. 초기 분자생물학자들은 유전정보의 암호체계를 낱낱이 밝혀내었고 그 결과 폴리뉴클레오티드 서열의 암호단위, 즉 코돈(codon)은 세 개의 연속되는 염기[25]로 구성된다는 것, 염기서열은 중복되어 읽히지 않는다는 것, 염기서열을 건너뛰지 않고 연속해서 읽는다는 것 등을 알게 되었다. 네 종류의 염기가 세 개씩 모였을 때 이루는 64개의 조합이 각각 어떤 의미를 갖는지도 물론 밝혀져 있다. 이른바 유전암호(genetic code)라는 것이다. 이제 DNA 정보가 전사되는 과정, mRNA가 번역되는 과정을 살펴보자.

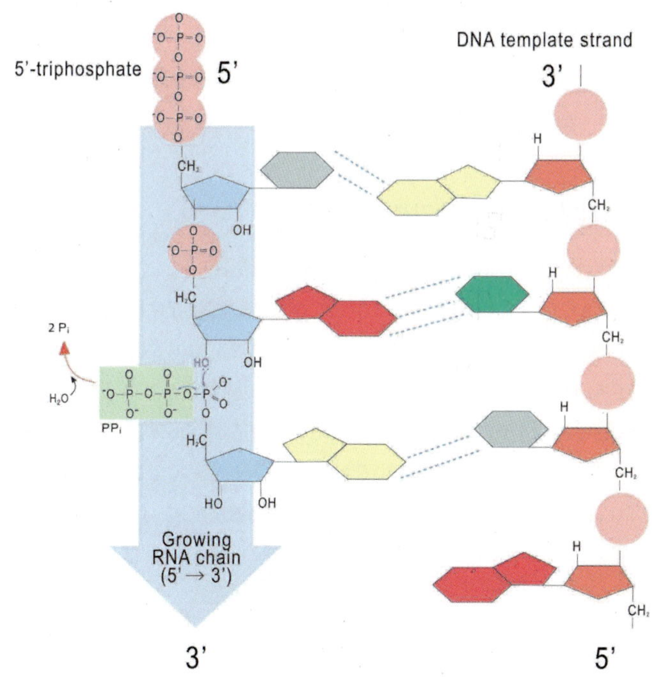

그림 2-16 **전사.** DNA의 한 가닥을 주형으로 그 서열에 상보되는 RNA 뉴클레오티드를 붙여 나간다.

25) 번역과정에서 특정 아미노산을 지정하거나 종결, 개시 등의 신호를 제공하는 연속되는 세 개의 염기 서열로서 유전암호의 단위를 이룬다.

8. 전사

RNA는 외가닥의 폴리리보뉴클레오티드(polyribonucleotide)이며 DNA보다 매우 짧기 때문에 전사과정은 DNA의 일부 구간, 그 중에서도 한 가닥만을 주형으로 삼아 진행된다. DNA 주형의 염기 A, G, C, T에 RNA 뉴클레오티드의 U, C, G, A가 상보적으로 결합하면서 DNA 염기서열을 충실히 옮겨 오는 것이다. DNA와 마찬가지로 RNA 합성 역시 앞 뉴클레오티드의 3'-OH에 다음 뉴클레오시드-5'-삼인산이 작용하여 피로인산이 떨어져 나가면서 인산이에스테르(phosphodiester) 결합을 이룬다(그림 2-16). 따라서 핵산의 길이는 5'→ 3' 방향으로 증가하게 된다.

세포활동에 참여하는 물질의 생산정보(유전자)는 DNA의 극히 일부 구간이므로 전사를 시작하는 DNA 부위는 매우 중요하다. 전사가 정확한 위치에서 시작되어야 정보를 잃지 않고 온전히 옮겨 올 수 있기 때문이다. RNA 중합효소가 전사를 위해 결합하는 DNA 부위를 프로모터(또는 촉진유전자)라 부른다. RNA 중합효소는 많은 유전자를 전사해야 하므로 이들이 결합하는 프로모터 부위의 염기서열은 공통점을 가져야 한다. 그러나 유전자들은 각자 발현되는 양과 시기가 다르므로 프로모터 부위가 동일해서는 안 된다. 프로모터는 얼핏 보아 양립할 수 없을 것 같은 이 두 가지 조건을 함께 만족시켜야 하는 딜레마에 빠진 것이다. 이에 대한 해답은 여러 유전자에 대한 프로모터의 서열을 분석한 결과로 얻게 되었다.

표 2-3 여러 가지 유전자의 프로모터 염기서열

TTTCCTC**TTGTCA**GGCCGG∘AATAACTCCC**TATAAT**GCGCCACC**A**CTG
CCAGGCT**TTACAC**TTTATGCTTCCGGCTCG**TATGTT**GTGTGG**A**ATTG
CTTTTTG**ATGCAA**TTCGCTTTGCTTCTGAC**TATAAT**AGACAG**G**GTAA
GGCGGTG**TTGACA**TAAATACCACTGGAGGT**GATACT**GAGCAC**A**TCAG
GTGCGTG**TTGACT**ATTTTACCTCTGGCGGT**GATAAT**GGTTGC**A**TGTA
ATTGTTG**TTGTTA**ACTTGTTTATTGCAGCT**TATAAT**GGTTAC**A**AATA
ATCTCCG**TTGTAC**TTTGTT∘TCGCGCTTGG**TATAAT**CG∘CTGGG**G**GTC

공통서열: **TTGACA** **TATAAT** **P***

* P=Purine

중합효소가 접촉하는 DNA 부위는 약 40염기쌍 정도인데 유전자마다 이 부분의 염기서열이 달라서 제각기 독특한 발현 양상을 나타낼 수 있다. 또한 서열이 같지는 않으나 위치에 따라 가장 많이 일치하는 염기를 도출해 낼 수 있는 부위가 발견되는데, 이렇게 얻은 공통되는 염기의 서열을 공통서열(consensus sequence)이라 부른다(표 2-3). 특정 유전자의 프로모터 서열이 공통서열과 유사한 정도에 따라 전사의 효율이 달라진다. RNA 중합효소는 특정한 유전자의 발현을 증가 또는 조절하기 위해 보조 단백질을 요구하기도 한다. 이럴 경우 보조 단백질은 DNA의 특별한 지역에 결합하여 RNA 중합효소의 프로모터 결합을 촉진시키거나 약화 또는 억제한다. RNA 중합효소가 프로모터에 강하게 결합한 후, AT가 풍부한 공통서열 부위에서 DNA의 두 가닥이 풀어진다. 이 열린 공간으로 리보뉴클레오티드가 들어와 주형으로 제공된 DNA 가닥의 염기와 상보적 수소결합으로 RNA 서열을 증가시켜 나간다.

RNA 중합효소가 방금 합성한 RNA에 독특한 구조가 생기게 되면 그것을 종결신호로 삼아 전사를 중단시킨다. 어떤 경우에는 특별한 단백질의 도움을 받아 특정위치에서 전사가 종결되기도 한다. 전사가 끝나면 RNA들은 약간의 변형을 거쳐 가닥 내부의 상보적 수소결합으로 특별한 3차원적 구조를 형성하게 되는데, 이런 구조들은 RNA의 세포활동에 매우 결정적인 역할을 하게 된다. mRNA의 내부 염기쌍 역시 번역과정을 조절하는 중요한 기능을 나타낸다.

9. 유전암호

프랜시스 크릭과 다른 연구자들은 유전학 연구를 통하여 연속되는 세 개의 뉴클레오티드가 암호단위(triplet codon)를 이룬다는 것을 알게 되었다. 네 종류의 뉴클레오티드로 이루어진 서열에서 세 개씩 묶으면 모두 64개의 조합이 생긴다. 각각의 암호단위는 어떤 의미를 나타내는 걸까? 1961년 마셜 니른버그(Marshall Nirenberg)와 하인리히 마타이(Heinrich Matthaei)는 폴리-U RNA(우라실 뉴클레오티드로만 이루어진 RNA)를 사용하여 단백질의 시험관 합성을 시도하였다. 모든 종류의 아미노산을 첨가하였으나 생산된 폴리펩티드는 폴리페닐알라닌이었다. 이 결과로 UUU 암호단위는 페닐알라닌을 지정한다는 사실을 알게 되었다. 그 후 몇 가지 새로운 기법을 사용하여 64개 암호단위(codon)의 의미를 모두 해독하였다. 유전암호를 해독한 공로로 고빈드 코라나(Gobind Khorana), 로버트 홀리(Robert Holley), 그리고 마셜 니른버그 세 사람은 1968년 노벨 의학, 생리학상을 수상하였다. 분자 생물학이 더욱 발전한 뒤에는 특정 유전자에서 생산된 폴리펩티드의 아미노산 서열을 유전자의 염기서열과 비교하여 이들이 제시한 유전암호를 확인하였다.

유전암호가 모두 밝혀지고 나서, 아니 이미 그 이전부터 사람들은 흥분하였다. 염기서열로 이루어진 DNA에서 생명의 비밀을 들춰 볼 수 있다는 기대 때문이었을 것이다. 이렇게 밝혀진 유전암호에는 몇 가지의 특징이 잘 나타나 있다(표 2-4). 그 하나는 명확성이다. 코돈들은 언제나 동일한 의미를 제공하는 것이다. 예를 들면 CAU 코돈은 언제나 히스티딘을, AAU는 언제나 아스파라긴을 지정할 뿐이지 결코 다른 아미노산을 지정하는 일은 없다는 것이다. 이와 같은 특징은 당연하면서도 매우 중요하다. 유전암호가 상황에 따라 이렇게 또는 저렇게 읽혀진다면 유전자의 안정된 발현을 기대할 수 없을 것이다. 다행히 세포는 유전암호를 지정된 의미 이외의 것으로 혼동하지 않고 엄밀하게 해독한다. 코돈의 64개 조합에서 61개의 코돈이 아미노산을 지정한다. 나머지 세 개의 코돈(UGA, UAG, UAA)은 번역 종결 신호이다. 번역과정이 종결되려면 먼저 시작이 있어야 한다. 번역 개시 신호는 메티오닌을 지정하는 AUG 코돈이다. 따라서 모든 단백질은 합성될 때 첫 아미노산으로 메치오닌을 사용한다.

표 2-4 유전암호

유 전 암 호

첫째 자리	둘째 자리								셋째 자리
	U		C		A		G		
U	UUU	Phe	UCU	Ser	UAU	Tyr	UGU	Cys	U
	UUC	Phe	UCC	Ser	UAC	Tyr	UGC	Cys	C
	UUA	Leu	UCA	Ser	UAA	Stop	UGA	Stop	A
	UUG	Leu	UCG	Ser	UAG	Stop	UGG	Trp	G
C	CUU	Leu	CCU	Pro	CAU	His	CGU	Arg	U
	CUC	Leu	CCC	Pro	CAC	His	CGC	Arg	C
	CUA	Leu	CCA	Pro	CAA	Gln	CGA	Arg	A
	CUG	Leu	CCG	Pro	CAG	Gln	CGG	Arg	G
A	AUU	Ile	ACU	Thr	AAU	Asn	AGU	Ser	U
	AUC	Ile	ACC	Thr	AAC	Asn	AGC	Ser	C
	AUA	Ile	ACA	Thr	AAA	Lys	AGA	Arg	A
	AUG	Met	ACG	Thr	AAG	Lys	AGG	Arg	G
G	GUU	Val	GCU	Ala	GAU	Asp	GGU	Gly	U
	GUC	Val	GCC	Ala	GAC	Asp	GGC	Gly	C
	GUA	Val	GCA	Ala	GAA	Glu	GGA	Gly	A
	GUG	Val	GCG	Ala	GAG	Glu	GGG	Gly	G

유전암호의 두 번째 특징은 중복성이다. 메티오닌과 트립토판은 오직 하나의 코돈으로 지정되지만 어떤 아미노산은 여러 개의 코돈에 의해 결정된다. 지정해야 할 아미노산은 불과 20개인데 비하여 그것에 쓰일 코돈은 61개나 되므로 이 현상은 당연한 것이다. mRNA의 코돈을 아미노산 서열로 바꾸는 작업은 tRNA가 수행한다. tRNA는 70~80개의 뉴클레오티드로 구성되어 있으며 tRNA의 종류에 따라 염기서열이 다르다(그림 2-17).

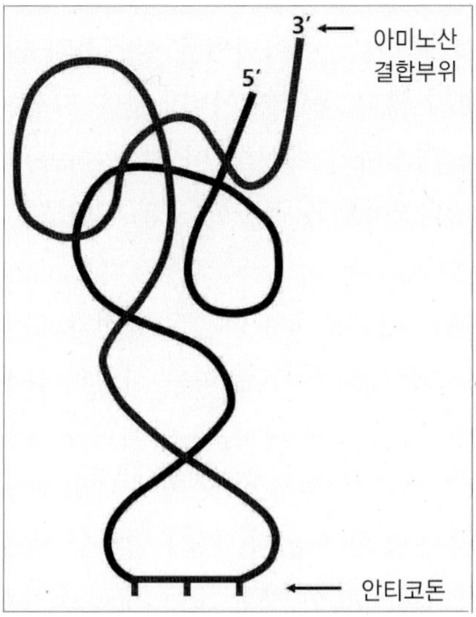

그림 2-17 tRNA(transfer RNA, **운반** RNA). -CCA로 끝나는 3′ 말단은 아미노산 결합부위이다. 반대편의 고리모양 부분에 코돈을 인식하는 안티코돈이 있다. tRNA마다 자신의 염기서열에 따라 형성되는 특이한 형태로 인하여 특별한 아미노산과 결합한다. 이 결합에는 역시 기질 특이성을 나타내는 아미노산 · tRNA 합성효소가 관여한다.

비록 종류에 따라 염기서열이 다르긴 해도 전체적인 분자 형태는 매우 유사하며 특히 3' 말단은 모두 -CCA로 끝나는데 마지막 A 부위에 특정한 tRNA에 대응하는 특별한 아미노산이 공유결합으로 연결된다. 특정의 tRNA에 특정의 아미노산이 결합된 상황을 tRNA에 아미노산이 충전되었다(charged)고 한다.[26] 충전된 tRNA(아미노산·tRNA)는 리보좀이 mRNA와 결합하였을 때 코돈이 노출된 리보좀의 특별한 위치에 결합한다. 이때 tRNA는 코돈과 접촉하게 되는데 그 접촉하는 tRNA 부위를 안티코돈(anticodon)이라고 부른다. 코돈과 안티코돈의 접촉은 질소염기 사이에서의 상보성 수소결합에 의존한다.

유전암호의 명확성은 코돈을 인식하는 안티코돈이 있고 그러한 안티코돈을 가진 tRNA의 아미노산 결합부위에 오로지 지정된 아미노산만이 결합하기 때문에 가능한 것이다. 예를 들면, 메티오닌 tRNA는 언제나 개시 신호이면서 메티오닌을 지정하는 AUG 코돈을 인식하는데 그 이유는 tRNA의 안티코돈 부위가 CAU이기 때문이다.[27] 그렇다면 코돈과 아미노산 사이에 교량 역할을 하는 tRNA는 몇 개나 되는가? 아미노산의 종류에 따라 최소한 20개는 되어야 한다. 아미노산을 지정하는 코돈의 수가 61개이므로 그것들을 인식하는 안티코돈 역시 61개일 것으로 생각된다. 따라서 tRNA의 종류는 61개 정도될 것으로 예상할 수 있으나 실제로는 훨씬 적다. 어떤 tRNA는 여러 개의 코돈을 인식하는 것이다. 이것은 tRNA의 안티코돈이 코돈과 결합하는 상보적 수소결합이 DNA-DNA 또는 DNA- RNA에서 보는 것처럼 엄격하게 지켜지지 않는다는 것을 시사한다. 유전암호를 주

26) 아미노산이 tRNA에 충전되려면 먼저 활성화되어야 한다. 아미노산과 ATP가 작용하여 아미노산·AMP가 되고 이것이 비로소 tRNA의 -CCA 말단과 작용하여 아미노산·tRNA를 생산한다. 두 단계에 걸쳐 진행되는 이 과정을 앞에서 이미 설명한 바 있다.

27) AUG의 안티코돈을 UAC라 하지 않고 CAU라 하는 이유는 코돈-안티코돈의 결합도 역평행이며, 염기 순서를 언제나 5'에서 3'으로 읽기 때문이다.

의 깊게 살펴보면 코돈의 세 번째에는 어떤 염기가 와도 지정하는 아미노산은 같은 경우가 많다. 세 번째의 염기가 퓨린이면[28] 그것이 아데닌이든 구아닌이든 상관하지 않고, 또한 피리미딘이면 시토신이든 우라실이든 상관하지 않고 동일한 아미노산을 지정하는 것을 알 수 있다. 이것은 한 tRNA가 여러 코돈을 인식하기 때문이 아닐까? 이와 같은 프랜시스 크릭의 예리한 통찰력은 사실로 증명되었다. 이토록 허술한 코돈-안티코돈 인식작용을 동요(wobble) 현상이라고 한다.

마지막으로 감상할 유전암호의 특성은 보편성이다. 대장균에서 밝혀진 유전암호는 대장균 뿐 아니라 지구상의 모든 생물체에 적용되는 보편적인 것이다. 이는 사람의 유전자가 대장균 또는 효모 등 다른 생물체에서도 인체에서 발현한 것과 같은 단백질을 생산할 수 있음을 의미한다. 어떻게 모든 생물이 같은 유전암호를 사용하는가? 이에 대한 해답은 모든 생물이 하나의 기원에서 파생되었음을 설명하는 진화에 있다. 다시 말하면 현존하는 모든 생물은 같은 조상으로부터 유래된 것이다. 가끔 특별한 생물 또는 세포 소기관에서 몇 가지 예외가 발견되기도 한다. 그러나 유전암호가 보편적으로 모든 생물체에 적용된다 하여도 잘못된 주장은 아니다.

10. 번역과정

mRNA의 정보를 번역하는 곳은 리보좀(ribosome)이다. 리보좀은 rRNA와 단백질이 결합되어 이루어진 크고 작은 두 개의 알갱이로 구성되어 있다. 물론 각 알갱이마다 결합하는 rRNA와 단백질의 종류가 다르다. 번역작업을 수행할 때는 리보좀이 mRNA와 결합하여 염기서열을 읽어 나간다(그림 2-18). 아미노산 서열로 번역되는 부분은 mRNA의 중간 부위에 해당되므로 리보좀과 mRNA은 특별한 방식에 의해 결합하고 리보좀의 특별한 위치에 노출된 코돈이 유전암호에 따라 해독되는 것이다.

처음 작은 알갱이가 mRNA와 결합할 때 특수한 위치에 mRNA의 개시 코돈(AUG)이 놓이게 되고 그 자리에 개시 코돈을 인식하는 충전된 tRNA가(메티오닌·tRNA) 결합한다. 그 후 큰 알갱이가 결합한다. 리보좀에는 tRNA와 결합하는 부위가 두 군데 있어 P 자리, A 자리라 부른다. 큰 알갱이가 붙고 나면 메티오닌·tRNA는 P 자리에 놓이게 된다. 이제 리보좀은 본격적인 번역과정을 수행할 수 있게 되었다. 비어 있는 A 자리에 두 번째 코돈이 노출되어 있다. 이곳에 두 번째 코돈을 인식하는 충전된 tRNA(아미노산·tRNA)가 결

28) 네 종류의 질소염기는 두 종류의 화학 그룹으로 나뉘는데 퓨린과 피리미딘이 그 것이다. 퓨린에는 아데닌과 구아닌, 피리미딘에는 시토신과 우라실(DNA에서는 티민)이 있다.

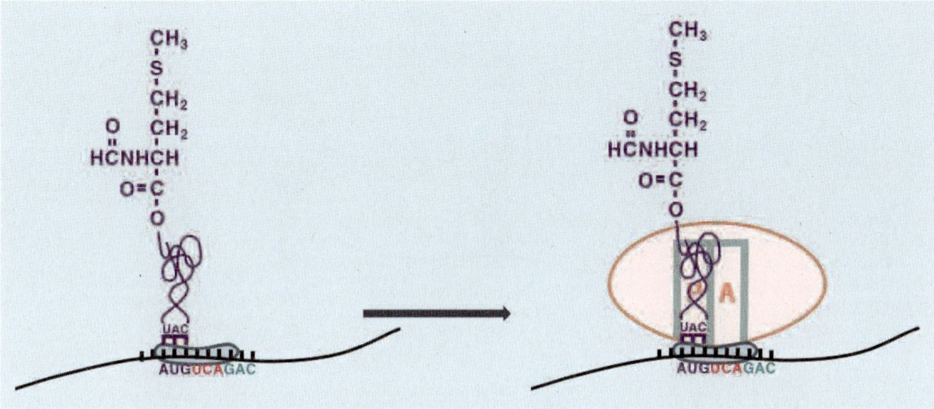

그림 2-18 **번역개시**. 단백질 합성에는 많은 보조단백질과 에너지가 요구된다. 번역개시에는 리보좀의 작은 알갱이(작은 소단위)와 mRNA가 결합하고 mRNA의 개시코돈 부위에 충전된(아미노산과 결합된) 개시 tRNA가 결합한다. 그 후 리보좀의 큰 알갱이(큰 소단위)가 붙어 개시복합체를 형성한다. 개시 tRNA는 완성된 개시복합체의 P 자리에 놓이게 된다. 세균의 개시 tRNA는 메치오닌 대신 변형된 N-포밀 메치오닌과 결합한다.

합한다. 인접한 두 개의 코돈은 자신들을 인식하는 tRNA와 결합하면서 각 tRNA에 충전된 아미노산들을 인접한 위치에 놓이게 한다(그림 2-19).

tRNA에 이끌려 인접하게 된 두 아미노산 사이에서 펩티드 결합이 일어나는데[29] 그 결과 첫 번째 tRNA에 붙어 있던 아미노산은 두 번째 tRNA로 옮겨가고 P 자리에는 빈 tRNA만이 남게 된다. 놀랍게도 이 결합을 촉매하는 주체는 단백질이 아닌 리보좀에 결합되어 있는 23S[30] rRNA이다. 다음 단원에서 상세히 다루겠지만 이 사실은 유전암호의 진화에 매우 중요한 사실을 암시하고 있다. 최초의 유전암호는 단백질이 존재하지 않는 상태에서 해독되어야하기 때문이다. 다음으로 리보좀은 mRNA를 따라 한 코돈만큼 전진하는데 그리되면 펩티드·tRNA는 P 자리에 놓이게 되고 A 자리는 다시 비어 있게 된다. 비어 있는 A 자리에 세 번째 코돈이 노출되어 있고 이 코돈을 인식하는 충전된 tRNA가 들어와 조금 전 과정을 반복한다. 연속되는 아미노산의 결합으로 폴리펩티드가 만들어지고 리보좀이 계속 전진하다 보면 어느 순간 A 자리에 종결신호가 나타나게 된다. 종결신호를

29) 충전된 tRNA가 P 자리에 놓이게 되면 리보좀의 rRNA와 단백질들과의 접촉에 의해 tRNA에 결합되어 있는 아미노산의 결합이 긴장하게 된다. 이때 A 자리에 결합된 충전된 tRNA의 아미노기의 질소에 있는 비공유전자쌍이 카르보닐 탄소를 공격하여 펩티드 결합을 생성시킨다(그림 2-19).

30) S는 Svedberg 계수를 뜻하는 약자로서 침강속도와 관련된 알갱이의 크기를 나타내는 단위이다. 23S rRNA는 세균에서 리보좀의 큰 알갱이를 구성하는 rRNA이다.

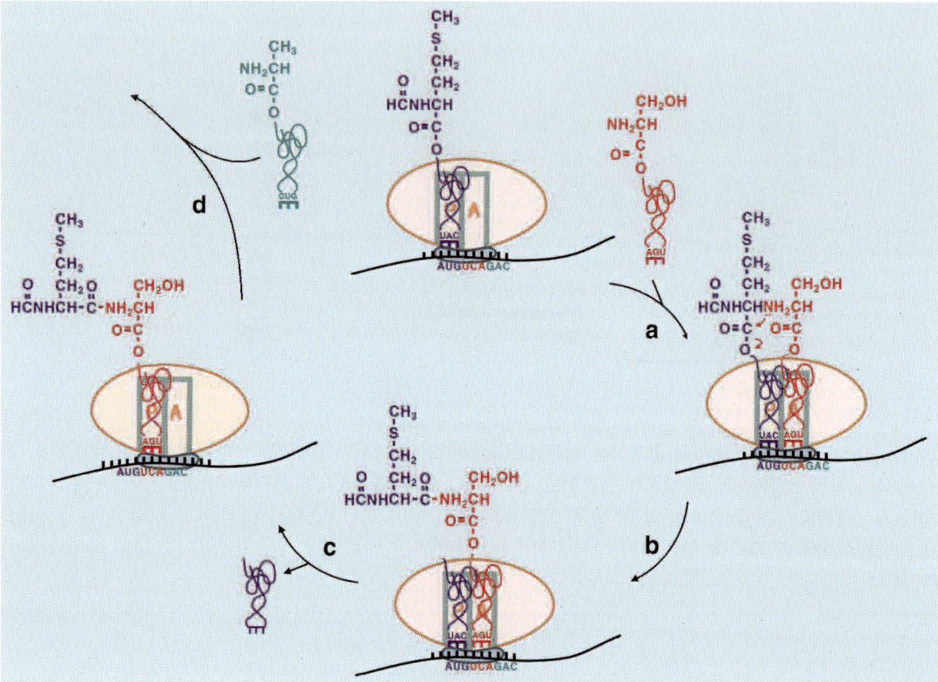

그림 2-19 **번역과정.** a. 두 번째 코돈을 인식하는 충전된 tRNA가 결합한다. b. 인접한 두 아미노산 사이에서 펩티드 결합이 일어난다. 이 결합을 촉매하는 것은 리보좀의 큰 알갱이를 구성하는 23S rRNA이다. 이제 P 자리에는 빈 tRNA 만 남아 있고 형성된 펩티드는 A자리에 놓이게 된다. c. 리보좀은 한 코돈만큼 전진한다. 그 결과 P 자리에 있던 빈 tRNA는 떨어져나가고 펩티드 · tRNA는 P 자리를 차지하게 되고 A 자리는 다시 비어 있게 된다. d. A 자리에 노출된 코돈을 인식하는 충전된 tRNA가 A자리에 들어오면서 번역과정이 순환된다. A 자리에 종결 코돈이 나타나면 단백질 인자들의 도움을 받아 P 자리의 폴리펩티드는 끊어져 나가고 리보좀의 알갱이들과 mRNA도 분리된다.

인식하는 tRNA는 존재하지 않으므로 아무리 기다려도 소용이 없다. 이런 상황이 되면 특별한 단백질의 도움으로 P 자리에 결합된 펩티드·tRNA에서 폴리펩티드를 끊어내고 리보좀은 분해되어 mRNA와 분리된다. 간단하게나마 유전정보가 폴리펩티드로 전환되는 번역과정을 살펴보았다. 단순한 것에서 복잡한 것으로 변화되는 모든 과정에는 에너지 공급이 필수적이다. 번역과정에도 많은 단계에서 에너지가 소모된다. 그 중 아미노산 활성화에 ATP가 사용되는 것을 제외하고 나머지 단계에는 모두 GTP가 사용된다.

단원정리 2

생명체가 비생명체와 다른 점 중의 하나는 그것들을 구성하는 물질에 있다. 생명체에는 단백질, 핵산, 탄수화물이라 불리는 거대분자가 있다. 이들이 거대분자라 불리는 이유는 분자량이 수만에서 수백만에 이르기 때문이다. 거대분자들은 기본 단위체가 주로 탈수반응에 의해 중합되어 생성된다.

단백질의 구성단위는 아미노산이다. 아미노산은 하나의 탄소 원자(알파 탄소)에 네 개의 기능기(functional group)가 결합되는데 아미노기, 카르복실기, 수소, 그리고 R 그룹이 그것이다. 아미노산의 종류는 결합된 기능기 R에 따라 달라지는데 단백질을 구성하는 아미노산은 20가지이다. 한 아미노산의 카르복실기와 다른 아미노산의 아미노기 사이에서 탈수 중합반응이 일어나면서 새로운 결합이 형성되는데 이를 펩티드 결합이라 한다. 여러 아미노산이 중합되면 폴리펩티드가 된다. 단백질은 폴리펩티드로 구성되어 있다. 폴리펩티드가 갖고 있는 펩티드결합과 기능기 R 그룹들은 그들 사이의 상호작용으로 매우 다양한 구조를 형성하며 따라서 다양한 기능을 나타낼 수 있게 되는데 바로 이런 성질이 생명의 진화를 가능하게 하였다.

핵산은 DNA와 RNA 두 종류로 나뉜다. DNA는 유전정보를 간직하는 유전체를 구성하는 물질이며 RNA는 일부 바이러스에서는 유전체로서의 기능을 담당하기도 하지만 일반적으로 유전정보의 발현과 관련된 기능을 수행한다. 핵산의 단위체는 뉴클레오티드인데 이들은 당, 질소염기, 인산 등 세 가지 성분으로 구성되어 있다. DNA에는 당으로 디옥시리보즈가 들어있고 RNA에는 리보즈가 들어있다. 따라서 포함되어 있는 당의 종류에 따라 DNA와 RNA로 구분된다. 질소염기에는 네 종류가 있는데 DNA와 RNA 모두에 아데닌, 구아닌, 시토신이 있고 DNA에만 존재하는 티민과 RNA에만 존재하는 우라실이 그들이다. 당과 질소염기가 결합하면 뉴클레오시드라 하고 여기에 인산이 결합될 때 뉴클레오티드라 부른다.

뉴클레오티드에는 인산이 한 개, 두 개, 또는 세 개가 결합될 수 있다. 뉴클레오티드가 중합되어 핵산이라 불리는 폴리뉴클레오티드가 될 때에는 단위체로 반드시 인산 세 개짜리 뉴클레오티드가 사용된다. 이것은 뉴클레오시드 삼인산(NTP, 인산 세 개짜리 뉴클레오티드) 만이 중합에 필요한 에너지를 공급할 수 있기 때문이다. 생명체의 다양성은 궁극적으로 뉴클레오티드의 서열에 의하여 결정된다.

탄수화물은 $(CH_2O)_n$으로 표현되는 탄소의 수 3~8개 되는 단량체와 그들의 중합체로 이루어진 물질이다. 이들은 주로 중간 대사물질, 에너지 저장물질, 또는 세포의 구조적 성분으로 기능을 담당한다.

일반적으로 단순한 것에서 복잡한 것으로 합성될 때에는 에너지의 공급이 필요하다. 중합체(거대분자)들이 합성될 때에도 에너지의 공급이 필요한데 그것은 활성단량체를 사용함으로써 이루어진다. 에너지를 소모하여 단량체들을 활성화시키고 그것들이 중합반응을 일으킨다는 의미이다. 폴리펩티드에는 아미노산·tRNA가, 다당류에는 뉴클레오티드·당이 활성단량체이다. 핵산의 합성에는 NTP가 활성단량체임을 이미 언급한 바 있다.

에너지는 생명의 기본요소이므로 생명체에서 환경 에너지를 자신이 사용할 수 있는 형태로 전환시키는 에너지 변환 과정은 매우 중요한 일이다. 물리계에서 일어나는 변화에 따르는 에너지 문제를 연구하는 학문 분야를 열역학이라 한다. 여기에는 몇 가지 법칙이 있다. 그 중에 제1법칙은 이른바 에너지 보존법칙이라 하는 것이다. 어떤 물질계가 한 상태에서 다른 상태로 변할 때 그 계가 얻은 에너지의 총량은 외부에서 들어온 일의 양과 흡수한 열을 합친 값이다. 만일 이 물질계가 외부와 일과 열의 교류가 없는 고립계(isolated system)이면 갖고 있는 에너지의 총량은 변하지 않고 일정하다는 뜻이다. 열역학 제2법칙은 엔트로피에 관한 법칙으로 에너지 변환의 방향성을 설명한다. 즉, 고립된 계에서 변화는 항상 계의 엔트로피(무질서도)가 증가하는 방향으로 진행된다.

생명현상에서 열역학은 매우 중요하다. 왜냐하면 열역학이 생명활동 중에 어떤 과정이 에너지를 발생하는지, 어떤 과정이 에너지를 소모하는지를 알려주기 때문이다. 여기에서 말하는 에너지는 단순히 '변화를 일으키는 능력' 이상의 의미, 즉 '일을 수행할 수 있는 능력'을 뜻하는데 이를 자유에너지(free energy)라 부른다. 19세기 말 깁스(Josiah Willard Gibbs)는 자유에너지의 개념을 확립하는데 큰 업적을 남겼는데 그는 반응 전과 후의 자유에너지 변화(ΔG)는 반응의 방향을 알려주는 지표가 됨을 알았다. 생물체와 같은 시스템에서 ΔG가 0보다 적으면(〈0) 반응은 자발적으로 일어나며, 0이면 이 반응은 평형상태에 도달한 것이며, 0보다 크면 결코 자발적으로 일어나지 않고 에너지를 공급하여야 일어난다.

생명체에서 일어나는 합성반응은 뉴클레오티드의 중합과정을 제외하면 거의 모두 에너지 소모 반응(ΔG〉0)이다. 이런 반응들이 진행되려면 강력한 에너지 방출반응과 연계되어야 한다. 자동차가 움직이기(에너지 소모반응) 위해서 휘발유를 연소시키는(에너지 방출반응) 원리와 동일하다. 세포에서 필요한 에너지를 공급하는 것은 대부분의 경우 ATP이다. 즉, ATP가 가수분해될 때 방출하는 자유에너지를 합성반응을 포함한 생체활동에 사용하는 것이다.

다른 거대분자들의 합성과 달리 핵산의 합성(뉴클레오티드의 중합과정)은 에너지 방출반응이다. 합성에 사용되는 단위체 자체가 에너지 물질이기 때문이다. 따라서 이 과정은 자발적으로 일어난다. 이것이 모든 유전자(핵산)에 대하여 갖는 질문, 왜 그토록 이기적인지, 왜 끊임없이 복제하려 하는지에 대한 답변이다. 자기복제가 생명의 기본 속성임을 생각하면 핵산의 합성과정이 에너지 방출반응이라는 사실은 매우 중요한 의미를 내포하고 있다. 이것이 사실이 아니었던들 생명체의 출현은 불가능하였을 것이다. 자기복제 시스템이 없는 상태에서는 에너지 변환 과정(환경 에너지를 자신이 사용할 수 있는 형태의 에너지로 전환)이 정착될 수 없다고 생각되기 때문이다.

위에서 밝힌 대로 핵산 중 DNA는 유전정보를 간직하는 유전체를 구성하는 기능을, RNA는 일반적으로 유전정보의 발현과 관련된 기능을 수행한다. 그러나 세포물질의 진화에서 RNA가 DNA보다 먼저 생성된 것으로 보인다. 그 이유는 다음과 같다. 첫째, 세포 안에는 여러 종류의 RNA가 다양한 기능을 수행하고 있다. 또한 RNA 단량체인 리보뉴클레오티드가 다양한 유도체를 형성하여 조효소의 역할을 담당하고 있다. 둘째, DNA가 오로지 유전정보를 제공하는 역할을 하는데 비해 RNA는 유전정보와 촉매작용, 유전정보의 발현을 지원하는 역할을 수행한다. 이와 같은 성질은 초기 생명체 진화에 매우 중요한 것이다. 마지막으로, 모든 DNA의 단위체, 디옥시리보뉴클레오티드는 RNA 단량체인 리보뉴클레오티드로부터 생산된다. 따라서 초기 자기복제체는 RNA로 구성되었을 것으로 생각된다.

왓슨과 크릭(J. Watson and F. Crick)은 DNA 모형을 발표하였다. 그에 따르면, DNA는 두 개의 폴리뉴클레오티드 사슬이 서로 꼬여 있다. 이를 두고 이중나선 (double helix)이라고 부른다. 당과 인산의 뼈대는 이중나선의 바깥에, 곁가지인 염기는 안쪽에 위치한다. 한 쪽 사슬의 염기는 다른 쪽 사슬의 염기와 상보적 수소결합(A는 T와, G는 C와)을 이룬다. 염기쌍들은 나선 축에 직각 방향으로 놓여 있다. 또한 마주 보는 두 개의 폴리뉴클레오티드 사슬은 서로 반대 방향으로 향해 있다.

이와 같은 구조에 따라 DNA의 복제가 어떻게 일어나는지 쉽게 유추해 볼 수 있다. 상보적 수소결합을 하고 있는 두 가닥이 풀어졌을 때 각 가닥이 주형으로 작용하여 새로운 가닥을 합성할 수 있다. 이것은 DNA의 한 가닥은 옛 가닥이고 한 가닥은 새로 합성된 가닥임을 의미하는 것이다. 이러한 DNA 복제 방식을 반 보존적 복제라 부르는데 실험적으로 증명된 것이다.

유전체의 복제에는 몇 가지 방식이 있다. 복제원점이라고 하는 독특한 염기서열을 지닌 부위에서 복제가 시작될 수 있는데 독립적으로 복제를 수행하는 유전체가 갖추어야할 조건이다. 복제원점을 갖는 유전체를 복제단위라 한다. 프라즈미드나 일부 바이러스에서처럼 고리 형태의 DNA를 갖는 유전체들은 굴렁쇠가 굴러가는 모습으로 복제한다. DNA

두 가닥 중 한 가닥이 끊어지면 끊어진 가닥의 3' 쪽에 OH기를, 5' 쪽에는 인산기를 갖게 된다. DNA 복제효소가 이 틈새에 끼어들어 끊어지지 않은 가닥을 주형으로 삼아 새로운 뉴클레오티드를 3'-OH 쪽에 붙여나간다. 유전체의 또 다른 복제방식은 전위인자가 복제하는 방식이다. 복제전위의 경우 전위인자는 원래 있던 자리에 그대로 남고 새로운 복제물을 표적부위에 삽입시킨다. 전위효소는 표적부위를 인식하고 양끝을 엇갈리게 끊고 전위인자의 양단 역시 엇갈리게 끊은 다음, 표적부위의 한쪽 끝과 전위인자의 한쪽 끝을 연결시킨다.

DNA 중합효소는 끊어진 채 남아있는 두 개의 3' 말단에서 외가닥 부분을 주형으로, 비어있는 부분을 합성하여 이중나선의 DNA를 완성하는 것이다. 그 결과 전위인자 유전체와 표적 유전체는 하나로 융합되고 전위인자는 복제된다. 복제된 두 전위인자는 내부의 특정위치에서 끊어져 서로 상대 DNA에 결합함으로써 두 유전체는 분리되고 전위인자는 원래의 자리와 표적부위 두 곳에 나타나게 된다. 새로 생겨난 전위인자의 양쪽에는 표적부위가 나타나는 것으로 보아 표적부위 역시 복제되었음을 알 수 있다.

지금까지 세포에서 유전정보가 수행하여야 할 중요한 임무 중 하나인 복제에 대하여 알아보았다. 이제부터는 또 다른 임무인 생명활동을 어떻게 수행하는지 알아보자. 유전자가 어떻게 세포활동으로 표현되는지는 1941년 비들과 타툼(George W. Beadle and Edward L. Tatum)의 붉은빵곰팡이 연구로 밝혀지게 되었다. 이들의 연구결과는 '한 유전자-한 효소'설로 압축되는데 유전자란 세포에서 작용하는 효소의 서열정보를 갖고 있다는 주장이다. 이로써 유전자를 '효소의 생산 정보를 지닌 DNA 부위'로 정의할 수 있다.

그러나 효소에는 단백질 부분과 비단백질 부분이 있고 어떤 단백질은 여러 개의 폴리펩티드로 구성되어 있으므로 유전자가 효소의 생산정보를 지닌 것으로 규정하기보다는 하나의 폴리펩티드를 생산하는 정보를 지닌 DNA로 정의하는 것이 더 타당하다. 문제는 세포활동이 폴리펩티드에 의해서만 이루어지는 것이 아니라는 점이다. 다양한 종류의 RNA들이 단백질 합성에 중요한 작용을 담당하고 있고 그 중의 어떤 것은 유전자의 발현을 조절하는 역할을 한다. 이런 RNA들은 자신의 구조 자체로 세포활동을 하는 것이며 폴리펩티드를 위한 정보를 전혀 가지고 있지 않다. 그뿐 아니라 어떤 DNA 부위는 유전자 발현의 조절기능을 가질 뿐이다. RNA에 의하여 수행되는 세포활동이나 유전자 발현조절 작용 역시 유전자의 작용이므로 유전자를 새롭게 정의하여야 한다. 유전자를 '세포활동에 기여하는 산물(product)의 생산정보를 지닌, 또는 그들의 발현에 영향을 주는 DNA 부위'라고 하면 무난하지 않을까 싶다.

유전자의 정보가 어떻게 표현형으로 나타나는가? 즉, 유전정보는 어떻게 발현되는가?

DNA정보는 먼저 핵 속에서 RNA의 서열로 전환된다. 이 과정을 전사라 한다. DNA의 두 가닥 중 정보를 포함한 가닥을 주형으로 삼아 그에 상보적 서열을 갖는 RNA를 합성하는 것이다. 이렇게 합성된 RNA들은 그 기능에 따라 mRNA(messenger RNA), tRNA(transfer -), rRNA(ribosomal -), sRNA(small -), 촉매 RNA로 불린다. 이 중 mRNA만이 단백질을 생산하기 위한 정보를 갖고 있음으로 뉴클레오티드의 서열정보가 아미노산 서열정보로 전환되는 번역과정을 거치게 된다. 유전정보의 암호체계는 아미노산 서열로 전환되는 방식을 나타낸다. 그것은 첫째, 세 개의 연속되는 염기가 하나의 암호단위(코돈, codon)를 나타낸다. 따라서 네 종류의 염기로 64개의 유전암호를 만들 수 있다. 둘째, 염기서열은 중복되어 읽히지 않는다. 마지막으로 염기서열을 건너뛰지 않고 연속해서 읽는다.

1960년대 초부터 분자생물학자와 화학자들은 경쟁적으로 유전암호 해독에 정진하여 모든 유전암호를 밝혀내었다. 그 공로로 고빈드 코라나(Gobind Khorana), 로버트 홀리(Robert Holley), 그리고 마샬 니렌버그(Marshall Nirenberg) 세 사람은 1968년 노벨 의학, 생리학상을 수상하였다. 유전암호에는 몇 가지 특징 나타나 있다. 그 중 첫째로 명확성을 들 수 있다. 코돈들은 이랬다, 저랬다 하는 일 없이 언제나 동일한 의미를 제공하는 것이다. 유전암호의 두 번째 특징은 중복성이다. 메치오닌과 트립토판은 오직 하나의 코돈으로 지정되지만 어떤 아미노산은 여러 개의 코돈에 의해 결정된다. 지정해야 할 아미노산은 불과 20개인데 비하여 그것에 쓰일 코돈은 61개(64개의 코돈 중 3개는 번역 종결 신호)나 되므로 이 현상은 당연한 것이다. 마지막으로 유전암호는 지구상의 모든 생물체에 적용되는 보편성을 나타낸다. 이 현상은 모든 생물이 하나의 기원에서 파생되어 진화되었음을 의미하는 것이다.

mRNA의 정보를 번역하는 곳은 리보좀이다. 리보좀은 rRNA와 단백질이 결합되어 이루어진 크고 작은 두 개의 알갱이로 구성되어 있다. 아미노산 서열로 번역되는 부분은 mRNA의 중간부위에 해당되므로 리보좀과 mRNA는 특별한 방식에 의해 결합하고 리보좀의 특별한 위치에 노출된 코돈이 유전암호에 따라 해독되는 것이다. 유전암호를 해독하는 것은 tRNA인데 tRNA의 한 쪽에는 mRNA의 코돈을 인식하는 안티코돈이 있고 다른 쪽에는 특정한 아미노산과 결합하는 부위가 있다. 코돈이 노출된 리보좀의 특별한 위치에 아미노산과 결합한 tRNA(아미노산·tRNA)가 들어오면서 mRNA의 서열이 아미노산 서열로 전환될 수 있는 것이다. 코돈의 서열대로 리보좀에 들어오는 아미노산·tRNA들 사이에 펩티드 결합이 형성되며 리보좀은 한 코돈 길이만큼씩 mRNA를 따라 이동한다. 리보좀이 종결신호 코돈을 만나게 되면 그것으로 폴리펩티드 합성이 끝난다. 폴리펩티드 합성에는 매우 많은 단백질의 효소작용과 에너지가 요구된다. 효소 중에서 가장 중요한 펩티드 전이 효소(peptidyltransferase)의 핵심 작용은 RNA에 의하여 수행된다. 이는

RNA의 효소작용 뿐만 아니라 유전암호의 진화라는 관점에서도 주목을 받을만하다. 최초의 단백질 합성이 단백질 효소를 요구할 수는 없기 때문이다.

단원
3
생명의 기원

1. 생물의 발생에 관한 논쟁

지구에 여러 종류의 생명체가 다양한 서식처에서 살아가고 있는 것을 보고 누구나 궁금하게 생각할 것이다. 과연 이들은 어떻게 생겨나서 지금 이 자리에 존재하는 걸까? 이 물음에 대하여 고대 그리스 시대 사람들은 나름대로 해답을 제시하였다. 생물체는 적당한 무생물 환경 속에서 자연적으로 생겨난다는 것이다. 마치 알맞은 조건이 갖추어졌을 때 불꽃이 일어 자연발화 하듯이. 이른바 자연발생설이다. 그리스 최고의 과학자 아리스토텔레스조차도 뱀장어 등의 동물이 진흙이나 부패한 유기물질들로 이루어진 환경 속에서 자연적으로 발생(spontaneous generation)한다고 믿었다. 적절한 무생물 환경에 프시케(psyche)가 스며들어 생명활동을 시작한다는 것이다. 놀랍게도 이러한 믿음은 프시케가 활력소(active principle)라는 이름으로 바뀌었을 뿐 19세기 중반까지 지속되었다. 여기서 프시케 또는 활력소라 함은 물질에 생명이 깃들게 한다는 비물질적 요소이다.

모든 물체에 물질과 그 물체로 하여금 자신의 속성을 나타나게 하는 엔텔레케이아(entelecheia)를 갖고 있다고 믿은 것처럼 프시케 또는 활력소 개념은 변천하여 현대에도 널리 퍼져 있는 생각, 즉 인간의 육신에 깃들어 있는 '영혼'이라는 개념으로 진화한 것으로 보인다. 그 동안 많은 사람들이 자연발생설을 입증하는 실험으로 구더기, 벌, 심지어 생쥐를 생산하는 방법들을 기술하였다. 과거의 이처럼 어리석은(지금 시대의 관점에서 볼 때) 견해는 당시 사람들의 과학적 연구가 체계적 방법론에 의거하지 않고 직관적 판단을 별 의심 없이 받아들인 결과이다.

자연발생설에 대항하여 여러 과학자들은 생물들이 실은 외부에서 들어온(이미 존재하는) 생물 때문이라는 것을 주장하며 반론을 제기하였다. 생물은 자연적으로 발생되는 것이 아니라 오직 이미 존재하는 생물에서 유래된다는 이들의 주장을 생물발생설(biogenesis)이라고 한다. 미생물의 발견이 이들의 논쟁을 더욱 복잡하게 만들었다. 미생물은 육안으로 관찰할 수 없는 작은 생물들이어서 구더기, 벌, 생쥐 따위처럼 손쉽게 외부로부터의 침투를 확인하기 어려웠기 때문이다. 미생물을 포함한 생물의 기원에 관한 자연발생설과 생물발생설 간의 논쟁은 1861년 파스퇴르(Louis Pasteur, 1822~1895)의 결정적 실험으로 생물발생설의 승리로 돌아갔다. 파스퇴르의 '거위 목 플라스크'실험이 그것이다

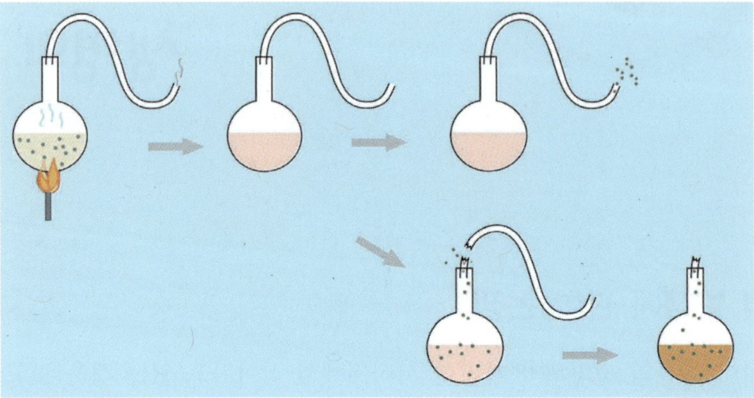

그림 3-1 파스퇴르의 거위 목 실험. 플라스크에 고기즙을 넣고 플라스크의 목을 불에 녹여 길게 구부려 놓고 고기즙을 끓인다. 그대로 방치해 두면 플라스크 속의 고기즙은 외부 공기와 차단되어 있지 않아도 오래도록 상하지 않는다(위). 만일 플라스크의 주둥이를 깨트리면 고기즙은 즉시 외부 미생물에 오염되어 상하게 된다(아래). 고기즙 속에 미생물이 나타나는 것은 공기 중의 활력소 때문이 아니고 그 속에 떠돌아다니는 미생물에 의한 것임을 밝힌 실험.

(그림 3-1). 고기즙이 들은 플라스크의 목을 불에 녹인 뒤 길게 늘여 구부려 놓고 나서 끓였다. 이는 밀폐시킨 후 끓임으로써 미생물의 생성을 원천적으로 차단한 스팔란차니(Lazzaro Spallanzani, 1729~1799)의 실험을 공격하던 자연발생론자들의 반론을 무력화시키는 방안이었다. 과연 플라스크의 고기즙은 식은 뒤에도 오래도록 상하지 않았다(미생물이 발생하지 않았다). 단순히 길게 구부려 놓은 플라스크의 주둥이는 자연발생론자들이 주장하는 활력소, 신선한 공기의 흐름을 전혀 방해하지 않았지만 미생물의 침투를 허용하지 않음으로써 미생물의 출현(고기즙이 상하는 것)을 억제할 수 있었다. 그러나 이 주둥이를 깨뜨리면 고기즙은 곧 상하게 되는데 이는 활력소의 작용이 아니라 외부에서 오염된 미생물이 원인이다. 말하자면 모든 생물은 반드시 기존의 생물에서부터 생겨난다는 결론이다.

생물발생설이 생명의 기원을 가리는 논쟁에서 승리하였다고는 해도 처음에 제기된 문제를 궁극적으로 해결한 것은 아니었다. 생물은 어떻게 생겨난 것일까? 생물이 이미 존재하는 생물에서 생겨난다면 조상이 되는 생물, 또 그 조상의 조상되는 생물, 더 나아가 최초의 생물은 어떻게 이 땅에 존재하게 되었는가?

2. 무생물발생설(abiogenesis)

지구의 역사는 약 46억 년 전에 시작된 것으로 추정된다. 지금까지 발견된 화석 중 가장 오래된 것은 35억 년 전에 형성된 것으로 보이는 원핵생물의 잔해이다. 지구가 탄생하고 10억 년 남짓 지난 뒤에는 이미 최초의 생명체가 존재하였다는 뜻이 된다. 생물 발생설이 생물은 기존의 생물에서만 발생된다고 주장하지만 조상이 되는 생물과 조상의 조상으로 거슬러 올라가 최초의 생물에 이르면, 그 최초의 생물을 생성하게 만드는 것은 무생물일 수밖에 없다.

최초의 생물이 무한으로 연장될 수는 없다. 최초의 생물 앞에 생물이 있게 되면 이 최초의 생물은 이미 최초가 아니기 때문이다. 결국 생물은 무생물에서 발생되어야 한다! 지구가 형성된 초기에는 거의 불덩어리에 가까웠을 것을 생각하면 10억 년이란 세월은 생명체가 생성되기에는 당혹스러울 정도로 짧은 기간이 아닐 수 없다. 생명체의 외계도래설 또는 범균론(panspermia)[1]을 주장하는 이유 가운데 하나이다. 외계에서 생성된 생명체가 지구에 도래하였거나 최소한 생명체를 구성하는 기본 물질이 외계에서 생성되어 이것이 지구에 흘러들어와 생명체를 형성했다는 이론이다.

지금 여기에서 다룰 문제는 생명물질이 어디에서 만들어졌느냐가 아니고 생명체가 과연 어떤 과정을 거쳐 생겼느냐는 것이다. 이 문제를 처음 체계적으로 분석한 사람이 알렉산드르 오파린(Aleksandr Oparin, 1894~1980)이다.[2] 그의 이론은 이러하다: 지구가 생성된 후 초기 10억년 사이에 지구 환경의 무기물로부터 간단한 유기 화합물이 생성되고 이들이 소위 화학적 진화과정을 거쳐 복잡한 생체물질이 된다.

생체 내에는 세 가지 기본반응이 있다. 첫째 축합반응과 그의 역 과정, 곧 탄소 고리의 연장 그리고 두 탄소원자 결합의 파괴과정이 그것이다. 다음으로 중합반응-산소 또는 질소의 다리에 의한 유기분자들의 결합 및 그의 역 과정인 가수분해. 셋째로는 유기물질의 산화와 환원의 과정이다. 그렇게 생성된 생체물질들은 위와 같은 특이한 화학반응을 나타내면서 고분자 화합물을 생산한다. 그것들은 원시 바다에서 콜로이드 상태의 코아서베이트(coacervate)[3]라 불리는 조직과 체제를 형성했을 것으로 보인다. 그 중에서 안정되고 빠르게 증식되는 것들이 물질대사 능력을 얻고 최초의 생명체로 발전하였다는 가설이다. 신진대사 과정이 생겨난 뒤, 어느 시점에 생명체로 전환된다는 것이다. 결국 생명체가 무생물 환경에서 발생한다는 뜻이다. 이 가설을 무생물 발생설이라 한다. 언뜻 보기에

1) 외계도래설은 지구의 생명체는 외계의 어떤 천체로부터 전해진 것이라는 가설. 범균론은 생명의 기원이 특별히 어떤 천체로부터 시작되었다기보다 생명을 잉태할 잠재력이 우주 전체에 퍼져있다는 가설.

2) 오파린. 양동춘 옮김. 「생명의 기원」(*The Origin of Life on Earth*), 3rd rev. ed. 한마당 1957.

3) 유기분자, 특히 지질분자들은 물속에서 주위와 구분되는 작은 구형 덩어리를 형성한다. 이들은 소수성 결합(hydrophobic interaction)에 의해 서로 뭉쳐 있으나 표면의 친수성 화학 그룹들이 물분자와 강하게 결합되어 주변의 물과 경계를 이룬다. 이런 상태의 유기분자 덩어리들을 코아서베이트라 한다. 이들은 서로 합쳐져 커지기도 하고 때로는 부서져 작은 것으로 갈라지기도 한다.

또다시 자연발생설로 돌아간 것으로 생각된다. 그러나 이 이론은 자연발생설과는 크게 다르다. 자연발생설에서는 복잡한 생물이 단시간에 발생하였다. 이에 비하면 무생물 발생설은 오랜 세월에 걸쳐 무기물이 '화학적 진화'를 거쳐 유기물이 되고, 또 그것들이 더욱 복잡한 유기분자를 형성하고, 그러한 여러 종류의 유기분자들이 서로 결합하여 마침내 매우 단순한 최초의 생물이 된다는 것이다.

또한 자연발생설은 오늘날에도 생물체가 지속적으로 생성된다는 것인데 무생물 발생설의 경우 과거 지구의 특정 시기에 있었던 특수한 환경이 화학적 진화를 가능케 하였고 오랜 세월 변화되어 온 현재의 지구 상황에서는 이러한 화학적 변화가 불가능하다. 한 가지 더 중요한 차이는 무생물발생설에서는 생명으로의 전환에 더 이상 활력소와 같은 비물질적 요소를 인정하지 않는다는 점이다. 오파린의 생각은 원시 지구의 단순한 화학물질들이 점차 복잡한 것으로 변화하며 이러한 변천은 오로지 유물론적 변증법에 따라 이루어진다는 것이다. 지구 최초의 생물은 어떤 모습을 하고 있었을까? 많은 사람들이 초기의 생물은 지금 볼 수 있는 가장 단순한 원핵생물보다 더 단순한 형태였을 것이라 추측한다. 그렇다면 과연 생명체를 탄생시켰다는 '화학적 진화'란 무엇인가? 최초의 생명체는 어떤 물질로 이루어 졌으며 그러한 물질들이 어떻게 생명을 지원할 수 있었는가? 생명체가 살아가기 위해서는 영양분을 섭취하고 그로부터 에너지를 생산하는 과정이 매우 중요하다. 최초의 생명체는 어떻게 필요한 에너지를 충족시킬 수 있었는가?

3. 화학적 진화

오파린의 「생명의 기원」에서 제시하는 바는 원시 지구환경에서 유기화합물이 생성되고 그로부터 생산된 단위분자들이 중합되어 더 복잡한 거대분자를 생성하며, 여러 종류의 거대분자들이 모여 초기 생명체로 진화한다는 것이다. 이 가설은 얼마나 타당성이 있을까? 해럴드 유리(Harold Urey)의 제자였던 스탠리 밀러(Stanley Miller)[4]는 이 가설을 검증하기 위하여 원시지구를 모방한 모델을 만들었다.

그는 원시 대기는 현재와는 달리 환원성 기체로 구성되었다고 가정하고, 수소(H_2), 메탄(CH_4), 암모니아(NH_3)를 물과 함께 밀폐된 장치(그림 3-2)에 넣고 한편으로는 물을 끓이고 또 한편으로는 수증기와 기체들을 전기 방전으로 반응시켰다. 일주일 후 플라스크 안의 생성물을 분석하였더니 놀랍게도 여러 종류의 아미노산과 유기산들이 포함되어 있었다.

4) Stanley L. Miller, Leslie E. Orgel, 박인원 옮김, 「생명의 기원」, 1990.

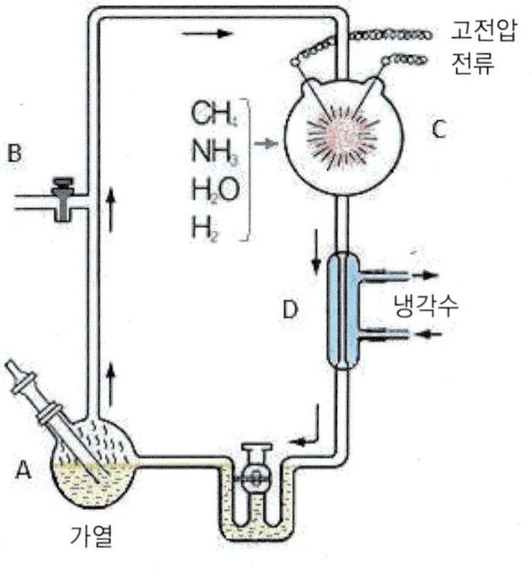

그림 3-2 밀러의 실험장치. 먼저 500ml 플라스크(A)에 물 300ml를 넣고 B를 통하여 공기를 뺀 다음 수소, 메탄, 암모니아를 넣는다. 플라스크 A의 물을 끓여 발생하는 수증기와 다른 기체들은 5 리터짜리 둥근 플라스크(C)에 연결된 전극에서 방전되는 전기에너지를 받아 화학반응을 일으킨다. 찬 물이 순환하는 냉각기(D)에서 수증기는 물로 응결되어 U 자관을 통해 다시 플라스크 A로 돌아간다. 이 U 자 관 때문에 수증기는 거꾸로 순환할 수 없다.

아미노산은 생명체의 기본 물질 중에서도 가장 중요한 단백질을 구성하는 단위체가 아닌가? 원시 지구 상태에서 생명체를 구성할 수 있는 유기물질, 그것도 다름 아닌 아미노산이 만들어질 수 있다! 이 실험은 더욱 세밀하게 반복되어 화학반응이 시간별로 생산하는 중간물질을 확인하였다. 반응 초기에 시안화수소와 포름알데히드가 생성되고 이들이 암모니아와 반응하여 여러 아미노산을 합성하는 것으로 보인다. 그런데 시안화수소와 포름알데히드를 비롯하여 간단한 유기화합물들은 원시지구 상태에서만 생성되는 것이 아니고 우주의 전 지역에서 발견된다. 그러므로 생명체의 발생은 전 우주적 잠재력에서 비롯되었다고 볼 수 있다. 이런 의미에서 우주론 또는 범균론 또한 재평가를 해야 할 여지를 남기고 있다.

밀러의 연구로 오파린의 가설이 더욱 그럴 듯하게 여겨지게 되었고, 바야흐로 생명체의 기원을 밝히려는 연구들이 비슷한 방법을 동원하여 폭발적으로 수행되었다. 생명체에 필수적인 많은 물질들, 예를 들면, 아미노산, 당, 퓨린, 피리미딘 및 일부 뉴클레오시드, 지방산, 비타민류들이 선생체적 조건에서 합성되었다. 뉴클레오티드는 뉴클레오시드에 인산염이 결합하여 만들어질 수 있다. 인산 칼슘염은 인회석이 황산과 작용하여 생산될 것으로 생각된다. 리보즈와 퓨린을 여러 가지 이온 혼합물과 함께 건조가열하면 퓨린 뉴클레오시드가 비교적 쉽게 만들어진다. 뉴클레오시드와 뉴클레오티드가 선생체적 환경으로 보이는 조건에서 합성되었다 하더라도 이들의 화학적 진화가 이런 과정을 거쳤으리라고 선뜻 믿기가 어려운 실정이다. 그 이유는 첫째 뉴클레오시드의 글리코시드 결합에 있다. 리보즈 1번 탄소에 염기의 질소가 직접 연결된 이 결합은 화학적으로 쉽게 이루어지는 결합이 아니기 때문이다. 둘째는 현재 세포에서 일어나는 생합성의 경로는 합성실험에서 보인 것과 같이 염기, 당, 인산이 차례로 결합되는 과정이 아니기 때문이다. 세포에서의 대사과정이 생체물질의 화학적 진화를 재현(molecular recapitulation)한다고 믿을 만한 근거가 있지는 않으나, 자연 상태에 존재하는 생산 방식이 합성물을 얻기 위해 인위적 조건을 동원한 합성 방법보다 더 호감이 가기 때문일 것이다. 최근의 연구는[5] 선생체적 환경에서 좀 더 그럴듯한 방식으로 뉴클레오티드가 합성될 수 있음을 보여주었다.

원시 지구환경에 대한 학자들의 견해도 다양하여, 원시 지구의 대기가 강한 환원성을 띠기보다는 오히려 약한 환원성 또는 약한 산화성을 띠었을 것이란 의견도 있다. 이러한 대기 환경의 다양한 가능성에 따라, 비록 생성되는 물질의 양과 종류에 있어 변화가 있긴 하지만 원시지구에서 생체물질이 생성되는 데는 의심의 여지가 없다. 여러 종류의 생체물질이 합성되었다 하여도 최초의 생명체가 출현하기에는 아직 해결되어야 할 과제가 산적하여 있다. 아미노산 및 뉴클레오티드를 중합하여 생명체 형성에 필요한 폴리펩티드와 폴리뉴클레오티드를 합성하는 일, 생명 조직의 정보를 간직하는 유전물질의 복제체계를 확립하는 일, 생체 고분자들을 합성하는 데 필요한 에너지를 확보하는 일, 기본물질로부터 생체분자를 생산하는 신진대사 과정을 수립하는 일, 또한 무엇보다 이 모든 것을 환경과 구별 짓는 경계 막을 갖추는 일들이 있다. 어느 하나라도 쉽게 해결되지 않을 이런 과제들을 원시 생명체는 어떻게 극복하였을까? 이런 사건들이 결코 동시에 발생하지는 않았을 터이다. 그렇다면 어떤 순서로 진행되었을까?

원시 생명체라 할지라도 그들의 자기복제는 잘 통제되고 안정된 과정이어야 한다. 자기복제는 말할 것도 없고 세포 속의 복잡한 신진대사 과정은 화학변화를 촉매하는 효소의 작용에 의하여 진행된다. 효소는 폴리펩티드가 기본물질이므로 대사과정[6]이 성립되기 전에(효소가 생기기 전에) 폴리펩티드의 아미노산 서열을 결정할 유전암호가 확립되어야 한다. 유전암호는 RNA가 안정된 자기복제체가 된 후에 비로소 체제를 갖출 수 있을 것이다. 리보뉴클레오티드가 중합되어 RNA가 되려면 꾸준한 화학에너지 공급이 필요하

5) J. D. Sutherland. "Ribonucleotides", *Cold Spring Harbor Perspect. Biol.* 2010;2: a005439.
6) 선생체적 조건에서 몇 개의 아미노산이 중합되어 만들어진 펩티드가 특정한 화학반응에 촉매작용을 나타낼 수 있겠지만 이 경우 일정한 방향으로 변화하는 물질의 연속되는 반응으로 나타나는 대사과정을 수행할 것으로 보이지는 않는다.

다. 생명체가 수용액 속에서 탄생하려면 합성된 중합체의 가수분해에 대한 대책이 있어야 한다. 중합반응이 진행됨에 따라 선생체적으로 합성된 활성단량체의 농도는 점차 감소되어 간다.

또한 높은 물 농도는 가수분해 과정을 추진하는 원동력이 된다. 더 중요한 문제는 막의 출현에 기인한다. 자기복제 물질과 에너지 변환 시스템은 원시생체를 환경과 구분 짓는 막 속에서 그 체제를 완성시켜 나갈 수 있다. 원시 환경의 유기물 농도가 아무리 높다 하여도 효과적인 화학반응을 위해서는 반응물의 농축과정이 필수적이다. 농축된 반응물 또는 반응에서 만들어진 생성물이 확산되어 흩어지는 것을 막기 위해서는 이들을 가두어 두는 막의 존재가 절실히 요구된다. 뿐만 아니라 생명체로 가기 위하여 이미 얻은 유리한 조건들을 계속 유지하려면 원시 생체막 안에서 이들을 발전시켜 나가야 한다. 막 내부에서 중합체의 가수분해가 일어나면 떨어져 나온 단량체는 활성화 형태로 전환시켜야 다시 중합 반응에 참여할 수가 있다. 이 과정에는 많은 양의 화학에너지가 필요하다. 외부 환경으로부터 얻을 수 있는 에너지를 자신이 필요한 형태로 전환시키는 에너지 전환시스템이 요구되는 것이다. 단량체를 활성화하는 데는 뉴클레오시드-5' 삼인산(특히 ATP)이 사용되므로 이것이 바로 원시생체가 필요로 하는 에너지이다. 이처럼 생명체로 발전되는 각 단계에 요구되는 환경과 전제조건을 따져 보았다. 생명체로의 발전은 이것의 역순으로 이루어져야 한다(표 3-1).

표 3-1. 무기물에서 생명체로 발전될 것으로 추정되는 단계

원시대기로부터 유기물 합성

↓

마구잡이 중합체 합성(무작위 서열; 폴리펩티드, 폴리뉴클레오티드)

↓

유기표면 촉매(무작위 서열 중합체에 의한)

↓

자기복제물질, 막, 에너지 전환 시스템

↓

유전암호의 확립(RNA와 아미노산의 특별한 만남)

↓

유전정보의 생성(우연한 RNA 서열에서 나타난 특별한 기능)

↓

대사과정과 효소의 출현, 원시생식

4. 마구잡이 중합체의 합성

시드니 폭스(Sydney Fox)는 뜨거운 지표면의 말라가는 물웅덩이를 상상하여, 아미노산 혼합물을 건조 상태에서 180℃로 가열하였을 때 아미노산들이 서로 결합되는 것을 확인하였다. 그후 많은 연구자들의 노력으로 여러 가지 선생체적 조건에서 다양한 생체물질이 고분자 화합물로 중합되는 것을 관찰하였다. 작은 분자량의 단위체에서 생체 고분자 화합물이 합성되는 과정은 에너지 흡수반응(endergonic reaction)이므로 폭스가 사용한 열에너지처럼 에너지를 제공하여야 한다. 이러한 방식으로 단위체 분자를 직접 중합시켜 폴리펩티드나 폴리뉴클레오티드를 합성하는 선생체적 방법이 많이 알려져 있다.[7] 중합과정에 필요한 에너지 공급 조건이 지나치게 가혹한 환경을 요구할 수도 있다. 그러나 만일 중합반응에 몽모릴로나이트(montmorillonite)[8]의 표면이 반응을 촉매 한다고 가정할 경우 에너지 공급에 대한 부담을 크게 덜어낼 수도 있다.

폴리펩티드나 폴리뉴클레오티드의 구성 성분은 각각 20종류[9]의 아미노산과 4종류의 뉴클레오티드이므로 이렇게 합성된 고분자 화합물들의 서열은 무작위한 것이다. 이들은 생명체의 기원에 일정 부분 기여하였을[10] 테지만 무작위 서열로 이루어진 고분자 화합물이 생명체로 발전하였을 가능성은 크지 않을 것으로 판단한다. 하나의 서열이 우연에 의해 선택될 수 있다. 그러나 같은 서열을 반복하려면 어떤 확률로 이루어질까? 100개의 아미노산으로 이루어진 단백질의 가짓수는 사슬의 모든 위치에 20종류의 아미노산이 들어갈 가능성이 있으므로 가능한 값은 이미 지난 단원에서 언급한 대로 20을 100번 곱해야 된다. 즉, 20^{100}이 된다. 이 값은 약 10^{130} 정도인데 우주의 모든 원자 수를 약 10^{80}개로 추산하는[11] 데 비하면 엄청난 숫자이다.

7) 박인원, 생명의 기원 1996.
8) 층상구조를 가진 점토광물로서 양이온 교환 능력을 나타내며 물을 흡수하면 결정체가 팽창하기도 한다. 두 개의 정사면체형의 실리카 층 사이에 정팔면체형의 알루미나 층이 끼어들어 세 개의 층을 형성한다. 많은 화학반응을 촉매하여 선생체적 화학진화에 크게 기여했을 것으로 생각된다.
9) 생명체가 형성되는 초기 상태에서는 더 많은 종류의 단위체들이 있었을 수도 있다. 생명체가 탄생된 후 그들 중에 일부만이 선택되어 지금처럼 20종류의 아미노산과 4종류의 뉴클레오티드로 정착되었을 가능성이 더 크다.
10) 무작위 서열에 의해 형성된 특별한 구조가 다른 화학반응의 촉매표면으로 작용하였을 가능성이 있다. RNA가 분자 내 수소결합으로 복잡한 3차원적 공간구조를 형성하고 적절한 위치에 놓인 작용기들에 의해 촉매작용이 일어날 수 있다.
11) Wikipedia, Observable Universe. 우주에는 약 10^{11}개의 은하가 있고 각 은하에는 약 10^{11}개의 별이 있다. 말하자면 우주에 10^{22}개의 별이 있는 셈이다. 우주의 총질량을 1.6×10^{53}kg으로 추산하고 이 질량이 모두 수소원자로 구성되었다고 가정하여 수소원자의 질량으로 나누면 대략 10^{80}의 값이 산출된다.

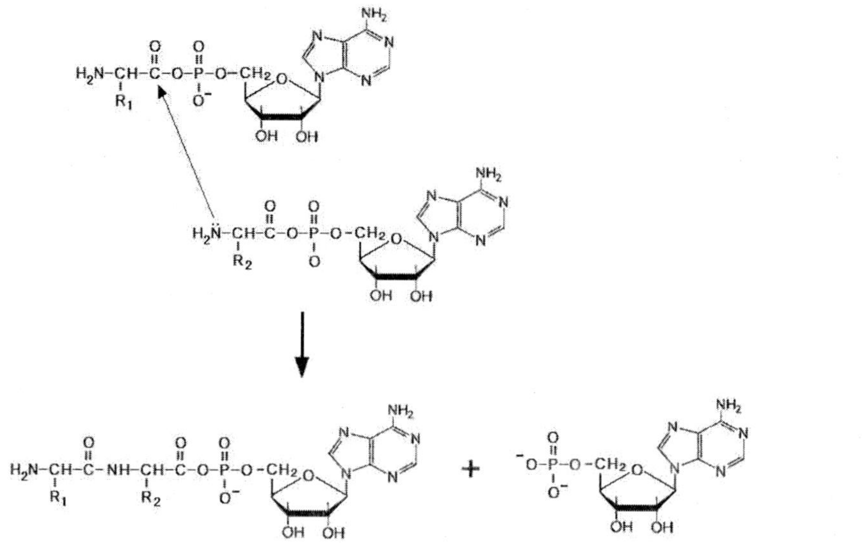

그림 3-3 아미노산 · AMP에서 펩티드결합이 형성되는 과정. 한 아미노산 · AMP의 카르보닐 탄소에 두 번째 아미노산 · AMP의 아미노기에 있는 비 공유 전자쌍이 친핵 공격으로 펩티드 결합을 이루면서 peptidyl · AMP가 생성된다.

이렇듯 특정한 서열을 가진 것이 또 다시 생겨날 확률은 $1/10^{130}$이 된다. 다시 말하면 무작위하게 합성된 폴리펩티드는 절대로 동일한 것이 또 다시 생산될 수 없다. 우연히 합성되었던 폴리펩티드가 기막힌 기능을 가진 것이었다 해도 그것으로 끝나는 것이다. 생명체의 일부가 되려면 그들의 서열은 정보를 지닌, 반복 생산이 가능한, 다른 말로 필연적인 것이 되어야 한다.

정보를 지닌 생체 고분자가 되는 첫 단계는 단위체들이 화학적으로 활성화됨으로써 진행된 것으로 보인다. 앞에서 언급한 대로 아미노산의 활성화 형태는 아미노산·tRNA이다. 세포에서는 첫 단계로 아미노산과 ATP가 결합하여 아미노산·AMP를 생성하며 이것이 tRNA의 -CCA 말단과 작용하여 아미노산·tRNA로 전환된다. 그러나 생명체로 진화되기 전 단계에서는 아미노산·AMP가 아미노산의 활성화 형태로 사용되었을 가능성이 있다. 이들은 당연히 효소가 없는 상태에서 만들어져야 한다. 이렇게 생산된 아미노산·AMP는 실제로 촉매나 흡착제가 없이도 수용액에서 펩티드를 효율적으로 합성할 수 있다(그림 3-3).[12] 이렇게 합성된 초기 폴리펩티드의 아미노산 서열은 무작위 서열일 수밖에 없다.

12) M. Paecht-Horowitz. "Prebiotic synthesis of polypeptides by heterogeneous polycondensation of amino-acid adenylates". *Nature*, (1970) 228: 636-639.

5. 생체 에너지-뉴클레오시드-5' 삼인산(NTP)

선생체적 합성에 의해 만들어진 단위체가 생체물질이 되기 위해서는 중합되어 다량체(polymer)가 되어야 한다. 위에서 본 바와 같이 아미노산이나 뉴클레오티드가 원시 지구 환경에서 여러 가지 기능한 에너지원에 의하여 중합반응을 일으켜 어느 정도 크기의 중합체가 될 수 있다. 합성된 폴리펩티드의 아미노산 서열은 무작위하게 결합된 것이므로 이들의 생산은 반복성이 없다. 폴리펩티드가 정보서열을 지니기 위해서는 아미노산들은 위에서 이미 언급한 대로 ATP를 사용하여 아미노산·AMP를 거쳐 아미노산·tRNA로 활성화되어야 한다.

아미노산이 활성화되는 데 네 종류 중 왜 하필 ATP인지는 알 수 없으나 리보뉴클레오티드를 쓴다는 점은 매우 의미심장한 것이다. 리보뉴클레오시드 삼인산[13)]이 인산기를 다른 곳으로 전이할 때 방출하는 자유에너지가 생체반응에 사용되기에 적절한 크기이기 때문이다. 리보뉴클레오시드 삼인산은 아미노산을 활성화시키는 매개체 역할을 할 뿐 아니라 그들 자신이 중합하여 RNA를 합성하는 데에도 에너지를 제공한다는 것을 이미 밝힌 바 있다.

그렇다면 리보뉴클레오시드 삼인산은 어떻게 만들어지는가? 상식적으로 보면 그것들의 구성요소인 당(리보즈)과 질소염기들이 탈수반응에 의해 뉴클레오시드가 되고 그 후 인산이 차례로 결합하여 생산될 것 같다. 그러나 선생체적 조건에서 시도한 합성반응에서 퓨린 뉴클레오티드는 약간 생성되지만 피리미딘 뉴클레오티드는 전혀 만들어지지 않는다. 최근의 연구에서[14)] 약간의 성과가 있긴 하여도 이때 얻은 것들은 뉴클레오시드 2'- 또는 3'- 인산이지 우리가 바라는 뉴클레오시드 5'- 인산이 아니다. 지금까지는 뉴클레오시드-5' 인산은 선생체적으로 합성된 적이 없는 상태이다. 뉴클레오시드 3'- 인산은 선생체적 조건에서 중합하여 다량체를 형성하는 것이 알려져 있다. 선생체적 조건에서 여러 가지 중합반응이 일어날 수 있으나 그와 못지않게 가수분해 반응도 활발하게 일어났을 것으로 여겨진다. 그렇다면 뉴클레오시드-5' 인산은 뉴클레오시드-3' 인산의 중합체들이 가수분해되어 생성된 것은 아닐까 추측해 볼 수 있다.

13) 리보즈와 질소염기가 결합하여 뉴클레오시드가 되고 이에 인산이 1~3개 결합하여 뉴클레오티드가 된다. 따라서 뉴클레오티드에는 뉴클레오시드 일인산(NMP), 이인산(NDP), 삼인산(NTP)의 세 종류가 있다.

14) J.D. Sutherland. "Ribonucleotides", *Cold Spring Harbor Perspect. Biol.* 2010;2:a005439

뉴클레오시드-5' 일인산(NMP)이 어떤 경위로 생성되었든 생체 에너지로 사용 가능한 형태인 뉴클레오시드-5' 삼인산(NTP)으로 전환되는 선생체적 과정이 제시되어야 한다. 이 인산화 과정은 에너지 흡수반응이므로 강력한 에너지 방출반응과 연계되어야 한다. 연계된 두 화학반응은 공통되는 화학 그룹을 갖게 되는데 이때 각 반응의 자유에너지는 두 화학반응이 어떤 방향으로 진행될지를 알려준다. 예를 들면 ATP가 ADP와 인산으로 가수분해 될 때의 자유에너지는 −7.4 kcal/mol이고 포도당-6-인산(glucose-6-phosphate)의 가수분해 자유에너지는 −3.3 kcal/mol이면, ATP가 가수분해 되는 경향이 포도당-6-인산의 경우보다 더 크다. 이렇게 되면 포도당-6-인산은 가수분해 되어 포도당과 인산으로 분해되기보다는 포도당이 인산과 결합하여 포도당-6-인산을 형성하는 방향으로 진행된다. 두 화학반응은 아래와 같다. 즉, ATP는 강력한 가수분해 에너지로 인산을 방출하여 포도당을 인산화 시키고도 전체 반응이 자발적으로 일어나도록(−값의 자유에너지를 갖도록) 한다.

ATP + H_2O → ADP + 인산 $\Delta G_o' = -7.4$ kcal/mol

포도당 + 인산 → 포도당-6-인산 + H_2O $\Delta G_o' = +3.3$ kcal/mol

ATP + 포도당 → 포도당-6-인산 + ADP $\Delta Go' = -4.1$ kcal/mol

생명활동에서 에너지를 사용하는 방식은 강력한 에너지 방출반응이 세포활동에 필요한 에너지 흡수반응과 연계하여 일어난다는 것이다. 그 중 한 가지, ATP 가수분해를 예로 들어 보았다.

6. 에너지 변환 – 생명의 조건

에너지는 물질의 화학변화에 크게 기여하므로 생명체의 탄생에 절대적으로 작용하는 요소이다. 원시지구의 기체물질에서 유기물을 합성하는 과정이나 그렇게 합성된 유기물이 점점 더 복잡한 화합물로 변환되는 과정은 모두 에너지의 공급 없이는 이루어질 수 없는 것이다. 생명으로 발전되는 초기에는 여러 종류의 환경 에너지, 예를 들면 열이나 방사 에너지 등이 유기화합물을 합성하는 데 사용되었을 것이다. 그러나 생명체로 진입되는 바로 앞 단계에서 요구되는 더욱 섬세한 화학변화에는 시스템이 쉽게 통제할 수 있는 형태의 에너지가 필요하다. 생명체에서 선택한 것이 뉴클레오시드-5' 삼인산(NTP)이라는 것을 앞 절에서 밝힌 바 있다. 그 에너지를 사용함으로써 뉴클레오티드가 중합하

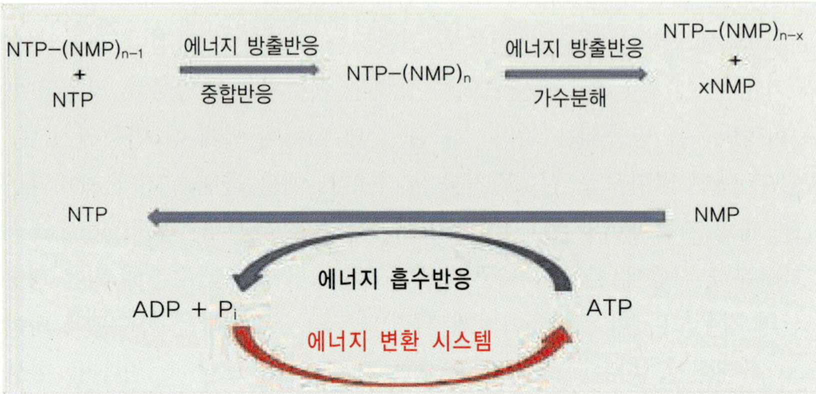

그림 3-4 뉴클레오티드 중합체의 가수분해와 에너지 변환 시스템. 뉴클레오티드의 중합반응과 가수분해는 정확히 역반응이 아니다. 이 두 반응은 모두 에너지 방출반응이다. 중합반응이 지속적으로 일어나려면 가수분해로 생성된 NMP가 다시 NTP가 되어야 하며 이때 에너지 변환 시스템에서 생산된 ATP가 필요하다.

여 핵산을 생산하는 반응이 자발적 반응으로 일어난다는 것 또한 지나온 단원에서 설명하였다. 뉴클레오시드-5' 삼인산(NTP)의 네 가지 종류가 모두 고에너지 물질이며 서로 호환되지만 생체 에너지로 주로 사용되는 것은 ATP이다. NTP가 화학반응에 쓰여 NDP 또는 NMP로 변화되면 이들을 다시 NTP로 재생시켜야 한다.

또한 자기 복제체의 핵심인 RNA가 가수분해되어 분리된 NMP가 다시 중합반응에 참여하려면 이들을 다시 NTP로 전환시켜야 한다. 이 에너지 흡수 반응들을 성사시키려면 외부로부터 공급되는 에너지가 있어야 한다(그림 3-4). 생명으로 발전되는 후기단계에서 시스템은 막에 싸여 있어야 할 것이므로 선생체적 합성으로 축적된 NTP를 이용할 수 없다. 지속적인 사용으로 이미 농도가 낮아졌을 뿐만 아니라 NTP는 막을 통과할 수 없기 때문이다. 이제부터 NTP(ATP)는 막 안에서 재생되어야 한다. 현재의 생명체에서는 어떤 일이 일어나는가?

현재 세포에서 ATP를 생산하는 방식에는 세 가지가 있다. 그 하나는 세포호흡에서 볼 수 있는 방식이다. 대사과정에서 연료물질(포도당으로 대표되는)을 산화시킬 때 발생된 전자가 전자전달계를 거치면서 발생된 양성자 기동력[15](proton motive force)으로 물질

15) 양성자 기동력은 세포막을 사이에 두고 막전위차와 수소이온(양성자) 농도차에 의한 화학적 포텐셜을 합한 것으로 다음 식으로 나타낼 수 있다. $\Delta P = \Delta \Psi + RT/F \cdot \ln ([H^+]_{in} / [H^+]_{out})$
30℃에서, $\Delta P = \Delta \Psi - 60 \Delta pH$, mV
$\Delta \Psi$; 막 전위차, R; 기체상수, T; 절대온도, F; Faraday 상수,

의 세포막 투과, 편모의 운동, 그리고 특히 ATP 합성 등에 요구되는 에너지를 충당한다. 양성자 기동력을 에너지 생산 메커니즘으로 사용하는 방식은 매우 복잡한 시스템을 요구하는 것이므로 단순한 초기 생명체에서 사용하였을 것으로 여겨지지 않는다.

다른 하나는 화학 에너지이다. ADP를 ATP로 전환시키는 데 화학반응에서 발생하는 자유에너지를 이용하는 방법이다. 위에서 본대로 두 개의 가수분해 반응에서 공통의 화학 그룹을 가지면 방출 에너지가 큰 반응은 (ΔGo 값이 더 -인) 방출 에너지가 적은 반응에게 문제의 화학 그룹을 제공하는 방향으로 진행된다. 생체 화합물의 활성화는 아데닐기, 코엔자임A, 또는 tRNA 등의 결합에 의하여 이루어지기도 하지만 대부분은 인산기의 결합에 의하여 일어난다.

이 결합이 가수분해에 의하여 끊어질 때 매우 큰 −값의 자유에너지를 방출하므로 이들과 연계된 화학반응이 자발적으로 일어날 수 있게 되는 것이다. 선생체적으로 합성된 아세틸 인산(acetyl phosphate)[16]이나 카바모일 인산(carbamoyl phosphate)[17] 등의 고에너지 물질이 동일한 방식으로 ADP에 인산기를 전달하여 ATP를 생산할 수 있다. 다음 식에서 두 반응의 연계에 의한 ATP 생산을 확인할 수 있다.

아세틸 인산 + H_2O → 초산 + 인산	$\Delta G o' = -10.3$ kcal/mol
ADP + 인산 → ATP + H_2O	$\Delta G o' = +7.4$ kcal/mol
아세틸 인산 + ADP → 초산 + ATP	$\Delta G o' = -2.9$ kcal/mol

거듭 말하거니와 고에너지의 기질이 강력한 에너지로 인산기를 방출하면서 그것을 ADP에 전달함으로써 ATP를 생산한다. 이토록 고에너지 물질의 인산이 ADP에 직접 전달되어 ATP가 만들어지는 방식을 기질수준인산화라 한다. 화학에너지를 다른 형태의 화학 에너지(ATP)로 전환시킨 경우이다. 세포에서 흔히 사용하는 고에너지 물질과 그들이 가수분해 될 때 방출하는 자유에너지를 표 3-2에 열거하였다.

ΔpH; $pH_{in} - pH_{out}$

16) Hagan WJ Jr. "Uracil-catalyzed synthesis of acetyl phosphate: A photochemical drive for Protometabolism". *ChemBiochem*. (2010) 11:383-387.

17) Carbamoyl phosphate의 선생체적 합성은 중성용액에서도 다음과 같이 잘 일어난다. HN=C=O (cyanate) + HPO_4^{2-} → $H_2NCOOPO_3^{2-}$ (carbamoyl phosphate)
Stanley L. Miller, Leslie E. Orgel, 박인원 옮김, 생명의 기원 1990.

표 3-2 선생체적 합성물질의 가수분해 반응과 방출 에너지

반 응 식	$\Delta G_o'$ (kcal/mol)
acetyl coenzymeA + H_2O → acetic acid + coenzymeA·SH	−7.4
acetyl phosphate + H_2O → acetic acid + phosphate	−10.3
1,3−DPGA + H_2O → 3−PGAL + phosphate	−11.7
aminoacyl·tRNA + H_2O → Amino acid + tRNA	−7.4
ATP + H_2O → ADP + phosphate	−7.4
carbamoyl phosphate + H_2O → formamide + phosphate	−12.2
PEP + H_2O → pyruvate +phosphate	−14.8
aminoacyl adenylate + H_2O → amino acid + AMP	−20.0
glucose−6−phosphate + H_2O → glucose +phosphate	−3.3
1,3−DPGA; 1,3−diphosphoglyceric acid 3−PGAL; 3−phosphoglyceraldehyde PEP; phosphoenolpyruvate	

ADP에 인산기를 결합시키는 데 빛 에너지가 사용되기도 한다. 현재 식물과 일부 세균의 광합성에서 나타나는 광인산화[18]가 그것인데 이 과정은 빛 에너지를 흡수하여 활성화된 색소가 전자를 방출하여 전자전달계에 공급하고 전자전달계에서 생성된 양성자 기동력을 ATP 생산에 사용한다. 광인산화는 양성자기동력에 더하여 빛 에너지를 포획하는 색소를 갖추어야 하므로 세포호흡 못지않게 복잡한 시스템을 요구한다.

초기의 생명체가 사용할 수 있는 에너지 변환 시스템은 어떤 것이 있을까? 기질수준 인산화는 근본적으로 화학 작용기들 사이의 위치 변화인데 이 변화가 비록 에너지 방출 반응이라 할지라도 효소의 도움이 없이는 매우 느리게 진행된다. 아직 단백질 생산 시스템이 갖춰져 있지 않은 원시 생체에서는 리보자임(ribozyme)이나 무기물 결정 표면 또는 여기에 결합된 금속이온들이 작용기들을 적당한 거리에 위치하도록 붙잡아 두고 촉매작용을 수행하였을 것이다. 양성자기동력을 이용한 에너지 변환은 이미 설명한 대로 고도의 복잡한 구조를 요구하기 때문에 원시 생체에서 채택할 수 없는 방법이다. 또한 기질수준 과산화과정에 의존하는 데에도 한계가 있다. 선생체적합성으로 축적된 고에너지 물질이 점차 고갈되면서 공급에 한계가 있기 때문이다. 광합성에서 볼 수 있는 광인산화는

18) 빛 에너지는 색소에 의해 흡수되어 화학 에너지로 전환되고 결국 ADP의 인산화에 사용된다.

기질수준인산화

acetyl phosphate + H_2O → acetic acid + phosphate $\Delta G_o' = -10.3$ kcal/mol
ADP + phosphate → ATP + H_2O $\Delta G_o' = +7.4$ kcal/mol

---

acetyl phosphate + ADP → acetic acid + ATP $\Delta G_o' = -2.9$ kcal/mol

광인산화

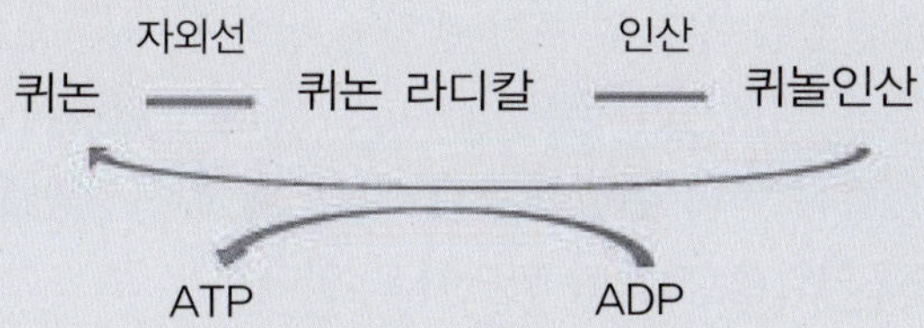

그림 3-5 예상되는 초기 에너지 변환. 선생체적 합성으로 생산된 고에너지 물질을 사용하는 기질수준 인산화와 광인산화는 고도로 발달된 생체 구조 없이도 ATP를 생산할 수 있다. 초기의 광인산화는 전자전달계가 없는 상태에서 광화학 반응으로 생성된 고에너지 인산 화합물을 만들 것으로 보이며 이것이 기질수준 인산화로 ATP를 생산할 수 있을 것이다.

빛 에너지를 양성자기동력으로 전환시킨 후 다시 그 에너지를 ATP 생산에 사용한다. 초기 생명체에서 전자전달계를 기대할 수는 없지만 광화학 반응에 의해 고에너지 물질이 생성될 수는 있을 것이다. 예컨대 원시형태의 막에 끼어들어 있는 퀴논이 강력한 자외선 에너지를 흡수하여 퀴놀 라디칼을 이루고 이것이 인산과 결합하여 퀴놀인산을 형성할 수 있다. 퀴놀인산은 Fe^{+3} 존재 하에서 산화되면서 ADP를 ATP로 전환시킬 수 있었을 것이다.[19] 소위 원시 광인산화에 의한 ATP 합성이다. 빛 에너지를 화학에너지로 전환시키고 그것으로 ATP를 생산하는 것이다(그림 3-5).

7. RNA 세상

오늘날 발견되는 모든 생명체는 유전정보를 DNA에 수록하여 사용한다. 자기복제체인 바이러스나 플라즈미드 중 어떤 것들은 외가닥 또는 쌍 가닥의 RNA로 유전정보를 간직하고 있다.[20] 이는 세포의 유전정보 체계가 고도의 진화적 산물임을 암시하는 것이다.

19) William Stillwell, "On the origin of photophosphorylation". *J. Theor. Biol.* (1977) **65**(3);479-497.

원시 생명체의 유전정보는 DNA보다 RNA로 구성되었을 것으로 학자들 사이에 공감대가 형성되어 있다. 세포물질의 진화에서 RNA는 DNA보다 먼저 생성된 것으로 보이기 때문이다. 그 이유는 첫째, 세포 안에는 여러 종류의 RNA가 다양한 기능을 수행하고 있다. 또한 RNA 단량체인 리보뉴클레오티드가 다양한 유도체를 형성하여 조효소의 역할을 담당하고 있다. 이런 많은 종류와 광범위한 역할은 RNA가 상대적으로 덜 특수화된 물질임을 보여주는 것이다. 둘째, RNA는 DNA보다 기능면에서 다양하다. DNA가 오로지 유전정보의 저장과 복제에 특수화된 역할을 하는 데 비해 RNA는 유전정보와 촉매작용, 조절작용 등 다양한 기능을 수행한다. 이와 같은 성질은 초기 생명체 진화에 매우 중요한 것이다. 마지막으로, 모든 DNA의 단위체, 디옥시리보뉴클레오티드는 RNA 단량체인 리보뉴클레오티드로부터 생산된다. 이와 같은 여러 현상을 종합해 볼 때 원시생명체에서는 DNA에 앞서 RNA가 유전물질로 사용되었을 것으로 판단하고 있다.

초기의 뉴클레오티드 중합반응은 몽모릴로나이트와 같은 자연계의 물질이 촉매표면을 제공하였을 것으로 보인다.[21] 일단 무작위 서열의 폴리뉴클레오티드가 합성되면 이들의 표면은 또 다른 폴리뉴클레오티드 합성의 주형(template)으로 작용할 수 있다. 한쪽 사슬의 염기에 상보적 염기가 수소결합으로 짝짓게 되면 반응에 참여할 작용기들이 주변의 2가 금속이온들과 함께 적절한 위치에 놓일 수 있으므로 수월하게 중합반응을 수행한다. 처음 합성된 중합체를 + 사슬(strand)이라 한다면 그로부터 생성된 것을 − 사슬이라 부를 수 있겠다. RNA 가닥들은 사슬 내부의 염기서열이 서로 상보성을 띠는 구간에서 수소결합 함으로써 독특한 3차원적 공간구조를 형성할 수 있다(그림 3-6). 수소결합으로 형성된 2차 구조가 안정한 촉매작용을 가능케 하는 공간구조를 잘 유지할 것이다. 이러한 공

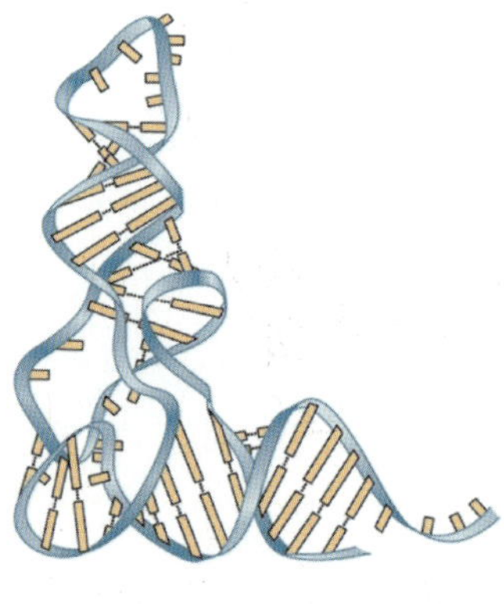

그림 3-6 RNA **분자의 내부 수소결합으로 형성되는 3차원적 구조.** 여기에서 만들어진 표면구조가 우연히 다른 분자와 특별한 결합을 이루게 되면서 촉매 기능을 획득할 수 있다.

20) 사람에 설사를 일으키는 로타 바이러스는 유전물질이 두 가닥 RNA로 구성되어 있고 인플루엔자 바이러스나 에이즈를 일으키는 HIV는 외가닥 RNA로 구성되어 있다. 한편 옥수수의 미토콘드리아에는 자기복제하는 외가닥 또는 쌍 가닥 RNA 플라즈미드가 존재한다.

21) Ferris J.P. and Ertem G. "Oligomerization of ribonucleotide on montmorillonite: reaction of the 5'-phosphoimidazolide of adenosine". *Science* (1992) **257**:1387-1389.

간구조는 촉매표면을 제공하기도 하고 때로는 매우 안정하여 잘 풀리지 않게 되면 복제를 위한 주형으로 작용할 수 없어 상보 가닥의 합성을 억제하는 결과를 가져올 수도 있다. 수소결합의 형성과 파괴에는 pH와 온도가 매우 중요한 역할을 한다. 원시 환경이 지금의 화산천(火山泉)과 같은 곳이라면 대류 현상에 의해 수소 이온 농도와 온도 변화를 크게 겪게 되겠으므로 촉매작용에 필요한 3차원적 공간구조와 자기복제에 유리한 직선구조를 번갈아 가며 나타낼 수 있을 것이다.

생명체의 발생 과정에서 해결해야 하는 문제는 생명정보 물질의 존재와 그 정보물질을 가능하게 하는 효소작용의 관계이다. 정보물질을 생산하고 정보를 발현시키는 과정에 효소가 필요하다. 그런데 효소를 만드는 정보는 정보물질에 수록되어 있다. '닭이 먼저냐? 알이 먼저냐?'의 문제에서 돌파구를 제공한 것이 리보자임(ribozyme)의 발견이다. 효소기능을 수행하는 RNA를 리보자임이라 한다. 무작위 서열의 RNA 표면에서 우연히 촉매작용이 일어나게 되었는데 이로써 RNA는 정보와 효소기능을 동시에 수행할 수 있게 된 것이다.

생명체가 진화함에 따라 정보의 저장과 복제기능은 화학적으로 안정되고 효율적인 DNA로 이전되고 효소기능은 더 다양한 촉매표면을 제공할 수 있는 단백질에 그 역할이 넘어가게 되었다. RNA는 유전정보에서 단백질로 발현되는 여러 과정을 진행하는 것으로 역할을 분담하게 된 것으로 보인다. 생명의 탄생이 이와 같은 과정을 거쳤다면 리보자임은 DNA와 단백질에 앞서 RNA가 생명의 진화를 선도하는 물질이었음을 깨닫게 해 주는 것이다.

생명의 기원에 기여할 것으로 기대되는 촉매작용에는 중합효소(polymerase) 기능, 연결효소(ligase) 기능, 절단효소(nuclease) 기능 등 실로 여러 종류들이 있다. 이러한 효소기능들은 선생체적으로 합성된 유기물 웅덩이 속에서 복잡하고, 다양한 RNA 집단을 형성할 것으로 짐작되는데 이를 'RNA 세상'이라 부른다. 명심해야 할 것은 많은 양의 뉴클레오티드가 선생체적으로 제공되어야 한다는 것이다. 그러나 뉴클레오티드가 무한정 제공될 수는 없다.

또한 중합반응 못지 않게 가수분해도 빈번히 일어날 것이다. 일단 가수분해 되어 NMP로 전환되면 그들이 다시 NTP로 활성화되기 전에는 다시 중합반응에 사용될 수 없다(그림 3-4). NMP를 NTP로 전환시키는 데 필요한 에너지를 공급하여야 한다. 이 때문에 에너지 변환 시스템이 필요하며 이러한 시스템을 가능하게 하는 막의 존재가 요구되는 것이다.

8. 자기복제물질의 출현

무작위 서열로 이루어진 폴리펩티드는 우연히 한번 만들어질 수 있으나 같은 것이 다시는 반복 생산되지 못하는 이유를 앞에서 설명한 바 있다. 그렇다면 폴리뉴클레오티드는 어떨까? 아미노산 100개로 이루어진 폴리펩티드를 생성하려면 최소한 300개의 뉴클레오티드 서열이 필요하다. 뉴클레오티드 4종류가 300개의 서열을 만들 때 생길 수 있는 조합의 수는 $4^{300}(\fallingdotseq 10^{180})$이다. 이 엄청난 조합의 경우 때문에 폴리뉴클레오티드의 무작위 서열은 반복 생산이 불가능한 것처럼 보인다. 특정한 서열이 반복 생산될 확률은 이 값의 역수이기 때문이다. 그러나 놀랍게도 무작위 서열의 폴리뉴클레오티드는 반복생산이 가능하다! 그 이유는 폴리뉴클레오티드의 반복생산이 마구잡이 중합과정에 의해 이루어지는 것이 아니고 자기복제에 의한 생산이기 때문이다. 자기복제 능력은 어디에서 생겨난 것인가? 말할 것도 없이 염기들의 상보적 수소결합에 기인하는 것이다. 염기와 같은 복잡한 유기화합물들이 서로 정해진 상대를 골라 짝을 짓다니 참으로 생명계의 신비로운 현상이라 아니할 수 없다. 염기쌍 결합의 상보성에 힘입어 핵산은 무작위 서열일지라도 정확히 자신을 복제해 낼 수가 있다.

RNA가 자기복제 물질이 되려면 원시 환경이 제공하는 뉴클레오티드로부터 자신의 서열을 중합시키는 촉매 기능을 얻어야 한다. 이러한 기능을 갖게 된 RNA를 복제효소(replicase)라 부를 수 있을 것이다. 몽모릴로나이트의 표면에서 일어난 중합반응으로 수 없이 많은 종류의 RNA 분자들이 있겠고 이들 중 하나가 중합반응을 일으키는 촉매표면을 얻어 중합효소 리보자임이 되면 그로부터 더 많은 RNA 분자들이 생산될 것이다. 그 많은 RNA 분자들 속에서 복제효소는 어떻게 복제할 대상을 알아볼 수 있을까? 한 가지 가설은 초기 복제효소가 유전체의 특별한 구조적 특징을 인식하여 복제를 개시한다는 것이다. 유전체 인식표(genomic tag) 가설[22]에 의하면, 복제효소는 유전체의 3'-말단 tRNA 유사 구조(3'-terminal tRNA-like structure)[23]를 복제 개시 신호로 삼아 이 구조를 가진

22) Weiner A. M. and Maizels N. "tRNA-like structures tag the 3' ends of genomic RNA molecules for replication: Implications for the origin of protein synthesis". *Proc. Natl. Acad. Sci.* USA, (1987) 84:7383-7387.

23) 많은 RNA virus(세균 virus Qβ, 식물 virus TYMV, BMV 등) 심지어 Neurospora의 미토콘드리아에 있는 Mauriceville retroplasmid들은 3'-말단에 tRNA와 유사한 CCA로 끝나는 머리핀 구조를 갖고 있는데 이는 RNA 복제효소(replicase)가 복제 개시 신호로 삼는 것으로 알려져 있다. 따라서 이 3'-말단 tRNA 유사 구조는 복제해야 할 유전체를 나타내는 인식표 역할을 하는 것으로 해석된다. 이와 비슷하게 3'-말단 tRNA 유사구조를 인식하는 여러 효소들이 있다. 이들 중에는 RNase P, tRNA 합성효소, CCA-첨가효소 등이 있다.

유전체를 주형으로 삼아 마지막 C부터 복제하는 것으로 알려져 있다. 그러나 많은 RNA 분자들을 주형으로 삼아 여러 벌(copy) 생산해 보았자 자기복제로 이어지지 않는다. 복제효소가 자기 자신을 복제할 때 비로소 자기복제가 이루어진다. 따라서 초기의 복제효소 리보자임은 복제 대상 유전체 뿐 아니라 자기 자신도 3'-말단 tRNA 유사 구조를 갖고 있어야 할 것이다. 복제의 속성상 복제효소 분자는 자신의 복제를 스스로 촉매할 수는 없다. 따라서 효율적인 중합효소 리보자임이 생성된 후, 3'-말단 구조를 붙여주는 효소가 생겨나 복제효소의 전신이 될 특정 중합효소 리보자임 뿐만 아니라 복제 대상 유전체에 복제 개시신호를 제공하게 될 것이다. 리보자임도 효소인 만큼 촉매작용에 참여할 작용기들을 알맞은 거리에 고정시켜야 하므로 이와 같이 자신과 기질의 분자 표면에 상보성을 요구하는 것이다. 복제효소 역시 예외가 아니다.

9. 유전암호와 tRNA

생명체에서 '생명의 신비'를 느낄 수 있는 곳이 한 두 곳이 아니겠지만 그 가운데서 가장 두드러진 것이 유전정보가 아닐까 싶다. 폴리뉴클레오티드 서열이 과연 어떻게 유전정보를 생성하여 생명체 전체의 청사진을 제공하는 것일까? 유전정보를 구성하는 기호는 다름 아닌 네 종류의 뉴클레오티드(A, G, C, 그리고 U)이다. 우리는 지난 단원에서 폴리뉴클레오티드의 연속되는 세 개의 염기서열이 암호단위(codon)가 되어 단백질 합성에 필요한 신호와 아미노산 종류를 지정한다는 것을 알았다. 이제 유전암호에 대하여 더 깊이 생각해 보자. 유전암호는 어떻게 생명체에 채택되었을까? 핵산의 염기서열을 폴리펩티드 서열로 전환시키려면 프랜시스 크릭의 제안대로[24] tRNA가 필요하다. 그런데 위에서 본 바와 같이 tRNA가 단백질 합성에 참여하기 전에 이미 그와 유사한 구조가 복제과정에 사용되었다. 최근의 연구에 의하면,[25] 원시 tRNA의 3'-CCA 말단에 결합된 염기성 아미노산이 – 전기를 띤 복제효소 리보자임과 역시 – 전기를 띤 RNA 유전체를 전기적으

---

24) 크릭은 핵산의 서열을 형성하는 염기가 비교적 소수성이며 단조로운 것에 비해 단백질을 구성하는 아미노산은 매우 다양하여 친수성, 소수성, + 또는 −로 전하를 띤 것들이 있어 단순한 화학적 친화력으로 두 서열이 직접 배열될 수 없다고 보았다. 또한 아미노산의 잔기들은 서로 유사한 것들이 많아 염기서열이 제공하는 화학적 환경으로 구분할 수 없다고 결론짓고 두 서열 사이에 매개물질이 필요하다고 제안하였다. 소위 'adaptor hypothesis' 라 불리는 이 가설은 실제로 tRNA를 발견함으로써 인정받게 되었다.

25) Maizels N. and Weiner A. M. "Phylogeny from function: Evidence from the molecular fossil record that tRNA originate in replication, not translation". *Proc. Natl. Acad. Sci.* USA, (1994) 91:6729-6734.

로 밀접하게 결합시켰을 것으로 짐작된다.

또한 현재 사용되는 tRNA의 L자 형태의 상부 구조(top half of tRNA)는 원래 유전체 인식표였고 하부 구조는 후에 진화된 것으로 보인다. 이들 두 상하부 절반 구조들은 원시 머리핀 구조가 중복되어 형성된 것으로 나타났다.[26] 이와 같은 가설은 tRNA의 수용체 줄기(acceptor stem)의 3, 4, 5번 위치에 나타나는 특수 아미노산에 대한 코돈이(또한 그에 상응하는 3' 위치에 안티코돈이) 안티코돈 고리(anticodon loop)에 안티코돈으로 재현되는 현상을 잘 설명해 준다.[27][28] 이제 tRNA 합성효소에 의해 충전된 tRNA는 코돈을 인식할 수 있게 된 것이다. 유전자의 중복(duplication)과 돌연변이로 안티코돈은 물론이고 tRNA와 결합하는 아미노산에 변화가 일어나 특이성이 생기면서 여러 종류로 분화된 것으로 보인다.

10. 유전자

우리는 지난 단원에서 유전정보란 반드시 단백질에 의해서만 실현되는 것이 아니고, RNA처럼 세포활동에 기여하는 산물의 생산에, 또는 유전자의 발현조절에 기여할 수 있다는 것을 알았다. 따라서 최초의 유전자로 마구잡이 서열의 RNA가 촉매기능을 얻게 된 특별한 구조적 특성, 그 RNA 촉매가 인식하는 3'-말단 tRNA 유사 구조 등을 꼽을 수 있겠다. 그 후 tRNA의 출현으로 RNA 서열을 폴리펩티드 서열로 전환시키게 되었는데 말하자면 구조정보가 서열정보에 앞서 발생된 것을 알 수 있다. tRNA를 매개로 일어나는 서열정보의 전환, 즉 번역과정이 어떻게 진화되었는지 잘 알려져 있지 않으나 매우 활발하게 발전하는 분야이다.

이제 두 충전된 tRNA 사이에서 일어난 펩티드 결합으로, 또 연속된 유사 반응으로 RNA 염기서열을 반영한 폴리펩티드가 초기 생명체의 생존에 어떤 유익함을 제공할지에 따라 진화적 운명을 맞이하게 될 것이다. 리처드 도킨즈(Richard Dawkins)는 진정한 진화의 단위는 유전자이며-이는 지금까지 정설로 받아들여 온 개체군 또는 종이라는 인식에서 벗어난 것이다-유전자야말로 오랜 세월을 거쳐 존속하는 단위로 개체는 오직 유전

26) Widmann J., Di Giulio M. Yarus M. and Knight R. "tRNA Creation by hairpin duplication". J. Mol. Evol. (2005) 61:524-530.

27) Moller W. and Janssen G.M.C. "Statistical evidence for remnants of promordial code in the acceptor stem of prokaryotic transfer RNA". *J. Mol. Evol.* (1992) 34: 471-477.

28) Di Giulio M. The origin of the tRNA molecule: Independent data favor a specific model of its evolution. *Biochimie*, (2012) 94:1464-1466.

자의 성공을 도와주는 '생존기계'에 불과하다고 주장하였다.

또한 모든 유전자는 이기적이어서 자신의 증식만을 위하여 행동한다 하였다.[29] 그러나 이러한 주장은 유전자의 적극적 복제과정을 지나치게 과장한 것이다. 어떤 유전자도 홀로 생존할 수 없다. 한 유전자가 작동하려면 그와 조화를 이루는 다른 유전자의 협력이 필요하다. 예를 들면, 복제효소 리보자임이 RNA 가닥을 주형으로 복제하려면 복제 대상인 유전체에 효소 리보자임과 상호작용할 구조가 필요하다. 이 구조가 3'-말단 tRNA 유사 구조임은 이미 언급한 바 있다. 효소작용을 하는 리보자임 RNA 구조는 복제할 유전체의 특수한 구조정보와 함께 자연선택 된다. 또 다른 예로 tRNA의 등장은 RNase P, tRNA 합성효소, -CCA 첨가효소 등이 함께 작용하였을 때 비로소 가능하게 되는 것이다. 진화는 이와 같이 여러 유전자들이 모인 하나의 시스템으로 진화적 평가를 받는다. 그러므로 유전자들은 재조합으로 끊임없이 새로운 유전자와의 연대를 시도하는 것이다. 그렇다면 유전자를 '이기적'이라기보다는 '유화적'이라고 하는 것이 올바른 평가가 아닐까 싶다. '이기적' 또는 '유화적'이라는 인간 세상의 가치 평가의 관념은 실은 진화를 바라보는 관점에서 비롯된 것이다. 유전자의 궁극적 '목표'는 성공적인 증식에 있다. 유전자들은 서로 간의 경쟁보다는 협력을 통해서 자연선택 된다. 이에 관한 이야기는 여기에서 일단 보류하고자 한다.

11. 생체막

많은 종류의 RNA가 생산되고 변화되는 역동적 환경의 'RNA 세상'은 그 생산에 필요한 뉴클레오티드가 충분한 양으로 공급된다는 전제에서 가능한 것이다. 이미 언급한 대로 RNA가 생산되는 것 못지않게 많은 양이 분해될 것이다. 뉴클레오티드가 실제로 무한정 제공될 수는 없는 노릇이다. 일단 분해되어 NMP로 되면 다시 중합될 수 없으므로 이를 NTP로 전환시켜야 한다. 'RNA 세상'에서 이 전환 과정에 필요한 에너지를 제공할 수 있는 방법은 매우 제한적일 수밖에 없다. 이미 위에서 언급한 기질수준 인산화가 한 방법이다. 그러나 에너지를 제공할 높은 인산기 전이 포텐셜(high phosphate-transfer potential)을 가진 기질 역시 양적 한계를 드러낼 수밖에 없다. 이러한 에너지 획득 방식-화학에너지에서 다른 화학에너지로의 변환-은 한계를 드러내므로, 원시세포는 좀 더 안정된 방법으로 에너지를 확보하여야 한다. 광인산화가 한 가지 대안이다. 여기에서 막의 필요성이 대두된다. RNA 세상에서 이룩한 자기복제 시스템은 기능분자(리보자임)와 복제 주형으

29) Richard Dawkins, 홍영남 옮김 「이기적 유전자」(*The Selfish Gene*), 을유문화사 2006.

로 사용될 RNA가 매우 인접한 공간적 관계 속에서 가능하다. 상호작용하는 물질들이 충분히 농축된 상태여야 효율적인 반응이 가능하며, 여기에서 얻은 생산물이 또 다른 반응에 참여하려면 이들이 분산되는 것을 억제해야 한다. 막의 출현을 요구하는 또 다른 이유이다.

수용액 환경 속에서 격리된 공간을 만들려면 소수성(hydrophobic) 칸막이가 필요하다. 비록 원시막일지라도 이러한 필요성에 의해 만들어졌다면 수용성 물질, 특히 활성단량체의 투과를 제한하였을 것이다. 지질은 이러한 막의 성질을 잘 표현할 수 있는 적합한 후보자이다. 실제로 현존하는 생물체의 세포막은 예외 없이 모두 인지질로 구성되어 있다. 인지질은 여러 가지 방법으로 선생체적 조건에서 합성되었다. 캘리포니아 대학의 디머의 연구실에서는 지방산 또는 지방산 알데히드, 글리세롤이 섞인 혼합물을 말린 다음에 65℃에서 1주일동안 가열하였다. 그 다음에 그들은 이들로부터 인산지질과 비슷한 물질을 얻었고 이곳에 물을 붓고 저어주면 막소포가 생성되는 것을 발견하였다.[30] 오로의 연구진은 인산지질들로 형성되는 소포체들이 시원세포였을 것이라는 가설을 제안하였다.[31] 이와 같이 인지질은 선생체적 조건에서 합성되고 안정된 소포를 생산하기도 한다. 그러나 인지질 소포는 투과성이 매우 낮아 일단 소포가 만들어지면 막 안팎의 물질들의 이동이 매우 제한된다. 특히 생명체에서 필요로 하는 친수성이거나 전기를 띤(charged) 분자들은 거의 완벽하게 차단된다. 이러한 비투과성 때문에 일부 학자들은 인지질 소포는 생명체 초기 진화에 큰 역할을 하지 못했을 것으로 생각하고 그 보다 투과성이 좋은 지방산 소포에 기대를 걸고 있다.[32]

그러나 최근의 한 연구에 의하면, 인지질은 묽게 희석된 모의(simulated) 세포 내용물 용액 속에서 소포를 형성하고 그 소포는 단백질을 포함한 필요한 물질들을 충분히 농축하고 더 나아가 '세포활동'을 수행하였다.[33] 형성된 인지질 소포는 예상대로 물질투과가 이루어지지 않아 소포 속에 포획된 거대분자들은 밖으로 빠져나가지 못하고 마찬가지로

30) Hargreaves et al., "Synthesis of phospholipids and membranes in prebiotic conditions". *Nature* (1977) 266, 78-80.

31) Rao M., J. Eichberg, J. Oró, "Synthesis of Phosphotidylcholine under Possible Primitive Earth Conditions" *J. Mol. Evol.* (1982) 18:196.

32) D.W. Deamer, "Boundary structures are formed by organic components of the Murchison carbonaceous chondrite" *Nature* (1985) 317:729-724.
Mansy Sheref S., Jason P. Schrum, Mathangi Krishnamurthy, Sylvia Tobé, Douglas A. Treco & Jack W. Szostak "Template-directed synthesis of a genetic polymer in a model protocell" *Nature* (2008) 454:122-125.

33) Stano P., E. D' Aguanno, J. Bolz, A. Fahr, and P. L. Luisi "A Remarkable Self-Organization Process as the Origin of Primitive Functional Cells" *Angew. Chem. Int. Ed.* (2013) 52:1-5.

포획되지 못한 거대분자들은 소포 속으로 들어가지 못하였다(Box; 원시세포에 관한 모의 실험).

원시세포에 관한 모의실험

생명의 기원을 연구하면서 맞닥뜨릴 어려움 중의 하나는 세포막의 존재일 것이다. 자기복제 물질이 이상적인 복제 환경을 만났다 하더라도 그것을 가두어 두고 지킬 수 있는 적절한 장벽이 필요하다. 수용액 속에서 수용액을 가둘 수 있는 방법은 소수성 물질로 가능하다. 지질, 특히 인지질이 가장 유력한 후보 물질이다. 이 물질은 물속에서 소포(vesicle)를 형성할 수 있다. 수용액 속에서 형성된 이 구획이 선세포가 요구하는 이상적인 환경을 유지할 수 있을 것이다. 문제는 소포 속에 고립된 자기복제 시스템이 어떻게 필요한 물질들을 충분히 농축된 상태로 얻을 수 있느냐 하는 점이다.

루이지(Pier Luigi Luisi)와 그의 동료들은 2013년에 발표된 연구에서, 상업용으로 거래되는 전사-번역 시스템(세포가 제거된)을 희석한 용액에 특성이 잘 밝혀진 인지질, 1-palmitoyl-2-oleoyl- sn-glycero-3-phosphotidylcholine(POPC)을 넣고 소포가 만들어지도록 하였다. 그런데 생성된 소포의 0.5%에서 희석된 용액에서는 결코 발현되지 않는 시스템 속의 유전자가 발현되어 녹색 형광단백질이 생산되었다. 이것은 시스템을 구성하는 83종의 거대분자들이 빠짐없이 모두 소포 속에 들어 있음을 의미한다. 0.5%가 비록 높은 수치는 아니지만 83 종류의 분자가 한 소포 속에 모두 들어갈 확률이 사실상 전혀 없다는 것을 감안하면 우연한 현상이 아니다.

또한 녹색 형광단백질이 생산된 것은 구성 물질들이 충분히 농축되었음을 뜻한다. 어떤 방식으로든 소포는 거대분자들을 포획하고 농축까지 한 셈인데 세포로 진화되는 과정에서 중요한 의미를 갖는 것으로 보인다.

만일 이러한 인지질 막이 선세포(pre-cell)를 형성하였다고 가정한다면 막 단백질이 작용하지 않는 물질 흡수과정을 제시하여야 할 것이다. 한 가지 가능한 방식은 소포들의 융합이다. 각각의 소포가 나름대로 농축, 포획한 물질들이 소포의 융합에 의해 합쳐짐으로써 새로운 물질을 획득할 수 있다. 한편 거대분자를 포함한 많은 유기분자들을 포함한 소포에 삼투압이 높아져 물 분자가 지속적으로 침투하게 될 것이다. 물 분자 흡수에 의한 소포의 팽창은 소포의 '성장'에 동력을 제공할 수 있다. 팽창하는 소포는 주변 인지질 분자를 더 많이 막에 편입시켜 커질 수 있겠으나 소포가 터지면 포함하고 있던 물질이 흩어지고 다시 새로운 소포 형성의 과정을 반복하게 된다. 이 과정은 한편으론 새로운 물질을 획득하는 계기가 될 것이다. 생명체가 탄생하게 되는 초기 지구의 환경에 급격한 온도 변화를 예상하는 것은 그리 어려운 일이 아니다. 화산 근처의 순환하는 물웅덩이나 굳이 화산이 아니더라도 밤낮의 기온 차가 지표면의 온도를 크게 변화시킬 수 있을 것이다. 높은 온도는 소포의 인지질 막을 녹여 해체시킬 수 있다. 해체된 인지질은 온도가 낮아졌을 때 다시 소포를 형성하게 될 것이다.

단원정리 3

지구에 사는 많은 생물들을 보면 과연 이들이 처음에 어떻게 생겨났는지 궁금해진다. 이 의문에 대한 해답으로 여러 가지 이론이 제시되었다.

창조론은 유대-크리스트교에서 제시한 이론으로 인간을 포함한 세상의 모든 것을 신이 창조하였다는 것이다. 창조론은 신앙을 바탕으로 성립된 것이어서 과학의 영역에서 다룰 수 있는 대상이 아니다. 자연발생설은 생명이 무생물 환경에서 저절로(spontaneously) 생긴다는 이론으로 그리스 시대에서부터 전해져온 것이다. 마치 불꽃이 스스로 발생하여 불을 일으키듯이. 여기에는 물질적 대상에 스며드는 프시케 또는 활력소라 일컫는 비물질적 요소가 작용한다는 주장이다. 자연발생설은 '생물은 오직 이전의 생물에서만 발생된다' 는 생물발생설과 오랫동안 논쟁을 벌려왔다. 이 논쟁에 종지부를 찍은 것이 1861년 파스퇴르의 '거위 목 플라스크' 실험이다. 생물발생설에 마지막까지 저항하던 미생물 영역까지도 자연적으로 발생되지 않고 이미 존재하던 것에서부터 증식되는 것으로 밝혀진 것이다. 이것으로 논쟁은 끝났으나 문제의 본질 곧, 생물의 발생에 관한 의문은 새롭게 대두되었다. 생물이 이미 존재하는 생물에서 생겨난다면 조상이 되는 생물, 또 그 조상의 조상되는 생물, 더 나아가 최초의 생물은 어떻게 이 땅에 나타나게 되었는가?

생명의 기원에 관해 암담한 처지에 놓인 과학계에 새로운 가능성을 제시한 것은 러시아의 과학자 오파린(Aleksandr Oparin)이다. 그는 최초의 생명체는 이미 만들어진 영양분을 사용하는 종속영양체이며 이 영양분들은 원시 지구의 대기에서 선생체적으로 합성되었다는 놀라운 주장을 펼쳤다. 더 나아가 최초의 생명체는 지구환경의 무기물들이 화학적 진화를 거쳐 간단한 유기물이 되고 그 유기물들은 더 복잡한 유기물로, 그것들이 생체물질로 점진적으로 변화되었고, 거기에서 생명체가 생겨난다는 것이다. 생명 기원에 관한 이와 같은 생각을 무생물발생설이라 한다. 언뜻 보면 자연발생설과 다를 것이 없어 보인다. 그러나 이 이론은 자연발생설과는 크게 다르다. 자연발생설에서는 복잡한 생물이 단시간에 발생하였다. 이에 비하면 무생물 발생설은 오랜 세월에 걸쳐 무기물이 '화학적 진화' 를 거쳐 유기물이 되고, 또 그것들이 더욱 복잡한 유기분자를 형성하고, 그러한 여러 종류의 유기분자들이 서로 결합하여 마침내 매우 단순한 최초의 생물이 된다는 것이다. 또한 자연발생설은 오늘날에도 생물체가 지속적으로 생성된다는 것인데 무생물 발생설의 경우 과거 지구의 특정 시기에 있었던 특수한 환경이 화학적 진화를 가능케 하였고 오랜 세월 변화되어 온 현재의 지구 상황에서는 이러한 화학적 변화가 불가능하다. 한 가지 더 중요한 차이는 무생물발생설에서는 생명으로의 전환에 더 이상 활력소와 같은 비물질적 요소를 인정하지 않는다는 점이다. 오파린의 생각은 원시 지구의 단순한 화학물질들이 점차 복잡한 것으로 변화하며 이러한 변천은 오로지 유물론적 변증법에 따라 이루어진다는 것이다.

생명의 기원에 관한 오파린의 가설에 생명을 불어 넣은 것은 시카고 대학의 대학원생이었던 스탠리 밀러(Stanley Miller)였다. 그는 오파린의 가설을 검증하기 위하여 원시 대기로 추정되는 수소(H_2), 메탄(CH_4), 암모니아(NH_3)와 같은 환원성 기체를 물과 함께 밀폐된 장치에 넣고 한편으로는 물을 끓이고 또 한편으로는 수증기와 기체들에 높은 전압으로 방전시켰다. 일주일 후 플라스크 안의 생성물을 분석하였더니 놀랍게도 여러 종류의 아미노산과 유기산들이 포함되어 있었다. 밀러의 연구가 기폭제가 되어 원시 지구를 모방한 많은 실험이 수행되었고 그 결과 생명체에 필수적인 많은 물질들, 예를 들면, 아미노산, 당, 퓨린, 피리미딘 및 일부 뉴클레오시드, 지방산, 비타민류들이 합성되었다.

여러 종류의 생체물질이 합성되었다 하여도 최초의 생명체가 나타나기에는 아직 해결되어야 할 과제가 쌓여 있다. 아미노산 및 뉴클레오티드를 중합하여 생명체 형성에 필요한 폴리펩티드와 폴리뉴클레오티드를 합성하는 일, 자기복제물질의 복제체계를 확립하는 일, 환경과 구별 짓는 경계 막을 갖추는 일, 생체 고분자들을 합성하는 데 필요한 에너지를 확보하는 일, 자기복제물질에서 유전암호, 생명 조직의 정보를 형성하는 일, 기본물질로부터 생체분자를 생산하는 신진대사 과정을 수립하는 일, 이 모든 것을 안전하게 후손에게 전달하는 생식과정을 확립하는 일들이 있다.

생명체 출현의 초기단계에서는 아미노산이나 뉴클레오티드의 중합체들은 마구잡이(random) 서열을 이루었겠지만 이들이 생명체의 일부가 되려면 반복 생산이 가능하여야 한다. 동일한 서열을 가진 중합체를 얻으려면 이들의 서열이 필연적 과정을 거쳐 생산되어야 하며 그것은 곧 서열에 관한 정보를 요구한다. 초기의 폴리뉴클레오티드는 DNA보다는 RNA가 더 유력하다. RNA가 더 원시적 물질이라는 여러 가지 증거가 있다. 뉴클레오티드 중합체들은 질소염기들의 상보성에 의존하여 동일한 서열을 가진 중합체(폴리뉴클레오티드)를 생산할 수 있다. 따라서 무작위로 합성된 RNA의 서열을 주형으로 삼아 상보적 서열(－ 서열)을 생산하고 새로 생산된 서열을 주형으로 또 다시 상보적 서열(＋ 서열)을 생산하면 처음 시작하였던 서열과 동일한 것을 얻게 된다. 이 과정을 복제라고 한다. 비록 처음 중합될 때에는 마구잡이로 서열을 이루었지만 복제로 생산된 서열은 마구잡이가 아니며 필연적 절차에 의해 얻어지는 것이다. 아미노산도 여러 가지 방법으로 중합되어 마구잡이 서열을 가진 폴리펩티드를 생산할 수 있다. 폴리뉴클레오티드이든 폴리펩티드이든 정보서열 중합체를 합성하려면 적절한 촉매표면과 활성단량체(화학적으로 활성화된 변형 단위체)가 필요하다. 활성단량체가 되려면 에너지를 투입하여야 한다. 활성단량체는 중합과정에서 에너지를 잃고 기존 중합체에 첨가된다. 중합체들은 수용액 속에서 쉽게 가수분해 되어 단량체로 흩어지는데 이들이 다시 중합되려면 활성단량체로 전환되어야 한다.

아직 생명체가 되기 전이지만 단순한 것에서 복잡한 체제로 가는 과정, 이를 유지하는 과정에는 많은 에너지가 필요하다. 이 에너지는 대부분 ATP의 형태로 공급되는데 이것은 ATP에 결합된 마지막 한 개의 인산이 끊어지면서 표적화합물을 인산화 함으로써 이루어진다(뉴클레오티드 중합과정에서는 NTP에 결합된 마지막 두 개의 인산이 끊어지면서 NMP가 중합체에 결합된다). 에너지를 잃은 ADP나 NMP는 또 다른 에너지 소모 반응을 위하여 ATP(NTP)로 재생되어야 한다. 여기에 필요한 에너지는 외부에서 공급되어야 한다. 선생체적으로 합성된 높은 인산기 전이 포텐셜(high phosphate-transfer potential)을 지닌 화합물이 ADP(NMP)에 인산을 제공하여 ATP(NTP)를 복원할 수 있다. 이런 과정을 기질수준인산화라 한다. 기질수준인산화는 에너지를 제공할 물질의 공급에 한계가 있기 때문에 만족할 만한 방법이 아니므로 대체 수단이 필요하다. 어쩌면 광인산화가 대안일 수 있다. 여기에서 언급하는 광인산화는 현재 고도로 진화된 생물체에서 발견되는 것보다 훨씬 원시적인 것이다. 예컨대 원시 세포막에 끼어 들어간 퀴논이 자외선을 받아 퀴놀 라디칼을 형성하고 여기에 인산이 작용하여 퀴놀인산을 형성할 수 있다. 자체에서 만들어진 퀴놀인산은 기질수준인산화의 방법으로 ADP(NMP)에 인산을 전달하여 ATP(NTP)를 생산할 수 있다.

뉴클레오티드의 중합은 초기에는 몽모릴로나이트와 같은 자연계의 물질이 촉매로 작용하여 무작위 서열을 이루겠으나 후기에는 RNA 주형에 의한 상보적 서열을 생산할 수 있고 여기에서 다양한 RNA가 생길 수 있다. 말하자면, + 사슬, − 사슬, 긴 사슬, 짧은 사슬, 여러 RNA의 혼합 사슬 등이다. RNA 사슬 내부의 염기서열이 상보성을 띠는 구간에서 수소결합이 형성되면 특별한 공간구조를 만들어 낼 수 있고 이것이 촉매 표면으로 작용할 수 있게 된다. 촉매작용을 수행하는 RNA를 리보자임(ribozyme)이라 한다. 여러 가지 기능을 가진 리보자임이 만들어졌을 것으로 예상되며 그 중에는 중합효소, 연결효소, 복제효소 등이 있다.

복제효소는 RNA를 복제할 수 있다. 유전체 인식표(genomic tag) 가설에 의하면, 복제효소는 유전체의 3'-말단에 -CCA로 끝나는 tRNA 유사 구조(3'-terminal tRNA-like structure)를 복제 개시 신호로 사용한다. 복제시스템이 안정하게 유지되려면 복제효소 자신도 복제되는 유전체의 일부로, 또는 독립적 유전체 인식표를 갖고 있어야 한다. 어떤 RNA 절편은 특별한 아미노산과 결합하게 되는데 이것도 특별한 리보자임의 촉매작용으로 가능한 것이다. 오늘날 생명체의 일부 아미노산·tRNA 합성효소(aminoacyl-tRNA synthetase)가 리보자임인 것은 중요한 의미를 갖는 것이다. RNA 절편은 반복적으로 복제되는

데 간혹 복제 실수에 의한 변형이 발생한다. 변형 RNA 절편에 기존의 아미노산은 결합할 수 없고 다른 아미노산이 결합하게 될 터인데 이로써 다양한 유전암호가 생성될 수 있는 것이다.

생명체가 탄생하기 전에 이루어지는 많은 화학적 진화과정에서 중합체의 생성은 필수적이다. 어떤 중합체들은 비록 무작위 서열로 이루어진 것이지만 매우 중요한 기능을 나타낼 수 있다. 이들이 환경으로 흩어지지 않게 억제하고, 여러 가지 화학반응이 효율적으로 진행되려면 물질이 농축되어야 한다. 수용액 속에서 화학물질을 농축하고 생산된 물질의 분산을 막으려면 수용성 물질의 투과 장벽이 필요하다. 생체막이 필요한 이유이다. 중합체 생산과 유지에 많은 에너지가 쓰인다. 에너지 생산 시스템은 막을 이용한 광인산화가 유력하며 이것이 생체막을 필요로 하는 또 다른 이유이다. 원시 생체막을 구성하는 물질로 가장 유력한 후보는 인지질이다. 인지질 이중층(phospholipid bilayer)은 수용성 물질, 특히 이온 물질의 투과 장벽으로 효과적이다. 성공적인 장벽은 외부 물질의 농축, 흡수에 관한 문제를 대두시켰다. 최근의 연구에 따르면 인지질은 묽게 희석된 모의(simulated) 세포 내용물 용액 속에서 소포를 형성하고 그 소포는 단백질을 포함한 필요한 물질들을 충분히 농축하고 더 나아가 '세포활동'을 가능하게 하였다.

과학자들은 초기 생명체에 가장 먼저 필요한 과정이 무엇인지를 놓고 제각기 의견이 분분하다. 필자의 견해로는 복제과정이 처음 시작되겠지만 이 과정이 완전히 정착되려면, 가수분해 되어 에너지를 상실한 뉴클레오티드를 활성화시킬 수 있는 에너지 변환 과정이 반드시 확립되어야 한다. 이것은 생명체가 되기 위하여 반드시 갖추어야 할 속성이다. RNA 세상에서 다양한 서열을 가진, 다양한 기능을 가진 리보자임이 생산되면 여기에서 유전암호가 생성될 수 있다. 신진대사, 특히 효소의 연쇄반응이 필요한 에너지 생산과 그것에 관련된 대사과정은 유전자가 확립된 후에나 형성될 것이다.

단원

4 생명체의 다양성과 동일성

1. 진화론

진화론은 지구상의 생물종이 시간이 지나면서 점차 변화한다는 이론이다. 물론 이 시간은 한 개체의 수명보다 월등히 긴 세월이어서 우리가 일상생활에서 진화를 목격하기는 쉽지 않은 일이다. 사람들은 왜 뜬금없이 진화라는 이론을 생각하게 되었을까? 좀 생뚱맞을는지 몰라도 생물의 분류를 하다 보니 그리 되었다. 인간의 지적 활동 중의 하나는 분류하는 습성이다. 분류는 사물의 공통점과 차이점을 근거로 그것들을 모으거나 나누는 역할을 한다. 이렇게 함으로써 사물에 대한 이해가 빨라진다. 우표를 수집하는 사람은 자신의 우표를 나라별로 분류하기도 하고, 주제별로 가르기도 하고, 어떤 사람은 우표발행 연도에 따라 분류하기도 한다. 암석을 수집하는 사람은 암석의 색깔, 무게, 강도에 따라 분류하기도 한다. 이런 분류 방식은 사물의 특징을 관찰하고 그 결과에 의하여 분류하므로 관측분류라고 한다.

암석을 오직 관찰한 특징(예를 들어 색깔)에 따라 분류하였을 때에는 암석을 이해하는데 한계가 있다. 지질학자들은 암석의 형성과정에 대한 그들의 가설을 적용하여 화성암, 퇴적암, 변성암 등으로 나누고 각각을 세부적으로 더 분류한다. 암석 생성에 관한 이론을 기초로 분류하므로 이런 분류방식을 이론분류라고 부른다. 이론분류가 더 높은 지식의 확장성을 제공하므로 사물을 쉽게 이해할 수 있도록 한다. 이론분류가 선호되는 이유이다. 생물에 관한 분류는 어떠한가? 현재 지구상에 등록되어 있는 생물은 약 180만[1] 종이다. 이 방대한 양의 생물을 분류하는 일은 결코 쉬운 일이 아닐 것이다.

그리스 시대부터 생물을 분류하였는데 아리스토텔레스는 기원 전 350년경에 몇 백 종의 동, 식물을 분류하였다. 그는 식물의 경우 크기를 기준으로 초본, 관목, 교목으로 분류하고 동물은 그들의 서식지에 따라 수생동물, 육상동물, 하늘을 나는 비행동물 등으로 나누었다. 이는 전형적인 관측분류이다. 아리스토텔레스는 또한 생물 종들은 고정되고

1) 매년 수천 종이 새로 분류되며 많은 연구자들은 아마도 지구상에는 1천만 내지 1억 종이 존재하리라고 생각한다.

영구적이어서 그들이 속해 있는 분류체계를 영구히 벗어날 수 없다고 생각하였다. 그것은 당시 사회의 질서를 지탱하는 사람들의 신분 세습과 관련되어 있을 것이다. 바람직한 사회는 구성원들이 각자 맡은 직분을 충실히 수행하면서 그 속에서 행복을 추구하는 체제였을 테니까.

동식물의 분류는 18세기에 들어와 카를 린네(Carl Linné)[2]에 의하여 체계적으로 이루어졌다. 각 생물들의 형태적 특성을 바탕으로 유사성과 차이점을 부각시켰다. 그의 이러한 과학 활동은 거대한 생명체계에서 특수한 지위를 차지하도록 창조된 각 생물들의 위치를 확인함으로써 자연 안의 질서를 발견하는 것이었다. 그는 분류의 기초로 두 개의 가정을 채택하였다. 첫째는 비록 한 종에 있어서도 많은 변이가 있게 마련이지만 각 종에는 그에 속하는 모든 개체들을 비교할 대상이 되는 이상형이 있다는 것이다. 그 이상형과 비교하여 비슷한 것은 그 종으로 편입되고 다른 것은 다른 종으로 분리된다. 둘째는 종의 수와 종류는 고정되어 있다는 것이다. 말하자면 생물종은 변화되지 않는 것이다.

고대와 근대 서양에서 생물을 바라보는 관점이 이처럼 생물체의 진화를 원천적으로 부정하는 입장에 있었다. 그러나 생물 분류를 계속해 나가다 보니 많은 어려움에 처하게 되었다. 우선 어떤 생물은 분류하기가 매우 어렵다. 두 종 사이에서 양쪽 모두와 유사한 점이 발견되기 때문이다. 어떤 종류의 원생생물은 식물처럼 광합성을 하여 식물의 특징을 가지고 있으나 동시에 활발히 움직이며 때로는 먹이활동도하기 때문에 동물의 속성 또한 지니고 있다.

우리가 텔레비전을 통해 즐겨보는 '동물의 왕국'에는 많은 개과 동물들이 등장한다. 늑대, 승냥이, 코요테, 여우, 너구리, 오소리, 자칼, 리카온 등. 어떤 것들은 너무 비슷해서 전문가들 사이에서도 같은 종으로 해야 할지, 다른 종으로 분류해야 할지 의견이 나뉜다. 이보다 더 난감한 경우는 화석을 접할 때이다. 화석생물들은 대부분 매우 오랜 과거에 살던 생물이다. 이 생물들을 분류하려다 보니 현재 살아 있는 생물과 비슷하지만 완전히 동일한 종이라고 결론지을 수가 없다. 거의 모든 화석생물이 같은 처지에 있다.

왜 화석생물은 현재까지 살아 있지 않는가? 또한 현재 살고 있는 동물의 조상들이 과거에도 지구상에 있었음이 분명하다면 왜 현재 종의 화석이 수억 년 전의 지층에서는 발견되지 않는가? 현재 살아 있는 종이 화석생물과 비슷하지만 동일하지 않은 것은 과거에 살던 화석생물이 이들의 조상이며 오랜 세월동안 여러 세대를 거치면서 점차 변하였기 때문에 달라진 것은 아닐까?

2) 스웨덴의 식물학자(1707~1778). 생물 종을 분류하는데 이명법을 사용하였는데 그 방법이 오늘날까지도 사용된다.

생명체들에서 공통점과 다양성을 발견하면서 사람들은 생물이 기나 긴 생존의 역사 속에서 조금씩 변화되었을 것이란 생각을 갖게 되었다. 기원 전 550년경에 살았던 그리스의 철학자 아낙시만드로스(Anaximandros)[3]는 생물체는 물에서 간단한 형태로 태어나 점차 복잡하게 발전되었다고 주장하였다. 그 주장의 과학적 근거를 떠나서 아마도 최초의 진화론자로 여겨진다. 18세기 후반 프랑스의 뷰퐁(Buffon)[4]은 화석과 지질학 연구를 통해 지구의 나이는 당시 교회에서 주장하는 6천년 보다 훨씬 오래된 7만 5천년이며 화석생물은 현재 살아 있는 동물과 공통점을 갖는다고 하였다. 더 나아가 생물들은 그들의 기원(창조) 중심에서 벗어나 널리 퍼지며 다양하게 생성된다고 주장하였다. 그러나 그는 자신의 생각을 일관성 있게 유지하지 못하고 종은 고정되어 있다고 발표함으로써 린네를 맹렬히 비난하던 자신의 입장에서 후퇴하였다.

또한 다윈 이전의 진화론자로서 굳건히 지킬 수 있었던 명성을 날려버렸다. 왜 이런 일이 벌어지는가? 그 이유는 생명계에서 나타나는 유사성과 다양성의 상호관계를 이해하지 못하였기 때문이다. 생물은 세균과 같이 눈에 보이지도 않는 작은 미생물에서부터 코끼리나 흰수염고래처럼 엄청난 크기의 동물 등 다양하다. 어떤 것은 태양 에너지를 이용하여 자신이 필요한 영양분을 만들어 낸다. 그러나 태양 에너지와는 전혀 관련이 없는 환원성 무기물에서 에너지를 생산하는 무리[5]들도 있다.

바다 깊은 곳에 100℃가 넘는 화산 분화구 근처를 서식지로 삼는 생물이 있는가 하면 극한의 추위 속에서 사는 극지 생물도 있다. 이 모든 생물들이 동일한 세포 구조를 가지고 있고 그 속에 동일한 형태의 화합물로 이루어진 유전정보를 지닌다. 유전정보는 모든 생물에서 동일한 방식으로 암호화되어 있고 역시 똑같은 과정을 거쳐 발현되는 것이다. 또한 기본적인 신진대사가 모든 생물에서 거의 동일하며 생식에 관련된 작용 메커니즘이 같다. 엄청난 다양성에도 불구하고 일관되게 나타나는 동일성은 무슨 연유일까? 이 파라독스를 설명하는 것은 진화설이다. 모든 생물이 공통조상에서 유래되었으며 오랜 세월 진화하면서 서로 달라졌음을 뜻하는 것이다.

1800년 대 초에 라마르크[6]는 화석생물이나 현존하는 생물들에서 나타나는 다양성은

3) 그리스의 철학자. 탈레스의 제자.
4) Georges-Louis Leclerc comte de Buffon (1707-1788)
5) 황산화세균, 질화세균, 철산화세균 등은 환원성 무기 화합물에서 에너지를 생산하여 이산화탄소를 포도당으로 동화시키는 데 사용한다.
6) Jean Baptist Larmark(1744-1829) 프랑스의 군인, 생물학자. '용·불용설'과 '획득형질의 유전'으로 널리 알려진 그의 진화설은 비록 획득형질의 유전이 불가능하다는 와이스만(August Weismann)의 '생식질 유전설'에 의해 완전히 부정되었지만 최초의 과학적 접근이라는 평가를 받는다. 최근에 와서 후성유전학이 발전하면서 획득형질이 유전자 자체를 변화시키지는 못 할지라도 후손에 형질

생물이 진화한다는 증거라고 주장하여 진화론을 지지하였다. 그는 단순히 생물이 진화한다는 것을 주장할 뿐만 아니라 진화의 작용원리를 제시하였다. 먼저 개체는 신체의 일부를 많이 또는 적게 사용함으로써 특정한 형질을 발전 또는 퇴화시킨다. 이렇게 형성된 획득형질은 후손에 전달됨으로써 종은 그들의 환경과 상호작용으로 진화한다고 하였다. 첫 번째 가정, 즉 빈번하게 사용하고 단련시키는 신체 기관은 점점 더 기능이 좋아지고 발전되고 그렇지 않은 것은 위축되고 퇴화된다는 용, 불용설(use and disuse)은 우리의 일상생활을 통해서 옳다는 것을 익히 알고 있다. 획득형질이 유전된다는 두 번째 가정 역시 매우 그럴 듯하고 매력적이어서 오랫동안 많은 사람들을 빠져들게 하였다. 그러나 멘델의 유전법칙이 발견되고 돌연변이의 생성원리 등 유전학이 발전하면서 획득형질의 유전은 지지 기반을 잃고 거의 소멸되었다. 최근의 분자생물학적 지식이 축적되면서 새로운 동력을 얻어 또 다시 조심스럽게 머리를 들고 있다. 획득형질에 대하여 뒤에서 더 깊이 논의하고자 한다.

2. 찰스 다윈

찰스 다윈(Charles Darwin, 그림 4-1)은 1809년 2월 12일 미국의 에이브러햄 링컨과 같은 날 태어났다. 그는 아버지의 영향으로 에딘버러 대학에서 의학공부를 시작하였으나 흥미를 느끼지 못하고 동식물 관찰과 채집에만 열중하였다. 의학공부에 별다른 성과를 얻지 못하자 그의 아버지는 그를 신부가 되도록 케임브리지 대학(Christ's College, Cambridge)에 입학시켰다. 다윈은 그곳에서 신부이자 식물학 교수인 존 헨슬로우의 제자가 되었다.

1831년 1월에 신학학위가 아닌 일반 학위를 받고 졸업한 후 얼마 되지 않아 헨슬로우의 추천으로 탐사선 비글호(HMS Beagle)에 승선할 수 있게 되었다. 비글호는 남미 해안을 측량하는 임무를 띠고 2년에 걸친 항해를 예정하고 있었다. 다윈은 자연학 연구자로서 독자적으로 동식물을 연구, 채집하게 되었는데 이 때 그의 나이 스물두 살이다. 2년을 예정하던 탐사여행은 5년이 걸려서야 막을 내렸고 그동안 다윈은 많은 양의 지질학적, 생물학적 표본을 수집하고 탐구하였다. 탐사를 마치고 돌아온 후 수집한 자료를 정리하고 저술활동을 하면서 때때로 그 연구결과를 발표하였다. 연구를 진행하면서 지속적으로 확신을 갖게 된 것은 종이 점차 변화(transmutation)한다는 것이다. 문제는 그의 지지자

을 물려주는 유전자 발현방식에 변화를 가져올 수 있으므로 라마르크의 이론이 다시금 각광을 받고 있다.

그림 4-1 찰스 다윈의 초상.

나 비판자들이 제기하듯이 생물종이 어떻게 변화하느냐이다. 다윈은 탐사기간 동안 연구한 지질학, 해양 무척추동물에 관한 내용을 저술하여 발표하는 한편 진화에 관련된 방대한 양의 저술을 진행 중이었다.

그러던 어느 날 앨프리드 윌러스(Alfred Russel Wallace)[7]가 보낸 한 통의 편지를 받고 소스라치게 놀랐다. 진화에 관한 자신의 견해와 거의 동일한 내용이 적혀 있었던 것이다. 몇 십 년의 연구 결과가 발표하기도 전에 다름 사람의 업적으로 세상에 알려지게 될 상황이었다. 이를 안타깝게 여긴 친구들의 도움으로 두 사람은 1858년 공동 명의로 자연선택에 관한 논문을 발표하기에 이른다. 이 일로 자극을 받아, 그 동안 여유를 갖고 신중하게 집필해 오던 그의 거작을 완성하는 데 박차를 가하여 마침내 1859년 11월에 출판하였다. 우리에게 '종의 기원'이란 이름으로 친숙하게 된 'On the Origin of Species by Means of Natural Selection'이다.

7) Alfred Russel Wallace (1823-1913) 탐험가, 생물학자. 인도네시아에서 다양한 생물들을 연구하였고 맬서스의 '인구론'에 깊은 인상을 받았다. 진화에 관한 자신의 견해를 피력한 편지를 다윈에게 보내 두 사람이 거의 같은 이론을 독자적으로 체계화한 것을 알게 되었고 두 사람은 공동 저술로 자연선택에 관한 논문을 발표하였다.

3. 자연선택설

「종의 기원」에서 다윈은 서로 다른 종이 어떻게 공통조상에서부터 생겨나는지 그 생성 원리를 밝혔다. 맬서스(Malthus)가 '인구론'에서 지적한 대로 인간뿐만 아니라 야생 생물 종에서도 생식활동은 매우 활발해서 새로 태어난 새끼가 죽지 않고 모두 생존한다면 개체 수는 그들의 서식환경에서 감당할 수 없을 정도로 불어나게 된다. 즉, 생물의 생식력은 개체 수를 그들의 환경이 허용하는 한계 이상으로 증식시킬 수 있는 잠재력이 있다. 그러나 실제 자연계에서는 개체 수가 무한정 늘어나지 않는다. 환경이 제공하는 먹이, 서식지, 포식자, 극복해야 할 여러 가지 열악한 환경조건 등으로 많은 개체가 생식의 기회를 갖기도 전에 죽음을 맞이한다. 결국 집단의 개체 수는 큰 변화 없이 거의 일정하게 유지되는 것이다. 모든 개체들에게는 생존을 위하여 극복해야 할 어려움이 있는 것이다.

흔히 'struggle for existence'를 생존경쟁이라고 번역한다. 이는 개체들 사이에서 생존을 두고 벌이는 피나는 투쟁을 연상시킨다. 물론 개체들 간에 먹이를 두고 또는 서식지를 두고 다툼이 일어나기도 한다. 그러나 개체들의 생존에 영향을 주는 요소에는 자연환경에서 유래하는 요인들도 무수히 많다. 필자는 환경요인 중에 생물환경, 그 안에서도 종내 경쟁만을 유독 강조하는 듯한 '생존경쟁' 보다는 '생존을 위한 몸부림'이라고 풀이하고 싶다.

한편 생물의 개체군[8]에는 많은 변이가 있다. 개체들마다 독특한 특징을 갖고 있는 것이다. 이들 변이 중에는 개체가 살아가면서 얻은 것도 있고 일부는 부모에게서 물려받은 것도 있다. 다윈은 이러한 변이가 어떤 과정을 통해 나타나는 것인지 알지 못하였다. 그러나 이것으로 다윈을 탓할 수는 없는 일이다. 당시의 생물학 수준으로는 유전현상을 이해하지 못하였고 더구나 독특한 유전형질을 나타내는 대립형질이 어떻게 생겨나는지 알 길이 없었다.

멘델의 연구가 발표된 것은 1865년의 일이고 그의 업적이 일반에게 알려진 것은 1900년이었다. 흔히 다윈의 비판자들은 변이의 근원을 제시하지 못한 것이 진화론 자체의 치명적인 결격사유인 것처럼 주장한다. 이러한 태도는 자연과학의 발전과정을 전혀 이해하지 못하는 데에서 기인한다. 유전적 변이가 있다는 사실을 안 것만으로 충분하다. 사과가 나무에서 떨어진다는 사실을 인지했으면 되었지, 사과가 익어가면서 나무와 꼭지 사이에서 일어나는 생리적 변화를 알지 못한다 해도 만유인력의 법칙은 위대한 것이다. 어찌 되었건 개체군에는 다양한 유전성 변이를 가진 개체들이 있고, 개체군 중에서 일부의 개

8) 개체군(population)은 동일한 지역에 함께 서식하는 동일한 종으로 구성된 개체들의 무리를 일컫는다.

체만이 생존하게 될 바에는 환경에 더 잘 맞는 변이가 유리할 것이다. 말하자면 (최)적자 생존(survival of the fittest)이다. 살아남은 개체들은 상대적으로 환경에 더 잘 맞는 변이를 지닌 것들이다. 환경에 더 적합한 것은 더 잘 살아 남고 따라서 더 많은 생식의 기회를 가지며 그 결과 더 많은 자손을 갖게 될 것이다. 오랜 시간이 지난 뒤에 개체군에는 환경에 유리한 유전성 변이를 나타내는 대립인자[9]의 빈도가 매우 높아질 것이다. 개체군의 생존자들을 환경이 선택하여 준 셈이다. 이를 자연선택(natural selection)이라 한다.

여기에서 조심해야 할 부분이 있다. 많은 사람들이 필자가 말하는 '환경에 더 잘 **맞는 (적합한)** 변이'를 흔히 '환경에 더 잘 **적응한** 변이'로 잘못 이해하곤 한다. 이는 적응(adaptation)의 의미를 오해한 데서 비롯된다. 적응이란 생존에 도움을 주는 유전된 형질이다. 말하자면 적응은 자연선택의 결과이다. 적응을 '환경에 맞추어 자신을 변화시킨 결과'[10]로 풀이하면 그러한 적응이 자연선택을 유발한다고, 즉 적응이 자연선택의 대상을 제공하는 것이라고 잘못 이해하게 된다. 이것은 전형적인 라마르크의 견해이다. 생리적 적응은 후손으로 전달되지 않기 때문에 진화로 이어지지 않는다. 원인과 결과를 혼동함으로써 정반대의 결론에 도달하게 되는 것이다. 비록 같은 종이었으나 서식환경의 차이에 따라 서로 다른 방향으로 자연선택 되고 오랜 세월이 지난 후에는 각자의 환경에 대한 적응이 크게 달라서 두 집단 사이의 생식적 교류가 끊어지면서 결과적으로 서로 다른 종으로 갈라진다.

4. 획득형질의 유전

라마르크는 생물의 형질은 환경의 도전에 응하여 자신의 필요에 따라 환경에 적합하게 변형되는데 이렇게 획득한 형질이 진화를 이끌어가는 중요한 요소라고 주장하였다. 나뭇잎을 따 먹는 기린이 여러 세대를 걸쳐 목을 길게 발달시켜 점점 더 높은 가지의 잎을 먹을 수 있게 되었다는 설명이다. 여기에 대한 다윈의 설명은 단순히 "자연선택에 의한 최적자 생존(survival of the fittest)"으로 요약된다. 두 견해 사이에는 중요한 차이가 있게 되는데 그것은 바로 변이가 나타나는 시점이다. 라마르크의 경우엔 변형된 형질이 환경

9) 대립인자를 유전자의 여러 가지 다른 형태라고 정의할 수 있다. 대립인자는 근원적으로 유전자의 돌연변이에 의해 생긴다. 낫꼴적혈구 빈혈증(sickle cell anemia)은 헤모글로빈 유전자의 돌연변이에 의한 것이다. 이 돌연변이 유전자와 정상 유전자를 서로 대립인자라 부른다.

10) 개체가 특정한 환경에서 생존하다 보면 나름대로 특수한 변형, 예를 들면 신체 구조적, 생리적 변화를 겪게 된다. 이러한 변화를 생리적 적응(physiological adaptation)이라 하는데, 이때 사용하는 적응은 진화적 적응(evolutionary adaptation)과는 다른 의미이다. 진화론에서 말하는 적응은 생존에 도움을 주는 유전된 형질, 즉 자연선택의 결과 얻어진 형질을 뜻한다.

의 압력에 대응하여 비로소 형성된 것이지만 다윈의 변이는 환경이 가혹한 선택을 행하기 이전에 이미 존재해야 되는 것이다.

아이러니컬한 사실은 다윈 역시 획득형질의 유전을 믿고 있었다는 점이다. 그는 획득형질이 부분적으로 종의 변이에 기여한다고 생각하였다. 다윈은 유전에 대한 가설로 범생설(pangensis)을 내세웠는데, 그에 의하면 제뮬(gemmule)은 눈에 보이지 않는 작은 유전단위로 모든 세포에 존재하는 온몸의 축소판이다. 제뮬은 환경의 영향을 받아 수와 형태가 변화하며 혈액을 통해 생식기관으로 스며들어가 생식세포에 융합된다. 수정이 이루어지면 양친에서 유래된 제뮬들이 그들의 획득형질과 함께 각각의 신체기관으로 성장한다는 것이다.

그러나 획득형질의 유전은 강력한 반론에 부딪치게 된다. 아우구스트 바이스만(August Weismann)은 유전은 오직 생식세포에 의해서 이루어지며 생식세포에서 유래된 형질은 체세포로 그대로 전달될 뿐, 체세포의 어떠한 형질(예를 들면 획득형질)도 생식세포에 전달될 수 없다(바이스만 장벽)고 하였다. 결국 유전적 형질이 세대를 거쳐 계승되는 것은 오로지 생식세포에 의해서만 가능하다. 이것이 소위 생식질 연속설(continuity of germ plasm theory)이다. 그가 생쥐 68마리의 꼬리를 자르고 5세대에 걸쳐 교배하여 901마리의 후손을 얻는 동안, 꼬리 없는 새끼는 한 마리도 없었을 뿐만 아니라 꼬리의 길이는 조금도 줄어들지 않았다. 이 실험은 획득형질의 유전을 부정하기 위해 채택하기에는 어설픈 점이 있지만 바이스만 장벽을 설명하는 극적 효과가 있다.

멘델의 유전법칙이 1900년에 재발견되고 나서 유전형질이 후손으로 전달되는 과정을 비로소 이해하게 되었다. 이어서 초파리 연구의 결과 변이의 근원인 돌연변이의 발생 원인을 밝히고, 집단유전학을 통해 개체군 속의 변이의 역동성을 파악하게 되었다. 이렇게 하여 다윈의 원래 이론에서 획득형질의 유전 부분을 제거하고 유전학, 집단생물학의 지식을 첨가하여 확장된 이론, 신다윈주의(Neo-Darwinsm)가 탄생하였다.

획득형질의 유전은 자체로 매우 매력 있는 이론이어서 근래에까지도 여러 사람들이 그 믿음을 버리지 않았다. 마침내 세포는 어떻게든 환경에 가장 적합한 형태의 유전적 변화를 주시하고 또는 예견하면서 가장 적합한 돌연변이를 선택 또는 지시(directed mutation)한다고 주장하기에 이르렀다.[11] 이러한 주장을 담은 연구들은 신랄한 비판을 면치 못하였으나[12] 그럼에도 불구하고 획득형질의 유전은 여전히 조심스럽게 가능성을 제기하고 있다.[13] 그 가운데 눈에 띄는 것은 히스톤 단백질의 아세틸화와 DNA의 메틸화이

11) Cairns J. et al. "The origin of mutants". *Nature* (1988) 335: 142-148.

12) Lenski R. E. and Mitter J. E. "The directed mutation controversy and neo-Darwinism". *Science* (1993) 259; 188-194.

다. DNA 이중나선은 히스톤 단백질과 결합하여 뉴클레오좀(nucleosome)을 형성하고 이들이 확장된 구조가 염색질이다. 염색질은 매우 긴 실 가닥 같은 모양이어서 세포 안에서는 구조적으로 잘 정리되고 조직화되어 있어야 유전자들이 필요한 시기에 필요한 양 만큼 발현될 수가 있다. 히스톤 단백질은 N- 말단에 리신(lysine)을 갖고 있는데 이것이 갖고 있는 + 전하는 뉴클레오좀이 밀집된 형태를 갖추는데 기여한다. 이토록 구조적으로 응축되어 있으면 유전자들은 세포 안에서 안전하게 유지될 수 있겠지만 유전정보를 활발하게 발현시킬 수 없다. 유전자가 발현될 때에는 히스톤 단백질의 리신 잔기가 아세틸화되는데 이로써 + 전하가 소멸되고 그 영향으로 뉴클레오좀이 느슨하게 풀어지게 된다. 이제 전사에 필요한 여러 단백질들이 DNA에 접근하여 유전자의 발현이 가능하게 된다. 유전자 발현이 오랫동안 불필요할 경우에는 탈아세틸화 과정으로 리신 잔기의 아세틸기를 제거하여 DNA를 다시 밀집시킨다. 히스톤 단백질의 변형은 아세틸기 외에도 메틸기나 유비퀴틴에 의해서도 일어난다.

히스톤 단백질뿐만 아니라 DNA 자신도 화학적 변형으로 발현될 때와 발현되지 않을 때 서로 모습을 달리한다. DNA의 특정 염기들은 메틸화(methylation)될 수 있는데 특히 시토신(cytosine)은 5번 탄소 위치에 메틸기가 결합된다. 일반적으로 세포에서 활발히 발현되는 유전자에 비해 비활성 유전자는 더 많이 메칠화 되어 있다. 세포 분화가 잘 되어 있는 다세포 생물에서는 세포의 종류에 따라 발현되는 유전자가 달라 어떤 유전자는 거의 영구히 발현이 억제되어 있다. 단순히 유전자만이 아니라 염색체 전체가 불활성화 되는 경우도 있다. 포유동물의 암컷은 수컷에 비해 X 염색체가 두 배이다. 성에 의한 X 염색체 수의 불균형은 암컷의 배 발생 초기에 한 개의 X 염색체가 불활성화 됨으로써 해소된다. 부모에게서 물려받은 두 X 염색체 중 하나가 무작위로 선택되어 단단히 뭉쳐 짙게 염색되므로 이를 바 소체(Barr body)라 부른다. 이 시기의 배는 이미 많은 세포로 되어 있기 때문에, 배 전체에 걸쳐 각 세포에는 불활성화 된 X 염색체가 아버지에서 유래된 것과 어머니에서 유래된 염색체가 무작위로 분포하게 된다. 한번 불활성화 된 염색체는 그 뒤에 이어지는 세포분열에서도 계속 불활성 상태를 유지하므로 성체의 몸이 물려받은 X 염색체에 따라 모자이크를 이루게 된다. 갈색과 검은색의 암컷 얼룩 고양이가 생기는 이유이다(그림 4-2). 바 소체가 생기는 이유는 바로 히스톤과 DNA의 화학적 변형 때문인 것으로 알려져 있다.

13) Landman O. E. "Inheritance of acquired characteristics revisited". *BioScience* (1993) 43(10); 696-705.

그림 4-2 X **염색체의 불활성화를 보여주는 얼룩 고양이.** 암컷 고양이의 두 X 염색체 중 한 개는 배(embryo) 시기에 불활성화 된다. 그 후 이어지는 세포분열에서 불활성 된 염색체는 계속 불활성 되어 이어지는데 활성을 나타내는 염색체가 부계인지 모계인지에 따라 서로 다른 대립인자의 영향으로 털 색깔이 얼룩무늬를 이룬다. (출처; 위키피디아)

성염색체뿐만 아니라 상염색체에서 비슷한 일이 일어난다. 대부분의 유전자들은 체세포에서 두 상동염색체가 모두 활성을 나타내지만 어떤 유전자들은 그 염색체가 부계 또는 모계에서 유래된 것인지에 따라 발현 여부가 달라진다. 이러한 현상을 유전체 각인(genomic imprinting)이라고 한다. 유전체 각인의 결과 자식의 모든 세포에서 부계 또는 모계의 유전자 중 하나만이 발현된다. 돌연변이를 유발시킨 생쥐의 인슐린 유사 성장인자2(IGF-II)에서 비롯된 성장부진이라는 돌연변이 형질이 부계를 통해 후손에 전달된다.[14] 이 유전자는 생쥐뿐 아니라 사람에서도 연구가 잘 되어 있다.

2차 세계대전 말기에 독일의 해안봉쇄로 식량배급이 끊어진 네덜란드에서 극심한 기근을 겪은 바 있다. 태아의 발생 초기에 이러한 환경적 조건에 노출되면 성인이 되어서 비만, 당뇨병, 심혈관 질환 등의 성인병을 겪을 확률이 높아진다. 잘 보존되어 있는 기록을 바탕으로 당시 영향을 받은 사람들에 대한 연구를 통해 기근이라는 환경자극에 의해 인슐린 유사 성장인자2 유전자가 저메틸화(hypomethylation) 되었음을 알게 되었다. 이 후성 유전적 변화는 전 생애에 걸쳐 지속되며 부계를 통해 유전되는 유전체 각인을 나타내는 것으로 확인되었다.[15]

14) DeChiara, T.M. et al. "Parental imprinting of the mouse insulin-like growth factor II gene". *Cell* (1991) **64**: 849-859.

환경자극에 대한 반응은 생물의 생존에 결정적이며 때때로 신경계의 구조와 기능의 변화로 나타난다. 부모의 경험이 후대의 행동학적 반응 및 신경구조에 영향을 미치기도 한다.[16] 새끼가 수태되기 전에 경험한 강력한 후각 자극은 후각 수용체(*Olfr151*)를 활성화시키고 F_1과 F_2의 행동학적 감수성을 증진시킬 뿐 아니라 후각신경의 해부학적 변화를 초래하였다. 후세대로 전달되는 것은 F_0와 F_1에서 정자 DNA의 후각 수용체 유전자(*Olfr151*)가 저메칠화 된 것이 원인으로 밝혀졌다. 이와 같이 생물의 행동 패턴조차도 각인을 통해 어버이의 환경 경험이 후손으로 전해질 수가 있는 것이다.

위에서 유전체 각인을 통하여 어버이의 획득형질이 후대에 전달되는 현상을 살펴보았다. 이로써 획득형질이 유전된다고 말할 수 있겠는가? 유전체각인은 생식세포의 유전자가 발현될 것인지, 억제될 것인지에 대한 결정이 다음 세대에 전달되면서 발생하는 현상이다. 후성적 표지들은 생물체의 대부분 조직에서 평생토록 지니게 되는 것이지만 다음 세대로 전달되지는 않는다. 오직 성숙한 생식세포만이 후손의 표현형을 결정할 수 있다. 더 나아가 수정이 이루어진 직후 대부분의 후성적 표지들은 재편성(reprogramming)되어 부모세대에서 획득한 후성적 특성들이 지워지게 된다. 그러나 생식세포를 통해 전달되는 유전체 각인은 그것이 DNA 메틸화이든 염색질 구조이든 유전적 재편성을 회피하였기 때문인 것으로 판단된다.[17] 유전적 재편성을 회피하였다 하더라도 생식세포를 통한 유전체 각인은 한 세대에서 끝나게 된다. 최근에는 짧은 길이의 RNA들이 생식세포(난자는 물론 정자에서도)를 통해 후성적 유전형질을 다음세대에 전달하는 것으로 보고되고 있다.[18] 이러한 트랜스 효과는 몇 세대에 걸쳐 전달될 수 있다고 하는데 확실한 판단을 위해서는 더 많은 연구를 기다려야 할 것이다.

획득형질의 유전을 전혀 다른 각도에서 바라보자. 새로운 환경에 놓였을 때 개체군 속에서 적은 수의 돌연변이체들이 아니라 많은 구성원들이 생존하려면 신체적 적응이 필요할 것이다. 시간이 지나면서 신체적으로 적응한 집단 내에서 돌연변이체들 그리고 특히 새로운 유전자 조합들이 발생할 것이다, 이런 것들이 신체적 적응 구조를 안정화하고, 개선하고, 확대하면서 선택될 것이다.[19] 말하자면 자연선택보다 돌연변이가 반드시 먼저

15) Heijmams B.T. et al. "Presistent epigenetic differences associated with prenatal exposure to famine in humans". *Proc. Natl. Acad. Sci.* (2008) 105(44): 17046-17049.

16) Dias B.G. and Ressler K. "Parental olfactory experience influences behavior and neural structure in subsequent generations". *Nature Neuroscience* (2014) 17(1):89-96.

17) Daxinger L. and Whitelaw E. "Understanding transgenerational epigenetic inheritance via the gametes in mammals". *Nature Rev. Genet.* (2012) 13:153-162.

18) 위와 동일.

올 필요는 없으며, 생리적 적응에 의한 표현형의 선택이 먼저 이루어진 후 유전적 변화가 일어날 수 있음을 뜻하는 것이다. 생리적 적응에 의한 표현형의 변화에는 많은 에너지가 소모된다. 생명체가 이토록 불리한 환경 속에서 생존하는 동안 에너지 소비를 줄이려는 선택압력을 지속적으로 받게 된다. 이때 유전자의 지원(돌연변이의 출현)을 받음으로써 에너지 소모를 줄이려는 압력에서 벗어나게 된다면 진정한 진화적 적응을 획득하는 것이다.

5. 유전자 빈도의 변화

유전자에는 여러 가지 변형된 형태(변이)가 있을 수 있고 이 변이들 중 환경에 적합하여 가장 크게 후손 생산에 기여하는 변이가 다음 세대에 더 높은 빈도로 나타나게 될 것이다. 이것이 다윈의 핵심 이론이다. 환경에 적합한 대립인자는 다음 세대의 개체군에 더 높은 빈도를 차지할 것이므로 우리는 진화의 증거를 위해서 특정 유전자의 빈도 변화를 한 개체군의 유전자 풀(gene pool)에서 찾아야 한다. 하디와 와인버그(G. H. Hardy and W. Weinberg)는 대립인자의 빈도가 세대를 거치면서 어떻게 변화되는지를 수학적으로 검토하였다. 개체군의 유전자 풀에서, 한 유전자에 오직 두 대립인자 P와 Q만 있다고 가정하고 또 이들의 빈도를 각각 p와 q로 하였을 때 집단내의 개체들이 무작위 교배를 통해 후손을 얻는다면, 다음 세대에 나타나는 대립인자의 분포는 아래와 같다.

교배에 참여하는 생식세포에서 두 대립인자의 빈도는 p와 q, $p+q=1$,
교배 후 대립인자의 분포는 $(p+q)^2=p^2+2pq+q^2$,
다음 세대에서 대립인자 P의 빈도는 $p^2+pq=p(p+q)=p$,

다음 세대에서 대립인자 Q의 빈도는 $q^2+pq=q(p+q)=q$이다. 곧, P와 Q의 빈도는 세대를 두고 전과 후가 동일하다. 이상적인 상태에서 유전자 풀의 대립인자의 빈도는 세대를 지나도 변함이 없다는 뜻이다. 이를 두고 하디-와인버그의 평형이라 한다. 그러나 이러한 결론은 이상적인 상태에서나 가능한 것이며 실제의 개체군에서는 대립인자의 빈도에 변화가 생길 수 있는 여러 가지 가능성이 있다.

우리는 위에서 다윈의 자연선택에 의하여 개체군의 유전자 빈도에 변화가 생길 수 있다는 것을 보아왔다. 유전자의 빈도가 변화하는 것은 자연선택에 의하지 않고서도 다음과 같은 여러 가지 현상에 의해 일어날 수 있다.

19) 마크 W. 커슈너, 존 C. 게하트 / 김한영 옮김 「생명의 개연성」 (*The Plausibility of Life*) 북하우스 퍼블리셔 : 해나무(2010)

1) 차등적 교배

유전자의 모든 대립인자들이 동등한 생식기회를 가질 때에만 하디-와인버그의 평형이 가능하다. 그러나 어떤 대립인자들은 배우자에게 호감 또는 혐오감을 일으켜 생식기회가 평등하게 제공되지 않는다. 자연선택이 개체가 태어난 후에 적용되는 현상이라면 차등적 교배는 태어나기 전에 선택되는 작용이다. 다음 세대로 전승되는 대립인자들의 기회가 불평등하게 되면 하디-와인버그의 평형이 불가능하다. 차등적 교배는 결국 차등적 생식을 가져오므로 별도의 현상으로 다루지 않고 자연선택의 범주에 넣을 수 있겠으나 이미 언급한대로 대립인자가 선택되는 시점이 개체가 태어나는 전, 후로 서로 다르므로 따로 다루었다.

2) 유전자 부동

대립인자의 빈도는 수시로 변화할 수 있다. 이런 변화는 무작위로 일어나는 사건이다. 대립인자의 빈도가 수시로 출렁인다. 집단의 크기가 크면 이러한 무작위적 변화의 영향은 별로 크지 않다. 그러나 집단의 크기가 작을 때에는 매우 큰 변화를 초래할 수 있다. 예를 들면 동전을 던졌을 때 앞, 뒷면이 나타날 확률은 반반이다. 천 번을 던졌을 때 앞면이 나타날 확률은 0.5에 근접한다. 만일 단 열 번만 던졌다고 할 때 실제 앞면이 나타나는 경우는 이론적으로는 0.5의 확률에도 불구하고 두 번 또는 세 번에 그칠 수도 있다. 개체군의 크기가 작을 때 우연히 형성된 대립인자의 빈도는 전체 종집단에 비해 크게 달라질 수 있다. 대재앙이나 심한 기근 따위의 원인으로 집단의 크기가 매우 위축되었을 때, 소수 개체들이 새로운 서식지에 이주하였을 때, 이러한 현상이 나타날 수 있다. 이것을 병목효과(bottleneck effect)라고 한다. 붉은 구슬과 흰 구슬이 반반씩 들어 있는 병을 거꾸로 들어 구슬을 꺼낼 때 좁은 병목을 통해 빠져나온 몇 개의 구슬은 붉은 색과 흰 색의 빈도가 반반씩 되지는 않는다. 표본의 크기가 작기 때문이다. 유전자 부동이 비록 표현형으로 나타나는 변이의 빈도에 영향을 주기는 하지만 이러한 변화는 무작위하게 일어나는 것이므로 진화에 기여한다고 볼 수 없다. 진화가 특정한 방향으로(어떤 목표를 가지고) 진행되는 것은 아니지만 그렇다고 무작위하게 일어나는 것도 아니다. 환경에 적합한 변이가 선택되기 때문이다. 이와 같은 이유로 유전자 부동은 진화에 미치는 영향이 크지 않다.

3) 유전자 유동

다른 집단으로 이주함으로써 특정 유전자가 유입 또는 유출되어 대립인자의 빈도가 변화하는 경우이다. 원래의 집단에 없던 전혀 새로운 유전자가 도입될 경우, 그 영향이 크게 나타날 수도 있다. 식물의 꽃가루가 바람에 날려 먼 곳에 있는 전혀 다른 개체군에 유입되면 큰 변화가 일어나기도 한다. 특히 외부와의 유전적 교류가 별로 없는 소수 집단에서는 더욱 그렇다. 한 집단의 소수 구성원이 다른 집단으로 이주할 때, 이들 구성원의 유전자 빈도는 원집단의 빈도뿐만 아니라 새로운 집단과도 크게 다를 수 있다. 그리하여 새로운 집단의 유전자 빈도에 큰 변화를 초래하는데 이를 창시자 효과(founder's effect)라 한다.

4) 돌연변이

유전정보를 간직한 DNA의 염기서열에 간혹 변화가 발생하는데 이러한 변화를 돌연변이라 한다. 돌연변이는 발생빈도가 매우 낮아서 한 유전자에 나타날 확률은 약 백만 분의 일 정도이다. 따라서 큰 집단에서는 돌연변이만으로는 한 세대 안에 큰 변화를 주지 못한다. 그러나 돌연변이가 유전적 변이의 궁극적인 제공처이므로 긴 기간으로 볼 때 진화에 매우 중요한 요인이다.

생물의 진화와 관련해서 확률에 대하여 흔히 범하는 오류가 있다. 특정한 돌연변이가 일어날 확률은 거의 대부분 매우 낮은 것이다. 따라서 한 가지 형태의 생물체가 다른 형태로 진화하기 위하여 갖춰야 할 수많은 돌연변이가 동시에 일어날 확률은 극히 낮다. 그러한 변화가 실제로 일어날 수는 없으며 생물체의 다양한 변이는 진화의 결과가 아니라 창조주의 섭리에 의하여 생겨난 것이라는 주장이 있다.

눈 먼 시계공(*Blind watchmaker*)의 저자 도킨즈(Richard Dawkins)의 통찰력 있는 지적대로 그 수많은 돌연변이는 결코 동시에 일어난 것이 아니다. 오랜 지질학적 시간에 걸쳐 누적되어 온 변화인 것이다. DNA가 복제할 때에 그것이 이미 존재하고 있는 이상 어떠한 변화이건 생겼을 것이다. 어떤 변화는 치명적인 결함을 유발하여 생물체를 죽게 했을 수도 있다. 우리는 죽어버린 생물체의 돌연변이에 관심을 갖고 있지 않다. 우리의 관심은 생존한 후손들에 있다. 복제는 과거의 성공의 역사를 반복하는 것이기 때문에 생존이 보장되어 있다고 말할 수 있다. 비교적 짧은 과거 시기의 환경조건에서 잘 살아남은 유전적 유산을 그대로 간직하고 있기 때문이다. 그렇지만 환경은 항상 유동적이며 어떻게 변화할지 예측할 수가 없다.

생명체들은 복제를 통해 과거 환경에 대한 대책을 갖고 있으나 미래의 환경에 대해서도 준비가 되어 있는가? 갑작스러운 환경변화에 대한 대비가 없으면 생명체 전체가 멸종될 수도 있다. 예측 불가능한 미래의 변화에 대처하는 수단은 돌연변이이다. 생명체의 복제는 매우 정밀하게 일어나지만 완벽한 것은 아니다. 복제할 때마다 비록 낮은 빈도이기는 하지만 실수가 발생한다. 이것이 곧 돌연변이이다. 돌연변이는 생물체에 해롭기 때문에 대부분의 돌연변이체는 사멸된다. 돌연변이 형질이 현재의 환경에 치명적이 아니거나 중립적이라면 생존해 나갈 수 있다. 어떤 생물이든 후손들은 많든 적든, 크든 작든 반드시 조상이 갖고 있지 않던 돌연변이를 지니고 있다. 환경이 갑자기 바뀌었을 때 과거 환경에 적합한 조상형 개체들은 불리해지는 반면 새로운 돌연변이 대립인자를 가진 개체들은(새로운 환경에 적합한 극히 일부) 생존에 유리한 조건을 만날 수 있게 된다. 이러한 상황에서 돌연변이의 빈도가 지나치게 높으면 후손들의 생존율이 낮아 자기복제체의 시스템이 붕괴될 수 있다.

한편 환경변화가 너무 급속히 진행되면 생물체들은 새로운 환경에 적합한 돌연변이체를 미처 준비하지 못하므로 역시 멸종의 길로 빠지게 된다. 돌연변이의 빈도와 환경의 변화속도가 균형을 이루는 동안 새로운 환경은 다양한 생물 변이체 중에서 다음 세대를 이어 갈 후손들을 선택하는 것이다.

진화를 가장 적나라하게 표현하는 말은 아마도 tinkering(땜질, 덧붙이기?)일 것이다. 즉 진화의 재료가 되는 돌연변이는 아무 것도 없는 상태에서 발생되는 것이 아니고 이미 존재하고 있던 생물체에서 일어나는 것이므로 그것의 발생은 필연적이며 그로 인한 표현형이 생물체가 처한 환경에 유리하다면 적응이라는 땜질로 진화에 기여하는 것이다.

위에서 살펴 본 자연선택 이외의 유전자 빈도 변화는 근본적으로 무작위로 나타나는 현상이므로 방향성이 없고, 지속적이지 않고, 예측이 불가능하다. 이 변화로 인해 진화적 적응이 생겨나지 않는다. 오직 자연선택만이 집단을 적응으로 유도하는 요인이다. 돌연변이(위의 유전자 빈도 변화를 유발하는 요인들을 통칭하여)는 무작위하게 일어나지만 자연선택은 무작위하지 않으므로 적응은 방향성이 있고, 지속적이며, 때로는 예측이 가능한 것이다.

6. 거대진화

다윈이 제안한 바대로 개체군의 대립인자 빈도 변화가 오랜 세월 지나면서 축적된다 하여도 그것으로 새로운 종이 생겨날 수 있을까? 우리가 목격하는 생물의 진화는 자연선택이 유발하는 단순한 유전자 빈도의 차이만으로 충분히 설명되는가? 어류와 같은 수생동물이 네발 동물로, 폐를 가진 육상동물로, 또는 파충류에서 날개 달린 조류로 진화하는 과정에서 보듯이 신체구조에 획기적인 변화가 일어난다. 사람들은 유전자 빈도의 차이만으로 그 원인을 충분히 납득하지 못하고 있다. 자연선택이 개체군 수준에서 일어나 종의 다양화에 기여한다면 이를 미세진화(microevolution)라 하고 그 이상의 수준, 예를 들면 속이나 과 단위의 변화를 거대진화(macroevolution)라 한다. 그러나 실제로 두 과정에 서로 다른 원리가 작용하는 것이 아니므로 굳이 따로 나누어 부를 필요는 없다. 하지만 일부 학자들은 높은 분류단계에 도달하도록 진화되려면 유전자 빈도의 차이 이상의 다른 원리가 필요하다고 느끼는 모양이지만 필자의 생각으론 유전자 빈도의 변화만으로 모든 진화과정을 설명할 수 있다고 확신한다.

인위선택은 동식물 육종가들이 이미 오래 전부터 실행해 오던 작업이고 '자연선택'은 그것을 장기간 연장하는 것으로 쉽게 이해되는 과정이다. 그만큼 자연선택은 개연성이 있다. 그럼에도 일부 비판가들은 아주 큰 해부학적 변화를 일으키는 유일한 메커니즘으로서 자연선택의 역할에 대하여 쉽게 수긍하지 않는다. 진화에서 네 다리, 날개, 폐와 같은 신형(novel feature)이 어떻게 발생하게 되었는가? 그런 복잡한 형태가 하루아침에 혜성같이 나타났을 리 없고 그렇다고 각각의 단계가 장차 이룩하게 될 최종 구조의 적합성을 미리 제시하여 선택되었다는 말인가? 다윈의 진화론을 거부하는 많은 사람들의 의구심이 바로 여기에서 시작되는 것이다.

생물학적 신형을 일으키는 원인은 의외로 단순한 유전적 변화만으로 제공될 수 있다. 초파리에서 유전자 발현 조절에 관여하는 유전자 특히 호메오 유전자[20]에 일어나는 돌연변이는 한 가지 변화가 유전자 발현에 광범위하게 영향을 미치므로 쉽게 엄청난 결과를 초래할 수 있다. 호메오 돌연변이체들의 매력은 단 하나의 유전자의 문제로 몸 전체가 전혀 다르게 변한다는 데 있다. 놀랍게도 척추동물에서도 초파리의 호메오 유전자에 상응하는 유전자가 알려졌는데 이를 혹스 복합체(Hox complex)라 한다. 이 유전자들의 발견은 배의 발생과 진화에 대한 새로운 관심을 불러 일으켰고 진화발생생물학(Evo-devo, 이보디보)이 시작되는 계기가 되었다. 이보디보에서 우리에게 제시하는 진화적 원리[21]는 이미 존재하는 구조가 변형되어 새로운 진화된 구조가 형성된다는 것이다. 진화적 신형을 생산하기 위하여 기상천외한 새로운 유전자가 나타나야 할 이유가 없다.

또 하나는 다기능성과 중복성이다. 여러 기능을 담당하는 구조가 있고 그것이 여러 개 중복되어 있다면, 서로 다른 구조로 전문화되어 다양한 기관을 만들 수 있다. 생명체의 구조가 자동차의 부품과 다른 것은 다른 용도로도 사용되도록 변신이 가능한 유연성이 있기 때문이다. 마지막으로 유전자가 일종의 모듈처럼 작용한다는 것이다. 모듈이라 함은 '기능적 단위'라고 번역할 수 있겠는데 이러한 특징 때문에 각 신체 부속들은 다른 부속들에게 영향을 미치지 않고 독립적으로 변형되거나 특수화될 수 있다.

이보디보의 발전과 그 연구 결과로, 거대진화에 자연선택을 넘어서는 특별한 메커니즘이 필요하다는 생각을 미련 없이 버릴 수 있게 되었다. 발생단계에서 조절유전자의 돌연

20) Homeobox gene(Homeotic gene); 호메오 박스는 180개의 염기로 구성되어 있는 DNA 서열로 생물체에서 해부학적 발달 과정의 패턴을 조절하는 유전자를 포함한다.
21) 진화발생생물학, 위키백과

그림 4-3 **멕시코 도롱뇽 아호로틀**. 다른 도롱뇽과 달리 전 생애를 물속에서 지낸다. 성체가 되어도 유생 시기의 아가미를 계속 지니고 있어 귀엽게 보이므로 애완용으로 사육된다. 그 결과 지금은 멸종 위기에 놓여 있다. (출처; 위키피디아)

변이에 의하여 한 개체가 성체가 되어도 어린 시기나 심지어 유생시기의 형태를 계속 유지하고 있는 현상을 흔히 목격하게 된다. 진화에 있어서도 이와 비슷한 경우를 만나게 되는데 멕시코에서 발견되는 한 도롱뇽 아호로틀(axolotl, 그림 4-3)은 성체가 되어도 유생시기에 가지고 있던 아가미를 그대로 지니고 있다. 유생에서 성체로 옮겨가는 발생단계에 나타난 한 작은 변화가 새로운 진화과정으로 이끌어 간 것으로 보인다. 이와 같은 현상을 유형진화(paedomorphosis)라고 한다.

인간과 침팬지를 비교하여 보았을 때, 인간의 두개골과 생식기는 성인이 되어서도 침팬지의 어린 시절의 특징을 대부분 간직하고 있는 것으로 보인다. 침팬지의 두개골은 태아, 유아 시절에는 둥글고 얼굴이 수직으로 되어 있으나 성체가 되면서 위턱과 아래턱이 크게 발달하여 길쭉하게 뻗어 얼굴이 경사진 모습을 하고 있다. 또한 여성의 생식기는 침팬지의 경우 성체가 되면서 뒤쪽으로 향하게 되는데 인간은 성인이 되어도 어린 시절처럼 앞쪽을 향하게 되어 있다. 남성의 생식기는 성인이 되어도 음경뼈(baculum)가 없는데 이는 어린 시절의 형태가 변함없이 성인에까지 이어진 것이다. 이를 미루어 판단하건대 인간은 유형진화를 통해 다른 유인원 무리에서 이탈한 것으로 보인다.

위에서 잠깐 언급한 대로 혹스 복합체는 동물의 발생에서 신체의 패턴, 특히 체절의 발생을 조절하는 기능을 담당한다. 포유류에는 혹스 복합체에 13가지 유형의 유전자가 있다.[22] 혹스 유전자는 모든 동물들에서 발견되며 심지어 방사대칭을 나타내는 자포동물뿐만 아니라 특별한 조직을 갖추지 못한 해면동물에서도 발견된다. 이 유전자의 염기서열에 의한 분자 진화적 패턴은 이미 알려진 동물계 진화 과정과 잘 일치한다. 초기 유전자는 6억 년 전에 이미 형성되었고 이들이 복제되어 두 개의 혹스 유전자 군으로 나누어진 것은 약 5억 2천만 년 전으로 추정되는데 이 시기는 캄브리아 대폭발이 일어나는 시기여서 이 유전자가 신체 구조에 미치는 영향을 짐작할 수 있게 한다.[23] 혹스 유전자들

22) Brooker R., Widmaier E., Graham L., Stiling P. *Biology* 「생명과학」 최준호외 옮김 (2010) 교보문고 19장. 발생유전학

23) 생명과학, 상동

에 변화가 생기면 매우 커다란 신체적 기형을 초래한다. 이러한 신체변화는 가끔 원래와는 다른 새로운 용도로 사용되는데 이로써 새로운 진화의 길을 가게 되는 계기가 된다. 이러한 진화방식을 굴절적응(exaptation)이라 한다.

척추동물인 어류는 수중생활에 여러모로 잘 적응되어 있다. 아가미는 물에 녹아 있는 산소를 혈액에서 흡수할 수 있도록 발달된 구조이다. 한편, 물속에서는 몸 전체가 수압을 받고 있기 때문에 특별히 몸을 지탱하는 구조가 불필요하다. 이런 생물체가 물을 떠나 육지로 올라온다면 엄청난 변화를 겪어야 한다. 먼저 폐가 발달해야 한다. 과거에는 일부 과학자들이 폐가 부레에서 진화된 것으로 보았으나 최근의 연구는 부레보다는 폐가 먼저 진화되었고 두 기관은 장에서 독립적으로 진화된 것으로 판단하고 있다. 즉, 장의 일부분이 부풀어 올라 실핏줄이 잘 발달하게 된 후, 물고기가 입으로 공기를 흡입하여 공기 중의 산소를 섭취하게 되었는데 이는 산소 농도가 희박한 물웅덩이에서 생존하는 결정적 역할을 하였을 것이다.

오늘날에도 오스트레일리아, 아프리카, 아마존 강 등에서 서식하는 폐어는 수중과 육상 모두에 살 수 있다. 오늘날의 양서류와 파충류의 조상 역시 이와 같은 구조를 갖게 되었을 것으로 여겨진다. 부레는 산소 교환을 위한 구조가 아니고 기체를 저장함으로써 물고기에 부력을 제공하였다. 이전에는 수면 위, 아래로 이동할 때 왕성한 근육과 지느러미의 활동을 필요로 하였겠지만 부레에 기체를 채웠다 뺐다 하여 손쉽게 상하 이동이 가능하게 되었다.

육상생활은 수중과는 달리 지면과 접촉하는 몸의 구조가 체중을 지탱하여야 한다. 어류에서 골격을 갖춘 지느러미를 가진 것들이 나타났는데 이는 당시 물고기들로서는 기형에 해당하는 것이다. 이런 기형들은 헤엄치기 위한 지느러미의 기능만으로 볼 때 비능률적이고 호감을 얻지 못했겠지만 점차 발전되어 네 발로 진화하게 된다. 폐의 발달과 함께 육상으로 진출하게 되는 계기를 마련하고 오늘날 육상에서 기고, 걷고, 뛰고, 나는 사지동물의 원조가 되었다. 이렇듯 생물학적 신형은 기존 생물에서 생겨난 기형에서 출발하는 것이며 기형은 호메오 유전자 같은 조절유전자의 변화에 의해 일어난다. 신체 구조의 기형뿐 아니라 생화학적, 생리적, 또는 행동학적 변화 역시 유전자 발현을 조절하는 조절유전자들에 의해 큰 변화를 초래할 수 있다. 진화를 추진하는 원동력으로 자연선택 이외에 특별한 메커니즘이 필요하지 않은 이유이다.

7. 종 분화

분자생물학의 발달에 힘입어 지난 50년 동안 무수히 많은 유전자의 염기서열을 결정하였고 심지어 인간을 포함한 여러 생물 종의 유전체 전체 염기 서열을 해독하기도 하였다. 이 연구의 결과 우리가 새삼 놀라는 것은 외형적으로 매우 다른 종이라 할지라도 그들의 유전자의 차이는 그리 크지 않다는 것이다. 인간과 침팬지는 유전자의 98.8%를 공유한다. 불과 1.2%밖에 차이가 없는데도 인간과 침팬지는 여러 면에서 다르다. 인간과 침팬지가 갈라진 500만 년 전에 어떤 일이 있었기에 우리는 서로 다른 운명을 갖게 되었을까? 조상 유인원 무리에서 인간은 어떻게 새로운 종이 되었는가?

동일한 종집단이 두 개의 종으로 분화한다고 할 때 무엇을 근거로 판단하는가? 다시 말하면 종이란 무엇인가? 종이란 생물 간의 동질성을 가름해 주는 기준이지만 종의 개념을 한 마디로 말하기 어렵다. 다양한 생물들에 적용될 명확한 정의가 쉽지 않다. 일반적으로 종은 자유로운 생식활동을 통하여 생산력이 있는 자손을 낳는 개체들의 무리라고 말할 수 있다.[24] 서로 다른 종으로 분화하려면 생식적 단절(고립), 즉 유전적 단절이 필수 전제가 되는 것이다. 생식적 단절이 일어나는 원인은 몇 가지 경우로 생각해 볼 수 있다.

우선 지리적 장벽으로 두 집단이 격리되는 경우이다. 비록 두 집단이 처음엔 동일한 종이었다 하더라도 오랜 세월 지리적으로 격리되어 있으면 각 집단의 유전자 구성이 달라지고 궁극적으로 생식적으로 단절될 수 있다. 지리적으로 격리되지 않았더라도 두 집단 사이에 생식적 단절이 생길 수 있다. 식물은 흔히 다배체(polyploidy)를 형성하는데 이럴 경우 원래 시작했던 종과의 생식이 불가능하게 될 수 있다. 이를 유전학적 장벽이라 부른다. 생식적 단절은 생식기의 변형(기계적 장벽)에 의해 일어나기도 하는데 예를 들면, 암술과 수술의 상대적 위치가 달라져 정상적인 가루받이를 어렵게 하는 것이다. 생리적 장벽은 대부분 생화학적, 또는 분자생물학적 원인에 의해 일어난다. 그 결과 성적으로 성숙되는 시기가 달라질 수 있다. 이로써 두 집단 사이의 생식활동이 불가능하게 된다. 생식적 단절이 때로는 행동적 장벽에 의해 일어나기도 한다. 배우자를 찾는 구애행위나 구애신호의 차이에 따라 두 집단 간에 생식기회를 얻지 못할 수도 있는 것이다.

이런 생식적 단절을 일으키는 원인은 의외로 단순한 유전적 변화만으로 제공될 수 있다. 유전자 발현 조절에 관여하는 유전자에 일어나는 돌연변이는 한 가지 변화가 여러

24) 무성생식을 하는 생물들, 특히 미생물들은 종을 이렇게 정의할 수 없다. 미생물에서 종은 동일한 성질을 나타내며 동일한 유전자 구성을 가진 집단이라고 정의할 수 있는데 미생물 간의 활발한 유전적 교류로 인하여 명확하게 종을 구분하기가 쉽지 않다.

유전자 발현에 광범위하게 영향을 미치므로 쉽게 생식적 단절을 초래할 수 있다. 그러나 원래의 모집단에서 새로운 종으로 분화하려면 생식적 단절이 상당한 시간을 거쳐 일어나야 한다. 너무 갑자기 단절되면 새로운 종으로 분화하기 전에 소멸될 수 있기 때문이다.

8. 진화의 증거

진화가 일어난다는 것(종이 점차 변화된다는 것)을 어떻게 알 수 있는가? 우리는 여러 방면으로 진화의 증거를 제시할 수 있다.

1) 화석

화석이란 과거시대에 생존하던 생물의 흔적이다. 그것은 그 생물의 몸체일 수도 있고 아니면 신체 조직의 유기물들이 광물질로 대체되어 형태만 보전된 것일 수도 있다. 어떤 경우에는 생물체의 발자국이나 그들에 의해 변화된 서식처 환경일 수도 있다. 생물 몸체에서 형성된 화석은 대부분 퇴적암에서 발견된다. 퇴적암의 특성상 과거에 퇴적된 것은 아래층에 최근에 퇴적된 것은 위층에 싸이게 되므로 각 층에서 발견되는 화석생물의 생존 연대를 가늠해 볼 수 있다. 특정한 생물을 대상으로 각 층에서 발견되는 화석들과 현존하는 생물종을 서로 비교해 보면 이들이 서로 매우 유사하기는 하여도 동일한 종은 아니라는 것이다. 왜 현재 생존하는 종들은 화석으로 발견되지 않는가? 왜 화석에서 나타난 종은 현재 생존하지 않는가? 화석으로 발굴된 생물은 무슨 까닭으로 현존하는 생물종과 그토록 닮아 있는가? 화석이 나타난 지층의 형성 시기가 적어도 수십만 년 전이라는 사실이 이 모든 의문을 풀어 줄 열쇠이다. 화석생물은 현존하는 생물의 조상이며 이들이 현재 생물과 동일하지 않은 이유는 조상에서 후손으로 이어지는 그 수십만 년의 세월동안 종이 변화된 것이다. 이것이 가장 타당한 결론이다.

화석은 간혹 생물의 두 계통이 분기되는 증거를 드러내기도 한다. 조상새(Archaeopteryx)로 알려진 화석생물은 1억 5천만 년 전의 생물로서 부리에 이(치아)를 가지고 있으며 앞날개 죽지에는 발톱이 있고 척추로 연결된 긴 꼬리를 갖고 있다. 이러한 특징은 파충류에서 전형적으로 나타나는 것인데 깃털로 덮여있는 날개를 가진 조상새가 그러하다니! 조상새는 파충류에서 조류가 갈라져 나왔음을 알리는 증거가 되는 셈이다. 또 다른 예로 2006년에 어류와 육상 사지동물을 연결하는 화석이 발견되어 세상에 소개되었다(그림 4-4).[25]

25) Daeschler, E.B., Shubin N.H., & Jenkins F.A. Jr. "A Devonian tetrapod-like fish and the evolu-

그림 4-4 사지동물의 조상으로 여겨지는 틱타알릭(*Tiktaalik roseae*)의 화석. 어류와 육상동물의 특징을 함께 가지고 있다. (출처; 위키피디아)

틱타알릭(*Tiktaalik roseae*)이라고 이름 지어진 이 동물은 4억년~3억 오천만년 전 고생대 데본기에 살았을 것으로 추정되는데, 현재의 악어와 비슷한 두개골, 목뼈, 초기 사지동물과 유사한 갈비뼈, 물고기의 것과 유사한 비늘을 갖고 있다. 이 동물의 사지는 어류가 육상동물로 진화되는 동안 지느러미에서 팔, 다리로 진화되는 과정을 잘 보여준다. 팔, 손목, 손의 뼈들이 초기 육상 사지동물의 것과 너무도 흡사하기 때문이다. 바다에서 살던 동물이 육지로 올라올 수 있게 된 것은 이러한 구조적 변화가 선행되었기 때문이다.

2) 생물지리학

생물의 다양성과 그들의 지리적 분포를 살펴보면 진화가 일어난다는 것을 알아볼 수 있다. 다윈의 말을 직접 들어보자.[26]

> 영국은 유럽과는 얕은 해협으로 분리되어 있다. 그리고 동물들은 양측 모두에서 동일하다. 이러한 사정은 오스트렐리아 해안 부근의 모든 섬들에서도 동일하다. 한편, 서인도 제도는 천길 가까이 되는 깊이 잠긴 대륙붕 위에 위치하는데 여기에서 우리는 아메리카형의 동물들을 발견하지만 그들의 종, 심지어 속까지도 매우 독특하다. 모든 동물들이 겪게 된 변형의 정도는 부분적으로 시간의 경과에 달려 있다. 그리하여 (동물들은) 각 섬들이 서로 또는 본토와 얕은 해협으로 분리될 경우, 깊은 해협으로 갈라진 섬들과

tion of the tetrapod body plan". *Nature* (2006) **440**(6):757-763.
Shubin N.H., Daeschler E.B., & Jenkins F.A. Jr. "The pectoral fin of Tiktaalik roseae and the origin of the tetrapod limb". *Nature* (2006) **440**(6):764-771.

26) Charles Darwin, *The Origin of Species*, The Harvard Classics. ed. by Charles W. Eliot, LL. D., P. F. Collier & Son Corporation, New York, seventy-eighth printing, 1976. PP.419~421.

> 는 달리, 최근까지도 연속성을 갖는 경향이 있다. 우리는 이러한 연유, 곧 어떻게 두 포유동물상을 갈라놓은 바다의 깊이와 그들의 유연성(affinity)- 개별적 창조이론으로는 납득할 수 없는-을 이해할 수 있다.
>
> 갈라파고스 군도는 적도에 위치하고 남미 해안에서 500~600 마일 사이에 놓여 있다. 이곳에는 거의 모든 육지 또는 물속의 생물들은 의심할 여지없이 미 대륙의 특징을 갖고 있다. 이곳에 26 종의 조류가 있고, 이 들 중 21 종 또는 어쩌면 23 종은 별개의 종으로 분류된다. 이들은 보통 이곳에서 생겨난 것으로 여겨지는데 그럼에도 이들의 모든 특징들, 그들의 습성, 몸짓, 음색 등이 미 대륙의 종들과 유연성을 나타낸다. 이러한 관계는 다른 동물에서도 나타난다. 또한 후커 박사의 훌륭한 이 군도의 「식물지」에서 보여준 바와 같이 대부분의 식물에서도 그러하다.
>
> 한편으로 갈라파고스 군도와 케이프 베르테 군도는 화산성 토양, 기후, 섬의 위도와 크기 등에서 상당한 유사성을 나타내고 있지만 그곳의 서식생물들에는 얼마나 큰 차이가 있는가! 갈라파고스 군도의 생물들이 아메리카의 생물들과 관련되어 있는 것처럼 케이프 베르테 군도의 생물들은 아프리카의 생물들과 관련되어 있는 것이다.

대륙에서 멀리 떨어진 섬에서 발견되는 어떤 생물들은 대륙의 종과 매우 유사하지만 서로 다른 종이다. 다른 대양의 비슷한 환경을 갖는 섬들의 생물들은 다르지만 그들은 각기 자신이 속해 있는 대륙의 종들과 유사점이 있다. 그들이 대륙에서 유래된 종에서 진화한 것이기 때문이다.

3) 해부학

흔히 드는 예로 고양이, 고래, 박쥐, 사람 등의 앞발의 구조를 비교하여 본다(그림 4-5). 박쥐는 날기 위하여 팔과 손가락의 사이에 가죽으로 덮여 있다. 그러나 고양이는 사뿐히 걷고 작은 동물을 잡기 위하여 앞발로 후려친다. 고래의 앞발은 헤엄치기에 적합하도록 잘 펴져 있고 사람은 물건을 감싸 안고 또한 움켜잡는다. 이토록 다양한 기능을 나타내는 여러 동물들의 앞발의 해부학적 구조가 너무나 유사하다. 왜 그런가? 진화학자들은 그 동물들이 모두 그러한 조상으로부터 진화되었기 때문이라고 설명한다. 공통되는 해부학적 구조로부터 조금씩 변화하여 각자의 생활에 맞게 변형되어 적응된 것이다. 이러한 예는 실로 말할 수 없이 많다. 이렇듯 비록 지금은 서로 다른 용도로 사용되지만 공통 조상으로부터 유래된 기관을 상동기관이라 부른다.

4) 발생학

에른스트 헤켈(Ernst Haeckel)은 독일의 유명한 생물학자이자 박물학자이다. 여러 생

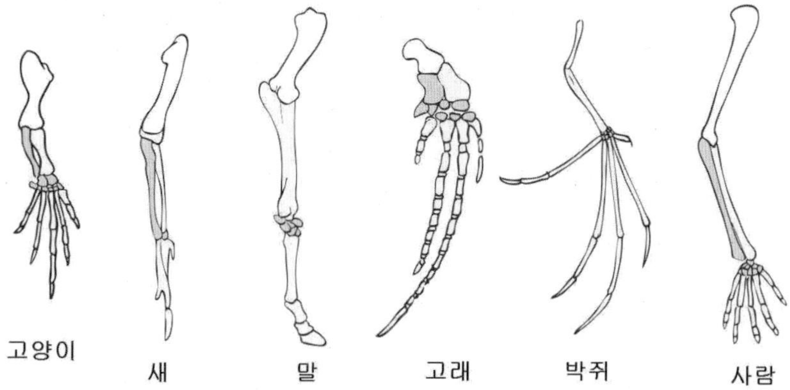

그림 4-5 **여러 동물들의 앞발의 해부학적 구조.** 각 동물들의 앞발은 각각의 기능에 알맞게 변형되어 있으나 그들의 기본 구조는 동일하다. 이러한 사실은 이들 동물들이 모두 한 조상에서 유래되었으나 서로 다른 방향으로 진화한 결과를 보여주는 것이다.

물이 수정란에서 배 발달을 거쳐 태어나기까지의 발생과정을 연구하면서 특별한 기관이 제각기 특별한 시기에 발달하기 시작하는 것을 보고 '개체발생은 계통발생을 재연한다(ontogeny recapitulates phylogeny)'라고 주장하였다(그림 4-6). 이 가설을 반복설 또는 진화재연설(recapitulation)이라 한다. 그러나 한 개체가 그가 속한 계통의 모든 진화과정을 반복할 수는 없는 노릇이어서 현대의 학자들은 이 가설에 큰 무게를 두지 않고 있다.

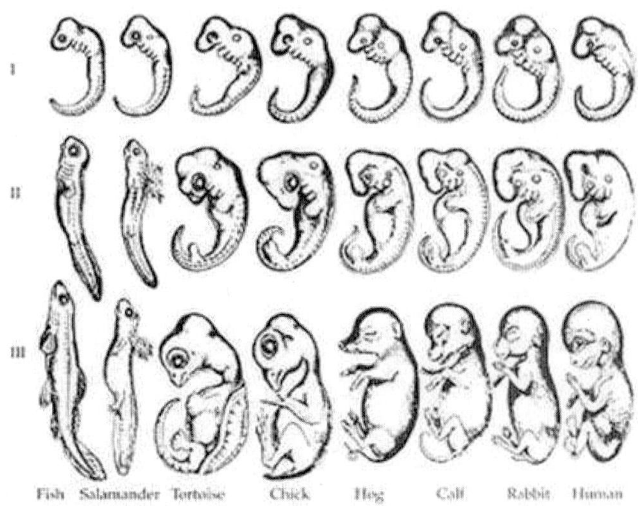

그림 4-6 **물고기, 도롱뇽, 거북, 닭, 돼지, 소, 토끼, 사람의 배 발달.** 발생 시기에 따라 여러 구조들이 나타나는 발생과정은 한 개체의 진화과정을 보여준다는 진화재연설을 가져왔다. 헤켈이 직접 그린 것으로, 자신의 이론에 맞추기 위해 특정 부위를 수정, 가감한 것으로 보여 큰 논란을 불러 일으켰다.

또한 그가 직접 그린 것으로 알려진 이 그림은 자신의 이론에 유리하도록 수정, 가감한 것으로 보여 그의 연구 결과와 업적은 함께 묻혀버렸다. 그렇다 하더라도 발생과정이 진화의 역사를 반영한다는 관점에서 헤켈의 연구는 일부 평가받을 여지가 있다고 생각한다.

동물은 질소원소를 유기화합물의 형태로 섭취한다. 유기화합물에서 분해된 일부의 질소는 세포에서 사용되며 불필요한 여분의 질소는 체외로 배출된다. 배출되는 질소 화합물은 생물의 종류와 그 생물의 서식처에 따라 여러 종류가 있다. 우선 암모니아는 독성 강하고 물에 쉽게 녹기 때문에 수중 생활을 하는 무척추동물이나 어류에서 볼 수 있다. 이들이 독성이 있는 암모니아를 방출하여도 많은 양의 물에 희석되어 해를 입지 않는다. 다음으로 요소는 독성이 암모니아보다는 약하고 역시 물에 잘 녹는다. 양서류나 포유류는 요소를 방출하기 전에 희석된 상태로 방광에 저장한다. 문제는 물이다. 육상생활을 하는 생물이 건조한 환경에서 어떻게 물 문제를 해결하느냐 하는 문제는 그 생물의 생존을 결정한다. 건조한 곳에, 예를 들면 사막과 같은 지방에 사는 파충류는 불행히도 충분한 물을 공급받을 수 없다. 또한 조류(새)는 무거운 물을 지니고 하늘 위를 비행하기 어렵다. 이런 동물들은 용해도가 낮아 쉽게 결정되는 요산을 질소 노폐물로 배출한다. 파충류 중에서 거북처럼 수중생활을 하는 동물들은 요소와 암모니아를, 건조한 지방에 사는 것은 요소와 요산을 함께 배출한다.

조지프 니담(Joseph Needham)[27]의 연구로 짐작되는 그림 4-7에서 병아리가 발생되는 동안 배출하는 질소 노폐물의 변화를 알 수 있다. 배 발생 초기에는 질소 노폐물로 암모니아를, 그 후 얼마간 요소를, 마지막에는 요산을 배출한다. 질소 화합물 대사에 관련된 생화학적 회로에 변화가 생기는 것은 관련 유전자들의 발현조절과 관련이 있을 것이다. 이와 같은 현상은 닭의 진화과정에서 언젠가 암모니아를 배출하는(수중 생활을 하는) 조상이 있었음을 암시하는 것이다. 마찬가지로 닭의 조상이 하늘을 날기 전 육상을 배회하던 시기에는 요소를 배출하였던 것으로 짐작된다. 이렇게 발생과정에서 그 생물의 진화의 자취를 엿볼 수 있다.

발생과정을 연구하다 보면 배(embryo) 시기에 갖고 있던 여러 가지 구조들이 성체에서 퇴화되어 흔적기관으로만 남아 있는 것을 볼 수 있다. 척추동물의 발생과정에서 인두낭(pharyngeal pouch)은 외배엽에서 발달한 인두활(pharyngeal arch)의 사이에서 생기는 공간으로 어류에서는 내배엽에서 발달된 기관지낭(bronchial pouch)과 만나서 새로운 통로가 형성된다. 이것이 아가미 틈(gill slit)이다. 그리하여 입에서 항문까지 연결된 통로에

27) Joseph Needham(1900-1995) *Chemical Embryology*, Cambridge Universiry Press (1931)

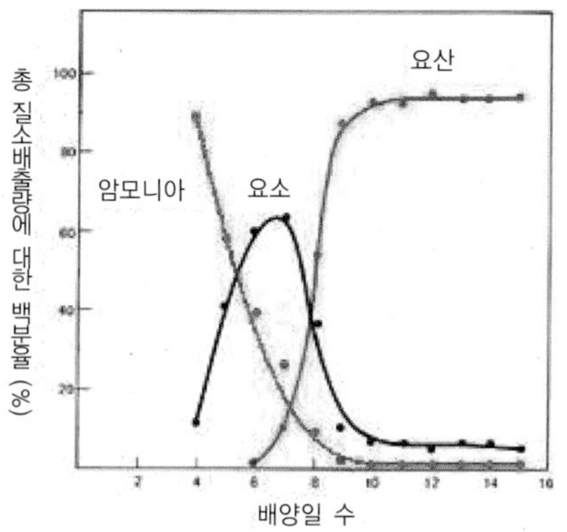

그림 4-7 병아리가 발생되는 동안 배출하는 질소노폐물의 변화. 발생 시기에 따라 질소노폐물은 암모니아, 요소, 요산으로 변화하는데 이로써 병아리의 조상이 한때 암모니아, 요소, 또는 요산으로 배출하던 시기가 있었음을 짐작케 한다.

서 벗어나 외부로 뚫린 이 통로는, 입에서 들어 온 물이 아가미를 거쳐 산소를 제공하고 밖으로 배출되는 출구가 된다. 포유류에서는 인두낭은 유스타키 관, 중이, 편도선, 부갑상선, 흉선 등으로 발달된다. 더 이상 아가미 호흡을 할 필요가 없으므로 아가미 틈으로 발달되지 않고 목과 귀의 여러 곳에서 흔적기관으로 남아 있게 된다.

흔적기관 하면 뱀이나 고래류의 뒷다리를 들지 않을 수 없다. 몸 표면의 비늘과 근육을 사용하여 이동하는 뱀에게는 다리는 그야말로 불필요하고 거추장스러운 존재일 것이다. 오죽하면 사족이란 말이 생겼을까? 그러나 발생 초기에 뚜렷하게 나타나는 뒷다리 구조가 성장하면서 점차 몸속에 묻혀 흔적만 남게 된다. 고래류의 경우에도 똑같은 상황이 벌어진다. 헤엄치는 데 도움이 되지 않고 오히려 물의 저항만 높이는 뒷다리는 퇴화되어 몸속 깊은 곳에서나 흔적을 겨우 발견할 수 있을 뿐이다. 뱀이나 고래류의 조상이 사지동물이었음을 암시하는 증거가 아니라면 어떻게 이런 사실들을 설명할 수 있겠는가?

5) 분자생물학

생물들이 서로 진화적 유연관계를 갖게 되면 형태적 특성뿐 아니라 세포 기능에 사용되는 분자의 서열에서도 그 자취를 찾아볼 수 있다. 단백질은 어떤 생물에서 분리하였느냐에 관계없이 구조와 기능이 거의 동일하다. 예를 들어, 인슐린은 얼마 전까지만 해도 돼지에서 추출한 것을 사람에 주사하여 당뇨병 환자의 혈당을 조절하는데 사용하였다. 그러나 지속적으로 사용하면서 부작용이 발생하게 되었는데 환자의 면역반응이 이 인슐린에 대하여 거부반응을 나타내는 것이다.[28] 거부반응의 원인은 이 단백질이 사람의 단백질과 구조적으로 조금 다르기 때문이다. 인간, 소, 돼지 등이 공통조상으로부터 서로 다른 방향으로 진화하면서 이 단백질의 서열이 조금씩 달라졌기 때문에 비록 동일한 기능을 나타낸다 해도 면역체계의 감시를 벗어날 수가 없다.

침팬지와 같이 인간과 진화적으로 가까운 동물은 아미노산 서열이 완전히 동일하지만 공통조상으로부터 오래 전에 갈라져 나온 동물들과는 차이가 많다. 그렇다면 단백질의 아미노산 서열을 가지고 진화적 상관관계를 유추할 수 있지 않을까? 핵산의 염기서열을 결정하는 기술이 큰 진전을 보기 전인 1980년대까지만 해도 진화적 연관성을 연구하기 위한 대상으로 시토크롬 C(cytochrome C)를 많이 사용하였다. 시토크롬 C는 미토콘드리아의 내막에 약하게 붙어 있는 분자로 전자전달계에서 산화-환원 과정에 참여한다. 대부분의 생물(동물, 식물, 미생물 등)에서 발견될 뿐 아니라 분자량이 크지 않고(~12,000 Da), 아미노산 서열이 비교적 잘 보존되어 있으며, 쉽게 분리 정제가 가능하므로 진화적 상관관계를 연구하기에 매우 적절한 대상이다.[29)]

그 결과 진핵생물의 시토크롬 C는 공통조상으로부터 유래되었음을 확인하였고 생물들의 계통수는 기존의 표준적 방법에 의한 것과 대체로 일치하였다. 특정한 유전자를 손쉽게 클로닝하는 기술이 개발되면서 단백질의 아미노산 서열보다는 유전자의 염기 서열을 결정하는 쪽으로 연구가 진행되었다.

1970년대에 칼 워즈(Carl Woese)는 모든 생물의 진화적 관계를 알아보기 위하여 16S 리보좀 RNA를 선택하였다. 리보좀은 동, 식물은 물론 미생물에서도 발견되는 생명체의 기본 구조이며 그를 구성하는 RNA의 염기서열은 생물체 간에 잘 보존되어 있다. 그는 리보좀의 작은 알갱이(소단위)를 구성하는 16S RNA의 염기서열을 비교하여 모든 생물의 계통분류를 완성하였다. 그 결과는 놀랍게도 모든 생물을 세 무리, 즉 시원생물(archaea), 세균(bacteria), 진핵생물(eukarya)로 나누게 된 것이다. 이렇듯 핵산의 염기서열은 공통조상에서 갈라져 나온 순간부터 서로 달라지기 시작하여 그 달라진 정도를 통해 진화의 역사를 추정해 볼 수 있는 것이다.

유전정보와 관련된 세포활동은 생물체의 생존에 직결되기 때문에 모든 생물에 잘 보존되어 있다. 핵산의 복제과정, 유전암호, 유전정보의 발현과정 등은 모든 생물에서 거의 같다. 이 사실은 모든 생물이 하나의 공통조상에서 유래되었음을 강력히 암시하는 것이다. 생명체가 여러 번, 또는 여러 방식으로 출현하였다면 있을 수 없는 현상이다. 우리는

28) 지금은 사람 유전자를 조작하여 대장균에 넣고, 그것을 발현시켜 생산하므로 비용이 적게 들 뿐만 아니라 면역 반응이 없다.

29) Fitch W.M. "The molecular evolution of cytochrome C in eukaryotes". *J. Mol. Evol.* (1976) **8**:13-40.

생명의 다양성에 대하여 자주 언급하였다. 이러한 다양성은 지금과 같은 유전체제 위에서 발전된 다양성이다. 생명체제의 관점에서는 지구상의 모든 생명은 오직 하나의 체제에서 파생된 매우 특수한 집단이다.

9. 진화론과 창조론의 갈등

다윈의 진화론은 탄생 단계에서부터 일부 종교계와 타협 불가능한 대립을 예고하고 있었다. 다윈은 아버지의 희망에 따라 신부가 되기 위하여 케임브리지 대학에 입학하였으나 신학 학위를 취득하지 않았다. 장차 진화론과 종교의 양립할 수 없는 갈등을 극적으로 암시하는 역사의 전조는 아니었을까? 1859년 「종의 기원」이 발표된 직후 종교계에서 반론이 시작되었다. 인간을 포함하는 모든 생명체는 비록 지금은 매우 다양한 모습을 띠고 있지만 하나의 공통조상에서부터 갈라졌다는 진화론의 핵심사상을 종교계가 수용하지 않는 것이었다. 특히 영혼을 지닌 인간은 하나님에 의해 하나님의 형상으로 창조되었다는 기독교계의 가르침이 진화론을 인정할 수가 없는 것이다. 격렬한 논쟁이 시작되었다. 그러나 다윈 자신은 이런 논쟁에 직접 참여하지 않았다. 다윈의 열렬한 지지자 토머스 헨리 헉슬리(Thomas Henry Huxley)[30]가 다윈을 적극 옹호하였다. 다윈이 논쟁에 나서기를 꺼려했던 이유는 밝혀져 있지 않으나 사실 가정과 교육과정에서 기독교의 영향을 크게 받은 그로서는 스스로 혼란스러워 했을지도 모른다. 자신의 과학적 신념과 종교가 갈등을 빚는 모든 사람들처럼.

창조론자들의 주장은 이러하다.

> 생명체들은 독립적으로 서로 다르게 창조되었으므로 처음부터 그들 간에는 상호 연관성이 없다. 따라서 진화론에서 주장하는 공통조상 따위는 존재하지 않으며 화석을 통해 잃어버린 고리(missing link)[31]를 발견하지 못하는 것은 바로 이 때문이다.

기왕 잃어버린 고리 이야기가 나왔으니 잠깐 정리하고 넘어 가자. 생물의 두 계통을 잇는 공통조상은 그들의 서식환경에 잘 적응된 무리는 아니며 아직 분화가 덜 된 집단이

30) 토머스 헨리 헉슬리(Thomas Henry Huxley, 1825~1895)는 영국 의사로서 남양 지역을 탐사하는 영국 군함 래틀스네이크호에 보조 외과의 자격으로 승선하였다. 4년간 해상 근무를 하면서 해양 동물의 형태학, 비교해부학, 고생물학적 연구를 수행하였다.

31) missing link(잃어버린 고리)란 진화론 비판하는 사람들이 즐겨 사용하는 말로 만일 진화에 의해 종의 다양성이 생긴다면 두 개의 계통을 잇는 공통조상이 화석으로 발견되어야 하는데 발견되지 않는 존재를 일컫는 말이다. 실제로 그러한 화석들은 꾸준히 발견되고 있으며, 따라서 진화론자들은 근래에 와서는 이 말을 거의 사용하지 않는다.

다. 그런 집단이 새로운 여러 환경에 다양하게 분화하며 적응되었다. 이런 집단은 당시 환경에 특수하게 분화된(잘 적응된) 무리와는 달리 개체수가 많지 않은 것이 일반적이다. 개체수가 적으니 화석으로 나타날 확률이 낮은 것은 당연하다.

두 계통을 연결하는 공통조상의 화석이 비록 드물긴 해도 가끔 발견되어 계통학 연구자들을 기쁘게 한다. 이미 언급한 시조새나 틱타알릭이 그런 것들이다. 자연과학에 대한 종교계의 입장에 따라 창조론은 여러 가지 형태로 변형되었다. 성경의 기록을 글자 그대로 역사적, 과학적 진실로 인정하는 기독교 근본주의가 그 중 하나이다. 새로운 세대를 가르치는 교육현장에서 과학과 종교의 대립이 불가피하게 되었고 이것은 곧 정치적 쟁점이 되었다. 끊임없는 과학의 발전과 그러한 발전을 바탕으로 날로 새로워지는 과학의 도전에 대응하여 창조론 또한 변모하게 되는데 지적설계론이 그러하다(표 4-1).

표 4-1 종교와 진화론의 갈등의 역사

1860년	'헉슬리-윌버포스 논쟁'; 그 결과 유럽의 지식인들의 주류가 진화론으로 기울게 됨
1925년	'스콥스 원숭이 재판(Scopes Monkey Trial)'-테네시의 진화론 교육. 과학담당 교사 스콥스의 유죄
1928년	아컨소 주법: 교육기관에서 진화론 교육 불가
1968년	미 연방 대법원은 그 법을 종교와 정치의 분리를 명시한 수정헌법 조항에 위배된다고 판결
1987년	연방대법원이 공립학교에서 창조론 교육 불가 판결 그 후, 새로운 가설 '지적설계론(Intelligent Design Theory)' 탄생
2005년	미국 펜실베이니아주의 도버 재판(Dover Trial) 존스(John E. Johns III) 판사, '지적설계론이 과학인가' 하는 문제를 따져본 결과, 과학이 아니라는 결론을 내렸다며 지적설계론을 교과과정에 넣는 것은 공립학교에서 종교교육을 금지한 미국 헌법에 어긋난다고 판시.
2012년 2월	도킨스 vs 캔터베리 대주교의 논쟁

10. 지적설계론

지적설계론은 미국의 창조론자들에 의해 개발된 개념으로 우주나 생명의 어떤 성질은 어떤 목표나 방향성이 없는 무작위 과정에 의해 생성된 것이 아니고 지적 원인에 의해 생성되었다는 주장이다. 지적설계론은 창조론의 변형으로서 종교적 배경을 드러내지 않고 생명의 기원을 과학적 근거(?)를 가지고 설명하려 한다. 주창자들은 때때로 설계자는

'기독교적 하느님' 이라고 밝히고 있으나 공식적으로는 의도적으로 그 실체에 대하여 특정하지 않고 있다.

생명에 대한 설계의 개념이 처음 나타난 것은 13세기 토마스 아퀴나스[32]에 의한 것으로 신의 존재를 나타내는 다섯 번째 증거가 그것이다. 그에 따르면 세상의 모든 사물(생명체)들은 특정한 목적에 따라 활동하는데 그 이유는 지적 능력을 부여받았거나 질서를 통해 활동하게 되었기 때문이다. 이토록 목적에 맞게 활동하는 사물에는 그들을 설계한 지적 존재가 필연적으로 요구되는데 그 존재가 바로 신이라는 논리이다. 그 뒤 1802년 윌리엄 페일리(William Paley, 1743~1805)의 시계공(watchmaker)에 관한 유추로 설계자가 또 다시 화제에 오른다. 시계와 같이 복잡하고 정교한 기능을 가진 사물은 자연현상에 의해 저절로 생겨날 수 없으며 반드시 그것을 설계한 자에 의해 생산된다는 것이다.

1980년대에 들어와서 미국 기독교 근본주의자들은 공립학교에서 진화론을 가르칠 수 없게 됨에 따라 신앙에 근거를 둔 창조론을 제쳐두고 '지적설계론'을 제창하기에 이른다. 이들은 생명체에 진화만으로는 설명이 불가능한 복잡성이 존재한다고 생각한다. 고도로 조직화된 생명활동이 진화론에서 설명하는 바와 같이 무작위한 변화의 축적으로 얻어진 것이 아니라 지적 존재에 의한 설계에 의한 산물이라는 주장이다. 생명체의 여러 활동들은 특수한 목적에 부합되도록 이루어지는데 이런 것들은 설계에 의해서만 생길 수 있으며 그 뒤에는 설계자인 지적 존재가 있어야 한다는 것이다. 이 주장을 뒷받침하는 몇 가지 논거를 열거하고 그에 대한 반론을 각각 제시하고자 한다.

1) 축소 불가능한 복잡성(irreducible complexity)

마이클 비히(Michael Behe)가 개발한 논리이다.

> 어떤 기능을 담당하는 복잡한 시스템은 여러 부분으로 구성되어 있다. 진화론에 의하면 이 기능은 한 원시기관에서 많은 변화의 과정을 거쳐 현재에 이르렀으며 그 동안 같은 메커니즘을 통하여 발전하였다. 이 기관이 기능을 발휘하기 위해서는 모든 구성 성분들의 정교한 협력이 요구되는데 불완전한 선구적 기관으로는 이와 같은 메커니즘이 적용될 수 없다. 따라서 축소 불가능한 복잡성을 갖는 기관은 선구적 기관에서 진화된 것이 아니라 지적 존재의 설계에 의하여 창조된 것이다.

비히는 예로 세균의 편모를 들었다. 세균의 편모는 세포 밖으로 뻗은 긴 채찍 모양의 섬유, 세포벽과의 연접 부위에서 필라멘트를 싸고 있는 갈고리, 세포벽과 세포막을 관통

32) F.C. 코플스톤, 강성위 옮김, 「토마스 아퀴나스」 성바오로 출판사 (1993) pp. 180-181.

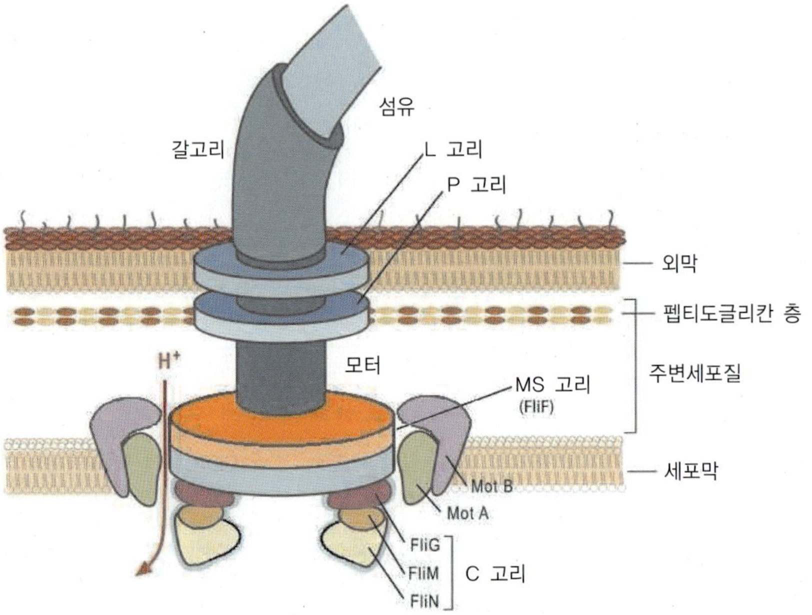

그림 4-8 세균의 편모. 세포막과 세포벽을 관통하는 편모의 정교한 구조. 특히 세포막에는 편모를 움직이는 모터가 있고 여기에 에너지를 공급하는 복잡한 단백질 구조가 있다.

하는 모터 등으로 구성되어 있다(그림 4-8). 모터에는 수많은 단백질이 결합되어 있다. 이 중에는 모터의 축, 세포벽과 세포막에 결합되어 모터를 고정시키는 단백질, 양성자기동력을 이용하여 모터 축을 회전시키는 작용을 하는 단백질 등이 있다. 이 모든 단백질들이 서로 정교하게 연관되어 세균의 운동을 수행하는데, 만일 이 중에 하나라도 불완전하면 전체의 작용 메커니즘이 중단될 수밖에 없다. 초기에 불완전하며 단순한 시스템이 자연선택을 거쳐 복잡하고 완전한 기능을 수행한다는 진화론의 논리가 모순이라는 지적이다.

위와 같은 비히의 논리를 보면 그가 진화론뿐만 아니라 세균의 편모에 대해서도 이해가 부족하였음을 알게 된다. 편모는 처음부터 운동을 **위하여** 생겨난 구조가 아니다. 그러므로 초기부터 운동 메커니즘이 작용할 리 없다. 또한 세균의 편모가 매우 정교하고 특별한 구조이긴 해도 어느 날 갑자기 생겨난 것이 아니다. 세균에는 편모와 유사한 여러 가지 구조가 존재하는데 이들 중에는 세포에서 생산한 단백질을 외부로 분비하는 구조, 다른 세포에 물질을 주입하기 위한 구조, 외부 물질을 흡수하는 데 이용되는 구조 등 다양하다. 이들을 구성하는 단백질 유전자들은 편모 단백질 유전자와 상동성을 나타낸다. 세포 속의 단백질들이 이렇게 저렇게 결합하다 우연히 필라멘트가 회전하는 상황에 이르렀고 이러한 움직임이 세균의 생존에 유리하면 그 메커니즘이 더욱 정교하게 다듬어지는 것이다.

2) 특정적 복잡성(specified complexity)

윌리엄 뎀스키(William Dembski)의 이론이다.

> 생명체에서는 특정적 패턴이 매우 복잡하게 얽혀 있다. 특정적인 패턴은 이루는 부분들이 명확한 정보로 나타난다. 한편 복잡한 것이 지속적으로 나타날 수 있는 것은 우연히 생성될 가능성이 낮다. 특정적이면서 복잡한 것(예를 들면, 생물학적 정보)은 우연이나 자연법칙에 의한 산물이라기보다는 지적 존재의 설계에 의한 산물이다.

알파벳 한 글자 또는 몇 개로 이루어진 단어는 명확하지만 복잡하지 않다. 알파벳의 긴 무작위적 배열은 복잡하기는 하지만 명확하지 않다. 셰익스피어의 작품은 명확하고 복잡하다. 그 이유는 의도된 것이기 때문이다. 뎀스키는 명확하고 복잡한 생명체는 무작위적이지 않고 따라서 그것을 완성할 확률은 매우 낮으므로 무작위적 진화로부터 발전될 수 없다고 주장하였다.

생명체의 복잡성은 처음부터 이루어진 것이 아니다. 셰익스피어의 작품이 처음부터 복잡하게 탄생한 것이 아니다. 한 문장 한 문장 선택되고 그 선택된 것들을 바탕으로 조금씩 추가된 것이다. 생명체의 복잡성이 그러하다. 복제과정은 이전에 선택된 것으로서 생명체의 생존을 보장하며, 돌연변이(무작위)를 통해 새로운 단어를 추가한다. 추가된 단어가 적절하지 않으면 폐기되고 또 다시 새로운 것이 시도된다. 현존하는 생물들의 복잡성은 적어도 35억 년 동안의 시행착오 끝에 완성된 것이다. 생물학적 패턴의 명확성도 검토해 보자. 세포 속의 수많은 단백질은 저 마다 독특한 기능이 있다. 대부분은 그 기능이 특이(specific)하지만 항상 그렇지는 않다.

이른바 다기능 단백질(moonlighting proteins)은 몇 가지 기능을 동시에 나타낸다. 척추동물의 눈을 구성하는 렌즈는 크리스탈린(crystallin) 단백질로 이루어져 있으나 이 단백질은 이미 세포에서 다른 효소기능을 담당하고 있다. 오리에서는 젖산 탈수소효소(lactate dehydrogenase)의 기능을 수행하고, 거북에서는 해당과정에 필요한 α-에놀라제(α-enolase) 효소이다.[33] 더욱 놀라운 것은 α-에놀라제는 인간에서 중증 천식을 일으키는 자가항원(autoantigen)인 것으로 드러났다.[34] 이 모든 것이 무엇을 뜻하는가? 땜질(tinkering)이라고 일컬어지는 진화의 방식을 보여주는 것이다. 어떠한 구조도 그 목적에 맞게 특수화된(specified) 것이 아니고 우연히 그 기능을 담당하게 된 것이며 또 다른 용

33) Huberts, D.H.E.W. and van der Klei I.J. "Moonlighting proteins: an intriguing mode of multi-tasking". *Biochim. Biophys. Acta* (2010) 1803: 520-525.

34) Nahm D-H et al. "Identification of α -enolase as an autoantigen associated with severe asthma". *J. Allergy Clin. Immunol.* (2006) 118(2): 376-380.

도로도 사용될 수가 있는 것이다. 진화의 작업장에 벽돌이 나타나면 그것으로 길 바닥에 깔기도 하고 건물의 벽을 세우기도 하며 때로는 널빤지 사이에 끼워 책장으로도 사용된다.

3) 정교하게 조정된 우주(fine tuned universe)

> 우주의 기본 물리상수들은 매우 치밀하게 조정되어 있고 그런 환경 속에서 생명체의 탄생은 결코 우연이 아닌 지적 존재에 의해 설계된 필연적 사건이다.

우주의 물리계에서 일어나는 모든 현상은 여러 가지 물리적 상수들의 지배를 받는다. 이들 상수 중 어떤 것이 조금만 달라져도 현재와 같은 우주 상태를 갖추지 못했을 것이다. 생명은 물론 현재의 우주는 이러한 물리상수들이 미세하게, 정교하게 조정된 결과 탄생된 것이며 이를 조정하고 설계한 지적존재가 반드시 필요하다는 이론이다.

이 논리는 전형적으로 합목적적이다. 지금과 같은 우주, 생명을 탄생시키기 위해 물리적 상수가 그렇게 조정된 것이 아니고 그러한 물리적 상수의 영향으로 이와 같은 세계가 존재할 수 있게 된 것은 아닐까? 만일 물리적 상수가 지금과 달랐다면 우주는 전혀 다른 모습을 띠고 있을 것이다. 어찌 되었든 그에 부합하는 무엇이 우리의 상상력 너머에 존재할 것이다.

11. 종교의 기원

인간에게 종교적 행위가 어떻게 나타났는지에 관한 흥미 있는 기사가 있어 소개하고자 한다.[35] 거의 모든 문명이 다양한 초자연적 능력을 숭배하는데, 이처럼 이 세상에 존재하지 않는 것을 믿는 행위는 인류의 고유한 속성인 듯하다. 물질적 증거도 없는 존재에 대한 믿음이 어떻게 초기 인류의 생존에 도움이 되었는가? 스티븐 굴드(Stephen Jay Gould)와 리처드 르원틴(Richard Lewontin)의 제안에 따르면 인류는 다른 것의 존재를 추정하는 능력으로 번성하게 되었으며 종교는 여기에서 파생된 일종의 부수 효과라고 한다. 덤불 속에서 부스럭거리는 소리를 듣는다면 우리는 본능적으로 무엇이 숨어 있다고 생각한다. 이런 경향은 당연히 진화적으로 유리하다. 만일 그 생각이 옳았다면 포식자에 대한 경각심으로 도움이 되었을 것이고 틀렸더라도 별로 잃을 것이 없다.

또 하나는 서술오류(narrative fallacy)라고 하는 것으로 인간은 우연한 상황일지라도

35) Michael Moyer "Religious thought". *Scientific American* (2009) 301(3): 76.

우리 주변의 상황을 원인과 결과(인과관계)의 이야기로 만들어 낸다. 인간은 다른 사람의 생각과 의도를 추측할 수 있고 그것이 우리의 것과 다르다고 추측한다. 이런 것들은 인간의 근본적인 속성인데, 이것은 문화의 전제 조건이다. 인간은 다른 사람의 마음을 추측하는 단계에서 신의 마음을 추측하는 단계로 발전하였다. 이렇듯 인간사회를 번성하게 한 진화적 적응이 신의 믿음을 위한 자양분을 제공한 듯하다.

12. 과학과 종교

과학과 종교는 모두 인간과 자연현상에 대한 **근본적** 해답을 제시하는 것을 목표로 하고 있다. 과학은 모르는 것을 포함한 모든 현상을 인간의 지적 활동으로 이해할 수 있도록 탐구하며 그 결과에 따라 **잠정적** 해답을 얻는다. 종교는 신앙에 의한 초자연적 존재(신)로 미지의 현상을 해명한다. 그 해답은 **궁극적**이다. 이처럼 과학과 종교가 동일한 목표를 갖고 있음으로 해서 갈등이 빚어지는 것은 어쩌면 당연하다. 마주 보고 있는 생선가게가 어떻게 서로 화합하며 살아가겠는가? 많은 철학자, 과학자, 종교가들이 두 진영의 관계를 조명하고 대책을 모색하여 왔다. 그 가운데 하나는 배격론이다. 두 진영은 근본적으로 양립할 수 없으므로 상대를 거부하고 배척하는 전략이다. 근세 유럽에서 벌어졌던 종교재판이나 수년 전 까지도 벌어졌던 진화론과 창조론간의 법정 다툼이 그 사례이다. 다음은 화해론이다. 과학과 종교가 서로 각자의 영역에서 상대를 인정하자는 제안이다. 한 가지 흥미 있는 통계를 인용한다.[36] 1996년의 여론조사에서 미국의 과학자 중 39%가 신의 존재 믿는다 하였고, 1997년엔 미국인 과학자의 99%가 진화론을 수용한다고 하였다. 이 결과는 신을 믿는 미국과학자조차도 대부분이 진화론을 인정한다는 뜻이다. 이들은 과연 어떻게 신과 진화론을 함께 받아들일까?

교황 요한 바오로 2세는 1996년 10월 23일 교황청 아카데미에서 "새로운 발견들이 우리로 하여금 찰스 다윈의 이론이 단순한 가설 이상의 것임을 인정하게 됐다"[37]고 선언하고 진화론과 교회의 교리 사이에 갈등은 없다고 하였다. 그러나 그 후 즉위한 베네딕토 16세는 즉위 미사 강론에서[38] "우리는 진화의 우연하고 무의미한 산물이 아닙니다. 우리 한 사람 한 사람은 하느님의 사유의 산물입니다"라고 하여 다시 원점으로 돌아간 듯하다. 가톨릭 교회가 진화론을 수용한다고 해서 창조론을 포기한 것은 아니다. 몸은 진화를 거쳐 인간이 되었을지라도 그의 영혼은 신이 부여한 것으로 설명한다. 1992년 10월 31일

36) 마이클 셔머(Michael Shermer) 류운 옮김 「왜 다윈이 중요한가?」(*Why Darwin matters?*) 2008.
37) Wikipedia, Catholic Church and evolution
38) www.cbck.or.kr, 교황 베네딕토 16세 성하의 즉위 미사 강론

교황 요한 바오로 2세는 갈릴레이의 과학적 입장에 대한 종교재판에서 교회의 잘못을 인정하고 유감을 표시하였다. 실로 359년 만의 복권이다. 가톨릭교회가 태양중심설-이 명확하고 간단한 과학적 결론-을 인정하는데 걸린 세월이다. 비록 매우 느리기는 하여도 종교가 교리에 어긋난다고 해서 과학적 연구의 결과를 끝까지 배척할 수는 없게 되었다.

마지막으로 무관론이다. 종교와 과학은 서로 다른 분야이므로 서로 간섭할 필요 없이 각자의 길을 가면 된다는 견해이다. 그러나 이 주장은 현실적으로 존재하는 과학과 종교의 갈등을 마치 없는 것처럼 회피하는 것이다.

과학과 종교의 갈등에 대하여 여러 사람들이 나름대로 여러 가지 해결책들을 제시해 왔다. 그 중 하나는 종교는 과학의 영역을 침범해서는 안 되고 오직 인간의 양심, 도덕, 윤리 등에만 전념하여야 한다는 입장이다. 그러나 이 주장은 종교에서 결코 수용할 수 없는 제안이다. 이것은 세계에 대한 궁극적 해답을 추구하는 종교의 목표를 포기하라는 말이기 때문이다. 과학자의 입장에서 보면 모든 현상(인간을 포함한 자연현상)은 인간의 지적능력으로 해결할 수 있다고 믿고 해답을 추구한다. 그러나 과학 지식이 많아질수록 의문은 더욱 늘어나며 복잡해지고 또 난해해진다. 인간의 능력으로 모든 것을 해결할 수 없을 것이란 불안감이 엄습한다. 초자연적 절대자에 의지하는 종교에도 고민은 있다. 종교의 교리와 과학이 대립되는 상황에서 과학 활동을 포기해야 하는 부담이 있다. 더욱이 과학의 발전으로 신앙에 대한 모순이 점점 더 확대돼 가는 현실을 해명해야 한다. 이런 상황에서 양자의 입장을 모두 반영하기란 쉬운 일이 아니다. 먼저 마이클 셔머(Michael Shermer)[39]의 책을 인용하여 과학과 종교의 관계를 재조명해 보자.

> A를 A 아닌 것으로, 실재를 실재하지 않는 것으로, 자연주의를 초자연주의로 만들려 하지 않는 한, 신자들은 종교와 과학을 함께 가질 수 있다. 따라서 유신론자들에게 가장 논리적으로 일관된 논증은 바로 이것이다. 신은 시간과 공간 바깥에 있다. 다시 말해서 신은 자연 너머에-자연을 초월해, 초자연적으로-있으며 따라서 자연적 원인들로는 설명할 수 없다. 신은 과학의 영토를 넘어서 있으며, 과학은 신의 영역 바깥에 있다. 신을 초자연적인 존재로 있게 하는 것은 믿음이다.

종교에 대한 사람들의 인식은(종교관) 사람마다 다르다. 모든 종교는 이런 신앙의 속성을 잘 알고 있기 때문에 강론, 설교, 또는 설법을 통하여 그들 종교의 정형을 제시하고 지도한다. 규범을 지나치게 벗어나면 이단으로 낙인찍어 제재한다. 과학과 종교에 대한 태도 또한 사람마다 다르다. 어떤 사람은 경전에 기술된 모든 것을 글자 그대로 사실로

39) 마이클 셔머(Michael Shermer), 류운 옮김. 「왜 다윈이 중요한가?」(*Why Darwin matters?*), 2008, 바다출판사

받아들이고 의심하지 않는다. 그리하여 예수가 동정녀 마리아에서 태어났다든지, 석가가 태어나자마자 일곱 걸음을 걷고 나서 '천상천하 유아독존'을 외쳤다든지 하는 것을 믿는다. 이런 것들은 언제나 과학으로부터의 비판에 방어적일 수밖에 없다. 창조론의 경우도 마찬가지이다. 신체에 관해 진화론을 수용한다 해도 절대자가 부여했다고 믿는 정신에도 만족할 만한 해답을 내놓기가 쉽지 않다. 반대편 극단에 서 있는 사람들은 철저한 무신론자들로서 어떤 경우라도 자연법칙으로 해명할 수 있다고 보는 것이다. 그런데 과학을 탐구하다 보면 자연 현상의 오묘한 질서와 심오함에 비해 우리의 지적능력이 얼마나 보잘것 없는지 깨닫게 된다. 또한 우리가 사는 세상보다 한 차원 다른 의식 세계가 있어야 할 것 같은 느낌이 강하게 들게 되는 것이다.

과학과 종교 모두 인간의 지적 행위이므로 만일 갈등이 있다면 개개인에게서 발생하는 문제이다. 특히 종교는 지극히 개별적인 것이어서 각자의 믿는 행위는 천차만별이다. 신에 대한 개념이 사람마다 달라 각자 어떤 수준에서 과학과 타협하는지 알 수 없고 타인이 간섭할 수도 없다. 과학과 종교의 속성이 이러할진대 각 진영은 집단의 이해관계를 개인에 강요해서는 안 된다. 이 말은 과학과 종교는 집단으로 서로 대립할 것이 아니고 양 진영의 갈등을 개인의 수준에서 해결하도록 허용하고 간섭하지 말아야 한다. 이것이 두 진영이 서로 공존하는 유일한 길이라고 믿는다.

단원정리 4

우리 주변에 다양하게 널려 있는 동식물들을 분류하는 것은 그리 만만한 일이 아니다. 생물의 종류가 많은 탓도 있지만 그보다는 분류의 근거로 삼는 차이점과 유사성을 두고 무엇을 더 강조할 것인지 결정하기 어렵기 때문이다. 단지 눈에 보이는 같은 점과 다른 점만을 가지고 결정하기(관측분류)보다 그러한 유사점, 차이점이 발생한 원인을 바탕에 두고 분류(이론분류)하면 개별 생물에 대한 이해가 더 높아질 수 있다. 현대의 생물분류는 진화를 이론적 근거로 삼고 있다.

진화설은 생물 종이 오랜 세월 지나면서 점차 변화한다는 이론이다. 고대 그리스의 아낙시만드로스는 생물체가 처음 물에서 간단한 형태로 태어나 점차 복잡하게 발전된다고 하였다. 프랑스의 과학자 뷔퐁(Buffon)은 화석생물이 현재 살아 있는 동물과 공통점을 갖는다고 하였다. 더 나아가 생물들은 그들의 기원(창조) 중심에서 벗어나 널리 퍼지며 다양하게 생성된다고 하였다. 역시 프랑스의 생물학자 라마르크(Larmark)는 화석생물이나 현존하는 생물들에서 나타나는 다양성은 생물이 진화한다는 증거라고 하였다. 그의 이론은 두 가지 가설을 포함하는데 첫째로, 빈번하게 사용하고 단련시키는 신체 기관은 점점 더 기능이 좋아지고 발전되고, 그렇지 않은 것은 위축되고 퇴화된다는 이른바 용, 불용설이다. 두 번째는 이렇게 형성된 획득형질은 후손에 전달됨으로써 종은 그들의 환경과 상호작용으로 진화된다는 것이다. 획득형질의 유전은 바이스만(Weismann)의 강력한 반론에 부딪쳤다. 그에 다르면 유전은 오직 생식세포 의해서 이루어지며 생식세포에서 유래된 형질은 체세포로 그대로 전달될 뿐, 체세포의 어떠한 형질(획득형질)도 생식세포에 전달될 수 없다(바이스만 장벽)고 하였다.

찰스 다윈은 초기에는 의학 및 신학을 공부하였으나 결국 자연학에 심취하였다. 1831년 탐사선 비글호(HMS Beagle)에 승선하여 지질학적, 생물학적 표본을 수집하고 탐구하였다. 탐사여행이 끝난 후 오랫동안 진화에 관하여 집필해 오던 중 월리스(Wallace)의 견해가 자신 것과 거의 동일하다는 것을 알게 되었다. 1858년 월리스와 공동 명의로 자연선택에 관한 논문을 출판하였다. 이에 자극을 받아 1859년 11월에 자신이 집필해 오던 책, 「종의 기원」을 출판하였다. 한 가지 분명히 하고 싶은 것은 다윈의 「종의 기원」에서 진화가 일어나는 원리를 제시하였다는 점이다. 다윈으로 하여 진화론이 더욱 설득력을 갖게 된 것은 사실이지만 진화론은 다윈 이전에 이미 있었으므로 다윈의 이론과 진화론 자체를 동일시하는 것은 잘못이다.

「종의 기원」에서 다윈은 어떻게 원래의 종에서 다른 종으로 변화하는지 그 원리를 밝혔다. 그의 논리는 다음과 같다.

1) 생물의 생식력은 매우 높아서 환경이 수용할 수 있는 집단의 크기보다 더 증가할 수 있는 잠재력이 있다. 다른 말로, 생물은 환경이 허용하는 수보다 더 많은 새끼를 낳는다. 2) 그렇지만 집단의 크기는 거의 일정하게 유지된다. 태어난 새끼 중에 일부만 살아남기 때문이다. 3) 개체군을 구성하는 개체들에는 다양한 유전성 변이가 있다. 4) 환경에 적합한 변이를 가진 개체는 더 많이 생존, 더 많은 자손을 낳는다. 이로써, 개체군은 특정한 변이를 가진 개체의 빈도가 높아진다. 결국 변이에 따라 생식의 성공률에 차이가 발생하는데 이를 자연선택(natural selection)이라 한다. 오랜 세월에 걸쳐 자연선택이 일어나면 원래의 종에서 발견할 수 없는 여러 가지 변이가 축적되어(descent with modification) 종이 변하게 된다. 이것이 진화가 일어나는 메커니즘이다.

다윈은 진화가 개체군의 단위에서 일어난다고 보았다. 자연선택으로 개체군을 형성하는 개체들의 유전자 빈도에 변화가 발생하며 이것이 오랜 기간 누적되어 진화를 일으킨다. 개체군의 유전자 빈도를 유발하는 또 다른 요인들은 차등적 교배, 유전자 부동, 유전자 유동, 돌연변이 등이 있다. 자연선택과 차등적 교배 이외의 유전자 빈도 변화는 근본적으로 무작위로 나타나는 현상이므로 방향성이 없고, 지속적이지 않고, 예측이 불가능하다. 이 변화로는 진화적 적응이 생겨나지 않는다. 오직 자연선택과 차등적 교배만이 집단을 적응으로 유도하는 요인이다. 돌연변이(위의 유전자 빈도 변화를 유발하는 요인들을 통칭하여)는 무작위하게 일어나지만 자연선택은 무작위하지 않으므로 적응은 방향성이 있고, 지속적이며, 때로는 예측이 가능한 것이다.

획득형질의 유전은 꽤 매력적인 이론이어서 다윈 자신도 이를 믿고 있었거니와 현대에 와서도 이를 주장하는 학자들이 끊이지 않고 있다. 그 결과 세포는 어떻게든 환경에 가장 적합한 형태의 유전적 변화를 주시 또는 예견하면서 가장 적합한 돌연변이를 선택 또는 지시(directed mutation)한다고 생각한다. 물론 이에 대한 증거는 없다. 현대의 학자들은 유전자 발현(표현형)에 영향을 주는 유전자 이외의 요인에 주목한다. 이에 따른 유전현상을 후성유전이라 한다. 히스톤의 아세틸화, 핵산의 메칠화, X-염색체 불활성화, 유전체 각인 등은 아직 변화된 유전적 형질이 생식세포를 통해 지속적으로 후손으로 전달된다는 근거를 제공하지 못하고 있다.

획득형질에 대한 필자의 견해는 이렇다. 먼저 환경이 변하면 그 변화에 맞는 생리적 적응이 생겨난다. 생리적 적응은 유전자의 변화 없이 신체의 여러 생리작용이 불리한 환경을 극복하도록 조정되는 현상이다. 이와 같은 생리적 적응에 의한 표현형 변화에는 많은 에너지가 소모된다. 생물들은 항상 에너지 소비를 줄이려는 선택압력을 받게 되는데 환경변화에 적합한 돌연변이가 출현되었을 때 지체 없이 선택되어 진정한 진화적 적응을 획득하는 것이다. 이 이론이 다윈의 자연선택과 다른 것은 환경이 변화한 뒤에 돌연변이가 출현하는 것이다. 생물은 환경변화와 돌연변이 사이의 기간 동안 생리적 적응으로 어려운 환경을 극복해 나가는 것이다.

다윈이 제안한 바대로 개체군의 대립인자 빈도 변화가 오랜 세월 지나면서 축적된다 하여도 그것으로 새로운 종이 생겨날 수 있을까? 어류와 같은 수생동물이 네발동물로, 폐를 가진 육상동물로, 또는 파충류에서 날개 달린 조류로 진화하는 과정에서 보듯이 높은 수준의 분류군(taxon)에서는 신체구조에 획기적인 변화가 일어난다. 사람들은 유전자 빈도의 차이만으로 그 원인을 충분히 납득하지 못하고 있다. 자연선택이 개체군 수준에서 일어나 종의 다양화에 기여한다면 이를 미세진화(microevolution)라 하고 그 이상의 수준, 예를 들면 속이나 과 단위의 변화를 거대진화(macroevolution)라 한다. 일부 학자들은 높은 분류단계에 도달하도록 진화되려면 유전자 빈도의 차이 이상의 다른 원리가 필요하다고 주장한다. 생물학적 신형을 유발하는 데에는 유전자 발현을 조절하는 유전자가 역할을 할 것이라 생각된다. 초파리에서 발견된 호메오 유전자는 신체구조에 크게 영향을 미치는 많은 유전자들의 발현을 조절한다. 척추동물에도 이에 상응하는 유전자를 발견하였는데 혹스 복합체(Hox complex)라 명명되었다. 이 유전자들은 작은 돌연변이 하나가 많은 유전자의 발현에 영향을 미쳐 신체 구조에 큰 변화를 야기한다. 거대진화 역시 진화를 추진하는 원동력으로 자연선택 이외에 특별한 메커니즘이 필요하지 않은 이유이다.

호메오 유전자의 변화로 성체가 되어도 어린 시절의 특징을 그대로 간직하는 경우가 있다. 이 변화가 새로운 종의 진화로 이어질 때 유형진화라 한다. 아홀로틀(axolotl)이라 불리는 멕시코 도롱뇽은 성체가 되어도 유생 시절의 아가미를 지니고 계속 물속에서 생활한다. 침팬지와 인간의 성장을 비교하였을 때 인간은 성체가 되어도 어린 시절의 여러 특징을 갖고 있다. 유형진화의 예들이다. 신체의 변화로 가끔 한 부위가 원래와는 다른 새로운 용도로 사용되는데 이것이 새로운 진화의 길을 가게 되는 계기가 된다. 이러한 진화방식을 굴절적응(exaptation)이라 한다. 어류의 장 일부가 폐로 변한다든지, 골격을 갖춘 지느러미가 사지를 형성하여 육상 생활을 가능하게 함으로써 육상 척추동물로 진화하게 되는 경우이다.

종(species)은 자유로운 생식활동을 통하여 생산력이 있는 자손을 낳는 개체들의 무리라고 정의할 수 있다. 한 개체군에서 새로운 종이 파생되는 것을 종분화라 하는데 동일한 종의 무리 속에서 새로운 종이 형성되려면 두 무리 간에 유전적 교류가 끊어져야 한다. 즉, 생식적 단절이 필수적 요소이다. 생식적 단절은 여러 형태의 격리가 원인이 되어 나타나는데 서로의 만남을 방해하는 지리적 격리, 생식기 구조의 변화로 야기되는 기계적 격리, 신체발달이나 생화학적, 분자생물학적 변화에 의한 생리적 격리, 염색체 이상에 의한 유전학적 격리, 개체들 사이의 행동변화에 따르는 행동적 격리 등이 있다.

생물의 진화에 여러 가지 증거가 있다. 가장 고전적이며 확실한 증거는 화석이다. 화석은 과거시대에 생존하던 생물의 흔적이다. 오랜 세월 싸인 퇴적층에 묻혀있는 화석을 놓고 각 층에서 발견되는 화석들과 현존하는 생물종을 서로 비교해 보면 이들이 서로 매우 비슷하기는 하여도 같은 종은 아니라는 것이다. 화석으로 발굴된 생물은 무슨 까닭으로 현존하는 생물종과 그토록 닮아 있는가? 왜 현재 생존하는 종들은 화석으로 발견되지 않는가? 왜 화석에서 나타난 종은 현재 생존하지 않는가? 진화론의 설명은 화석생물은 현존하는 생물의 조상이며 조상에서 후손으로 이어지는 그 수십만 년의 세월동안 종이 변화되었기 때문에 이들이 현재 생물과 같지 않다는 것이다. 이것이 가장 타당한 결론이다. 생물의 지리적 분포가 진화의 증거를 제시하기도 한다. 대륙에서 멀리 떨어진 섬에서 발견되는 어떤 생물들은 대륙의 종과 매우 비슷하지만 서로 다른 종이다. 이들이 대륙에서 유래된 종에서 진화되었기 때문이다.

한편 여러 척추동물들의 앞발의 해부학적 구조를 비교해 보면, 앞발이 각 동물에서 담당하는 역할과 관계없이 매우 비슷하다. 그 이유는 이들 동물들이 그러한 앞발 구조를 갖는 조상을 공통으로 갖고 있기 때문이다. 구조가 달라진 것은 오랜 세월 지나면서 기능이 달라지고 그에 따른 변형이 일어난 탓이다. 생물들의 발생과정에서도 진화의 증거를 엿볼 수 있다. 병아리(조류)의 배 발생기의 질소 노폐물을 분석해 보면 초기에 암모니아를, 그 뒤 잠시 요소를, 마지막으로 요산을 배출한다. 병아리가 이러한 질소노폐물을 배출하는 시기를 거쳐 진화돼 왔음을 의미하는 것이다. 그 밖에 여러 가지 흔적기관들이 진화의 증거를 제시해 준다. 현대에 와서 발달한 분자생물학은 새로운 각도에서 진화를 확신하게 한다. 세포의 여러 가지 서열정보를 가진 분자(단백질이나 핵산)들의 서열을 분석해 보면 가까운 종들 사이에는 비슷하며 관계가 먼 종들 사이에는 큰 차이가 있음을 알 수 있다. 서열상의 유사점과 차이점을 근거로 분류하면 다른 방법을 사용한(예를 들면, 해부학적 방법이나 화석)것과 비슷한 결과를 얻는다.

진화가 일어나는 것은 명백하다. 일부 진화론의 비판자들은 “다윈의 진화론은 사실이 아니다.”라고 말한다. 옳은 말이다. 그러나 진화론이 사실이 아니고 가설이기 때문에 받아들이는데 망설일 이유는 없다. 세포설에 근거해서 “모든 개구리는 세포로 구성되어 있다”라고 말하면 어떤가? 이 주장이 세포설이라는 가설에 근거했기 때문에 개구리가 세포로 구성되었다는 말을 믿기 어려운가? 다윈의 자연선택설은 보완할 점이나 또는 그 보다 더 좋은 대안이 있을 수 있다. 그러나 진화가 어떻게 일어나는지에 대한 설명(예컨대,

자연선택설)과는 별도로 진화는 부인할 수 없는 진실이다.

진화론과 창조론은 깊은 갈등의 역사를 갖고 있다. 특히 다윈의 「종의 기원」은 발표된 직후부터 종교계의 거센 도전을 받아왔다. 창조론에서는 생명체들이 독립적으로 서로 다르게 창조되었다고 한다. 특히 영혼을 지닌 인간은 하나님에 의해 하나님의 형상으로 창조되었다고 믿는다. 과학이 발전하면서 인간의 사고방식에도 변화가 일어난다. 창조론도 진화하여 현대에 와서는 지적설계론이란 이름으로 변모하였다. 지적설계론은 목적에 맞게 활동하는 사물(생명체에서 특수한 기능을 발휘하는 여러 구조를 포함하여 생명체 자체)에는 그들을 설계한 지적 존재가 필연적으로 요구된다는 이론이다.

비히(Michael Behe)는 '축소 불가능한 복잡성 이론'을 주장한다. 몇 가지 부분들이 합쳐져 기능을 수행하는 시스템에 대해 어떤 한 부분만 없어도 그 기능을 수행하지 못한다. 따라서 진화론에서 각 부분들이 불완전한 상태에서 점차 복잡하고 완전한 형태로 바뀐다고 하는 주장은 잘못된 것이라고 말한다. 한 부분이라도 불완전한 상태로는 전체 기능을 수행할 수 없기 때문이다. 비히의 주장은 진화론을 잘 이해하지 못한 데에서 비롯되었다. 생물체의 기능은 처음부터 무엇을 목표로 발생된 것이 아닌 우연의 소산인 것이다.

뎀스키(William Dembski)가 주장하는 '특정적 복잡성 이론'이 있다. 특정적인 것은 패턴을 이루는 부분들이 명확한 정보로 나타난다. 복잡하다는 것은 그 패턴이 무작위적으로 생성될 확률이 낮은 것인데 특정적이면서 복잡한 것은(예: DNA의 서열 정보) 자연적으로 생길 수 없고 오직 설계에 의해서 생산된 것이라는 주장이다. 진화론에서는 복잡한 것이 무작위적으로 생성되고 그것이 우연히 특정한 기능을 갖게 되었다는 설명이다. 마지막으로 '정교하게 조정된 우주론'이다. 우주의 기본 물리상수들은 매우 치밀하게 조정되어 있고 그런 환경 속에서 생명체의 탄생은 결코 우연이 아닌 지적 존재에 의해 설계된 필연적 사건이라는 말이다. 전형적인 합목적적 논리이다. 지금과 같은 우주는 생명을 탄생시키기 위해 물리적 상수가 그렇게 조정된 것이 아니고 그러한 물리적 상수의 영향으로 이와 같은 세계가 존재할 수 있게 된 것이다.

과학과 종교의 목표는 모두 인간과 자연현상에 대한 근본적 해답을 추구하는 것이다. 과학은 모르는 것을 포함한 모든 현상을 인간의 지적 활동으로 이해할 수 있다는 신념으로 탐구하며 그 결과 잠정적 해답을 얻는다. 여기에 비하면 종교는 신앙에 의한 초자연적 존재(신)로 미지의 현상을 해명한다. 이것은 궁극적 해답이다. 과학과 종교 모두 인간의 지적 행위이므로 만일 갈등이 있다면 개개인에게서 발생하는 문제이다. 특히 종교는 지극히 개별적인 것이어서 각자의 믿는 행위는 천차만별이다. 신에 대한 개념이 사람마다 달라 각자 어떤 수준에서 과학과 타협하는지 알 수 없고 타인이 간섭할 수도 없다. 과학과 종교는 집단으로 서로 대립할 것이 아니고 양 진영의 갈등을 개인의 수준에서 해결하도록 허용하고 간섭하지 말아야 한다. 이것이 두 진영이 서로 공존하는 유일한 길이라고 믿는다.

단원

5

생명과 정보

1. 정보란 무엇인가?

생명체는 여러 가지 물질로 이루어져 있다. 그 가운데에서 생명체가 아닌 다른 물체와 두드러지게 차이나는 것은 핵산, 단백질, 탄수화물과 같은 이른바 거대분자들이다. 특히 핵산과 단백질은 정보를 포함하고 있다. 네 종류의 뉴클레오티드 단위체들이 이루어낸 서열이 핵산을 이루고 그 서열에서 세포 활동에 관련된 정보를 나타내는 부분을 유전자(유전정보)라 부른다. 단백질은 유전자의 뉴클레오티드 서열정보가 아미노산 서열로 전환되어 생산되었다. 우리는 이미 단원 2에서 이러한 사실을 살펴보았다. 이 단원에서는 생명정보, 더 넓게는 정보란 무엇인지, 정보가 지니는 속성이 무엇인지를 알아보고자 한다.

정보란 신호(signal) 또는 기호(symbol) 서열에 의해 형성되는 의미라고 정의[1]할 수 있다. 이때 의미는 신호나 기호라는 실체적 존재에 의해 형성되는 비물질적 존재이다. 가장 쉽게 이해할 수 있는 정보는 문자에 의한 정보이다. 문자라는 기호는 우리의 감각으로 파악할 수 있는 대상이다. 문자의 특별한 서열에 따라 여러 가지 의미가 형성된다. 문자서열 자체가 정보를 형성하는 것은 아니다. 정보가 되려면 이 문자서열을 해독하는 정보 수용체가 있어야 한다. 정보는 기호서열의 의미를 이해하는 수용체의 존재를 필연적으로 요구한다. 의미를 이해한다 함은 의식[2]을 전제로 가능한 것인데, 그런 점에서 정보란 생명체에서만 발생하는 것이다. **생명체는 외부 정보를 수용할 수 있는 존재이다.** 고고학에서 발굴된 고대 문자가 우리에게 아무런 정보를 제공하지 못하고 한낱 기호로 남아 있는 경우를 흔히 목격하고 있다. 개미가 책장 위를 기어가고 있다. 개미에게 이 문자들이 무슨 의미가 있겠는가? 정보는 오직 정보를 해독할 수 있는 상대에게만 정보로서 존재하는 것이다. 또 다른 정보의 예로 음악을 들어보자. 음악을 형성하는 물질적 근거는 다름 아닌 공기의 파동이다. 당연히 진공 상태에서는 음악이 존재할 수 없다. 공기의 파

1) 정보체계는 신호 또는 기호 곧, 정보체와 의미 그리고 그것을 인지하는 수용체로 구성되어 있다.
2) 여기에서 말하는 의식은 정보 수용체의 정보 인지작용이다.

동이 시시각각으로 변화하면서 우리의 청각세포를 자극한다. 그 파동의 변화가 청각을 통해 대뇌에 이르러 특별한 느낌을 만들어 낸다. 그렇게 형성된 느낌에 따라 우리는 기쁨에 겨워 환호하기도 하고 때로는 비탄에 빠지기도 한다.

정보는 물질 또는 사건이 존재하는 방식이다. 정보는 일종의 에너지이며 그러한 물질이나 사건 자체의 속성이 아니기 때문에 정보를 제공한 신호나 기호(이들을 정보체라 부른다.)와는 독립된 존재이다. 정보체가 지닌 초기 정보 역시 에너지 형태로 제공된다. 위에서 말한 것처럼 정보체가 존재하는 방식을 수용체(기)[3]가 인지하였을 때 비로소 정보가 발생하는데 이때 수용체는 초기정보를 새로운 형태로 변환시킨다. 초기정보는 환경에서 제공된 것(환경정보)이고 수용체에서 변환된 정보는 생명정보라고 말할 수 있다. 최초에 환경정보가 생명정보로 변환되는 것은 인과율에 의한 필연적 과정이지만 그것이 이루어질 확률은 매우 낮아서 다시는 재현되기 어렵다. 이런 관점에서 생체정보의 생성은 우연적 현상이라고 말할 수 있다. 우리의 일상생활에서 물리법칙이란 예측하는 결과가 항상 재연되는 것이다. 인간의 수명으로 볼 때, 수백, 수천 세대를 거쳐도 다시는 재연되지 않는 것이라면 우리는 이를 우연적 현상이라 해도 무방하지 않을까? 정보 변환에 대하여 아래에서 좀 더 구체적으로 다루기로 하겠다.

이제 생명체에서 나타나는 여러 가지 정보에 관하여 알아보자. 생명활동을 위해서는 많은 종류의 정보가 필요하다는 것을 쉽게 짐작할 수 있다. 가장 쉽게 떠오르는 것은 유전정보일 것이다. 유전정보는 말할 것도 없이 핵산의 염기 서열에 의해 형성된 비물질적(관념적) 존재이다. 뉴클레오티드 서열이 어떤 과정을 거쳐 생명체의 생명현상을 기록할 물질로 선택, 진화된 것인지 알 수 없으나 분명한 것은 뉴클레오티드라는 실체에서 비물질적인 정보가 파생되었다는 점이다. 생명계에서 유전정보를 이루는 물질은 핵산으로, 대부분 DNA를 사용하며 일부 바이러스가 RNA를 사용한다. 진화적으로 우연히 핵산이 선택되어 생명현상을 기록하게 되었을 뿐, 오로지 유일한 수단은 아닐 것이라고 생각하는 독자도 있을지 모르겠다. 유전정보를 컴퓨터 언어로, 아니면 문자로 바꾸어 쓸 수 있을까? 유전정보 자체를 뉴클레오티드가 아닌 다른 신호를 사용하여 표현할 수는 있다. 그러나 그렇게 기록된 유전정보를 생체에서 수행할 수는 없다. 왜냐하면 정보 수용체인 세포가 해독할 수 없는 신호이기 때문이다. 유전정보가 그것을 수록하는 뉴클레오티드 서열 즉, 핵산과 분리되어 독립적으로 기능을 발휘할 수 있으리라 상상하기 어렵다. 한 간단한 생물체의 유전정보를 컴퓨터의 언어로 완전히 옮겨 놓을 수 있을 것이다. 새롭게 쓰인 유전정보가 세포에서 작동하겠는가? 정보를 수록한 컴퓨터 칩을 세포에 넣어 본들

3) 감각을 수용하는 세포를 감각수용체, 감각을 수용하는 세포의 하부구조를 감각수용기라 한다.

세포에서 아무 쓸모가 없다. 유전정보란 핵산과 상관없는 비물질적 존재이긴 하지만 뉴클레오티드 서열에 의하여 발생한 정보이다. 따라서 뉴클레오티드의 서열이 파괴되면 당연히 유전정보 역시 사라지고 만다. 유전정보를 뉴클레오티드 이외의 어떠한 방식으로 표현하든 그것을 생명체에서 발현시킬 수는 없다. 그렇다면 뉴클레오티드 서열과 유전정보 사이에 필연적인 인과관계가 있는가?

2. 유전정보

우리는 지난 단원에서 뉴클레오티드 서열정보가 세포에서 어떻게 실현되는지 알아보았다. 곧, 세 개의 연속되는 뉴클레오티드 서열이 한 개의 암호단위를 형성한다는 것, 특정한 암호는 그것을 인식하는 특정한 tRNA에 의해 특정한 아미노산을 지정한다는 것, 폴리뉴클레오티드의 연속되는 암호는 그러한 tRNA의 연속되는 작용으로 아미노산의 서열로 전환된다는 것들이다. 특정한 암호가 특정한 아미노산을 지정한다는 것은 유전 암호의 기본적인 특성 중의 하나이다. 특정한 암호는 언제나 같은 그 특정 아미노산만을 지정한다. 심지어 다른 종에서조차 그러하다. 필연적 인과관계가 있는 것이다.

좀 더 세부적으로 살펴보자면, mRNA의 코돈과 그것을 인식하는 tRNA의 안티코돈 사이에는 그 뉴클레오티드를 구성하는 염기들의 상보적 수소결합이라는 필연적 인과관계가 놓여 있다. 또한 특정 tRNA의 아미노산 결합부위에는 언제나 특정한 아미노산만이 결합한다. 이 과정은 특정한 효소의 작용에 의해 일어나지만 궁극적으로는 특정 tRNA(특정한 안티코돈을 가진)와 특정 아미노산의 구조적 특징에 기인한다. 결국 유전암호와 그것이 나타내는 정보(아미노산) 사이에는 필연적 관계가 있는 것이다. 이제 연속되는 유전암호에 의해 해독된 아미노산의 서열은 합성된 폴리펩티드에서 특별한 삼차원적 구조를 만들어 내고 이로써 특별한 세포활동이 가능하게 된다. 헤모글로빈 유전자가 발현되면 그것이 언제 어디서 발현되든 상관없이 항상 동일한 구조와 동일한 기능을 가진 것으로 우리의 혈액 속에 나타나는 것이다. 유전자가 발현될 때 유전자와 그것이 포함하는 정보 사이의 필연적 인과관계를 살펴보았다. 그렇다면 생명의 초기 단계에서 유전정보가 형성되는 과정을 생각해보자.

폴리뉴클레오티드의 염기서열이 유전정보가 되려면 두 가지 전제 조건이 충족되어야 한다. 그 하나는 말할 것도 없이 폴리뉴클레오티드의 존재이다. 정보가 생기기 전에 이미 뉴클레오티드의 서열이 존재해야 한다. 생명체의 형성과정이 명백히 알려져 있지 않은 지금, 최초의 폴리뉴클레오티드가 그 자체로 정보를 지니고 있었다고 가정할 수 있겠지만 그렇다 하더라도 자신의 복제를 위한 구조와 정보에 관한 서열을 포함하려면 상당한 길이가 되어야 될 것 같다. 또 다른 전제 조건은 유전체 염기서열을 정보화하는 tRNA의 존재이다. 어쩌면 초기의 유전체는 원시 tRNA 자체였을지도 모른다. 복제과정이 불완전한 초기 유전체는 여러 돌연변이체를 생산하고, 이것들이 다양한 tRNA로 전환되면서 유전암호가 확립되었을 것이라 가정해 본다.

특정한 아미노산과 결합하기 위해서는 그 RNA가 특별한 표면(공간 구조)을 가져야 하며 그러기 위해서는 특별한 염기서열을 가져야 한다. 이때의 RNA들이 자기복제 능력이 있다고 가정하더라도 이들의 서열은 원래 마구잡이(random)로 이루어진 것이다. 우리의 RNA가 80개의 염기를 가졌다고 하면 마구잡이 중합과정으로 그 특별한 염기서열을 이룰 수 있는 확률은 매우 낮아서 대략 $(1/4)^{80}$, 즉 $1/10^{48}$이 된다. 이 확률 계산에는 몇 가지 변수가 있어 확률이 높아지는 요인과 낮아질 수 있는 요인이 있겠으나 이 정도로 어림계산이 가능할 것 같다. 확률계산이 우리에게 전하는 메시지는 이 특별한 염기서열은 한 번 우연히 일어날 수 있을 뿐, 반복해서 생성되기가 어렵다는 것이다. 이 말은 폴리뉴클레오티드 서열이 정보화되는 과정은 물리적 필연성에 의해 일어났으나 우연한 사건일 뿐이라는 뜻이다. 이게 무슨 궤변인가? 그러나 이것은 궤변이 아니다. 생명은 철저히 물질적 근거에 의해 나타났고 또 유지되지만 그것은 우연히 생겨난 현상이란 말이다.

흔히, 물리계에서[4] 이미 일어난 사건은 필연적이라고 한다. 옳은 말이다. 그렇다면 생명정보의 출현이 우연적이란 말과 모순되는 것 아닌가? 먼저 과거 사건의 필연성에 대하여 알아보자. 이미 예로 들은 80개의 뉴클레오티드로 구성된 마구잡이 중합체를 보자. 뉴클레오티드가 한 개씩 추가될 때마다 특정한 것을 선택할 확률은 1/4씩 낮아진다. 이 확률은 중합이 이루어지는 당시의 미세 조건을 무시하고 모든 뉴클레오티드가 동일한 결합 가능성을 갖고 있다고 가정한 데서 나온 것이다. 그러나 실제로는 모든 물리계에서 일어나는 일반적 사건과 같이 철저한 인과관계에 의해 진행되는 것이다. 예를 들어, 27번째 뉴클레오티드가 G(구아닌 뉴클레오티드)라고 하면 그것이 결합될 당시에는 오직 G만이 결합할 수 있었다는 뜻이다. 이러한 과정을 80번 반복하여 마침내 첫 번째 tRNA가 생성될 수 있다. 필연적 절차에 의하여 생성된 것이다.

우리의 첫 번째 tRNA가 필연적 인과관계에 의해 생성되었으나 이 사건은 각 단계마다

4) 당연히 생명체도 물리계의 일부이지만 여기에서 필자가 물리계라 한 것은 비생명계를 뜻한다. 필자는 생명계를 물리계와 구분하고자 한다. 생명체에서도 물리법칙이 완벽하게 구현되지만 일반 물리계에서 찾아볼 수 없는 독특한 성질, 자유의지가 생명계에 존재하기 때문이다. 뿐만 아니라 서로 인과관계가 없는 여러 선행원인이 동시에 나타나는 경우 결과를 확률에 의해 예측할 수 있다. 따라서 생명계에서는 일반 물리계와 달리 모든 변화가 인과적으로만 일어나지 않는다. 그 결과 생명계에는 필연성으로 설명할 수 없는 우연성이 존재하는 것이다. 자유의지에 관한 논의는 뒤에서 상세하게 다룰 것이다.

요구되는 세부 조건들의 우연한(무작위) 조합으로 이루어진 것이다. 그것의 생성은 인과적으로 필연적이었지만 동일한 것이 다시는 생성되지 않을 것 같다는 점에서 우연적이다. 동일한 것이 생성될 수 있지만 그렇게 될 확률이 매우 낮아서 우연적이라고 한다. 필연성과 우연성에 대해서 뒤에 다시 한 번 생각할 기회를 갖도록 하겠다. 무작위(우연적으로 합성된) 서열은 일단 생성된 후에는 복제에 의해 증가하는 것이지 처음 생성될 때와 동일한 과정을 거쳐 만들어지는 것이 아니다. 유전정보가, 더 나아가 그 정보에 의해 발현되는 생명현상이, 물질적 상호작용이 만들어낸 필연적 결과물일지라도 다시는 반복되지 않는 것이어서 더욱 소중한 가치가 있는 것은 아닐까?

3. 생명체제의 보편성과 특수성

앞에서 여러 번 생명체의 다양성에 관하여 언급하였다. 그러한 다양성이 시사하는 것은 생명현상이 매우 보편적이라는 사실이다. 이러한 보편성은 생명이 비록 실수를 저지르기는 해도 매우 안정되게 반복된다는 사실에 근거하고 있다. 필연적 인과관계를 엿볼 수 있는 대목이다. 생명현상의 보편성이 생명의 출현을 설명하는 데 어떻게 기여할 것인가?

2013년 3월 나사(NASA)는 화성 탐사 로봇 큐리오시티(Curiosity)가 채취한 화성 표면 내부의 암석 샘플을 조사한 결과, 물과 관련된 점토 성분을 확인하고 화성이 과거 한 때 생명체가 존재하기에 적합한 환경을 가졌을 것이라고 발표하였다. 우주에 갖는 관심을 이처럼 구체적으로 추구하기 훨씬 이전부터 인류는 자연스럽게 우주 생명체를 상상하고 있었다. 과연 지구 이외의 다른 천체에 생명체가 존재할 것인지 검토해 보자.

우리가 우주 생명체의 가능성을 진지하게 생각하는 데는 몇 가지 이유가 있는 것 같다. 그것은 첫째, 지구 생명체의 다양성에 있다. 인간의 판단으로 생명체가 생존하기에 불가능할 것 같은 극한적 지구 환경에서도 생명체들이 발견된다. 가령, 남극과 같은 추운지역에서 서식하는 생물이 있는가 하면, 해저의 열수구[5]에서 발견되는 미생물은 100℃ 이상의 온도에서 성장한다. 또한 지표면에서 수십 km 깊이의 암석에는 유기물질이 거의 존재하지 않는데 이런 환경에서도 미생물이 있다. 이토록 온도, 압력, 화학성분 등 다양한 환경에서 서식하는 생물들은 세포의 구성 물질뿐만 아니라 그들의 생리과정이 크게 다를 것이라는 것쯤은 쉽게 이해할 수 있다. 그러므로 우주의 다른 천체에서 생명체가 생존할

5) 해저 화산 분출구에서 방출되는 물질들이 찬 바닷물을 만나 환형(環形)으로 응고된다. 오랜 세월에 거쳐 응고물질들이 점차 위로 누적되면 굴뚝같은 형태를 이룬다.

수 있는 환경을 찾아내는 것은 크게 어려운 문제가 아닌 듯 여겨질 수도 있다.

우주 생명체를 탐구하는 또 다른 근거는 생명의 기원에 대한 인식과 관련이 있다. 무기물 환경 속에서 우주 에너지를 이용하여 유기물이 합성되고 그들이 더욱 복잡한 물질 체제를 이루어 어느 시점에 생명체로 발전한다. 실제로 이와 같은 시나리오를 뒷받침 하는듯한 유기물질이 우주 공간에서 검출되고 있지 않은가! 시험관 속에 철과 황을 섞고 가열하면 황화철이 생성된다. 이 반응은 어제도, 오늘도, 또 내일도 동일한 결과를 보여준다. 물질변화의 필연적 인과관계를 나타내는 것이다. 생명체의 출현도 이와 같은 방식으로 일어난 것은 아닐까? 우주에는 은하들이 약 1천 억 개 쯤 존재한다고 한다. 그리고 각 은하에는 평균적으로 1천 억 개의 별이 있을 것으로 추산한다. 말하자면 우주에 10^{22} 개의 별이 있는 셈인데 그 가운데 지구와 비슷한 환경을 가진 천체가 제법 많이 있을 듯하다. 그렇다면 우주 어디에선가 지적 생물체가 있어 지금 우리 인간이 하고 있듯이 외계 생명체를 찾아 나섰을지도 모른다. 그런데 과연 이것이 가능할까? 지구와 비슷한 환경을 가진, 화학적 성분이나 물리적 조건이 거의 비슷한 천체가 있다면 어김없이 지구에서 겪어 온 생명 진화의 역사가 재연될 수 있을까? 지적 존재는 제쳐놓고 아주 간단한 미생물 같은 생물체라도 발견할 수 있을까? 우리가 그토록 외계에서 생명체를 찾아보려는 노력의 논리적 근거는 이것이 가능하다는 믿음에서 비롯된 것으로 보인다.

이와 같은 생명현상의 보편성에 대한 추론은 생명체가 매우 다양하다는 점 때문일 것이다. 또한 그러한 보편성으로 말미암아 시험관 속의 화학반응처럼 원시 지구와 비슷한 환경을 가진 천체에서 과거 또는 현재, 아니면 아주 먼 미래에라도 생명을 탄생시킬 수 있으리라 믿게 되는 것이다. 생명체는 정말로 다양한가? 생명현상이 참으로 보편성을 나타내는가? 지난 단원에서 우리는 유전암호의 보편성, 즉 유전암호는 모든 생명체에 적용되는 것을 보았고 이러한 유전암호의 특징이 지구상의 생명체가 하나의 기원에서 유래되었음을 뜻한다고 하였다. 그렇다면 생명체의 다양성이란 다만 이 유전정보 체계를 전제로 한 다양성인 셈이다. 지구상의 그 많은 생물들이 하나의 예외도 없이 모두 이 정보체계를 사용한다는 사실은 무엇을 의미하는가? 모든 생물들이 동일한 기원을 갖고 있다는 뜻이다. 생명체계는 오직 한번 우연히 출현하였고 다행히 매우 안정적이어서 지금까지 계승되어 온 것이리라. 물론 전혀 다른 유전체계를 가진 생명체가 독립적으로 생겨났고 경쟁을 통해 자취를 감추었다고 가정할 수는 있다.

그러나 위에서 검토해 본 바에 의하면 유전체계의 생성 가능성은 매우 낮아서 그와 같은 체계가 다시는 생성되지 않는다고 말할 수 있다. 우연히 한번 출현한 생명 체제를 바탕으로 펼쳐진 다양성을 놓고 생명현상이 보편적이라고 말할 수는 없다. 특별한 체제를 전제로 한 것이 보편적인 것이 될 수 없기 때문이다. 모든 생명체가 동일한 유전체계를 가졌다는 사실이 지구 생명체의 특수성을 보여주는 것이다. 생명의 출현이 시험관 속의 화학반응처럼 언제나 기대하는 결과를 보여주는 것이 아니라는 뜻이다. 생명현상이 보편적인 것으로 평가되려면 지구와 전혀 상관없이 다른 천체에서 생명체가 생성되어야 한다. 지구의 생명체가 처음 지구에서 탄생한 것인지, 아니면 외계에서 건너온 것인지 아직 확신할 수 없다. 또한 외계에서, 예컨대 화성에서 생명체를 발견하였다 하여도 그것이 지구에서 건너간 것이 아닌, 화성 자체에서 생성된 것이라는(아니면 화성에서 탄생한 생명이 지구로 건너온 것이 아니라는) 것을 확신할 수 있어야 할 것이다. 생명의 보편성을 평가할 수 있는 또 다른 경우(조건)는 우리가 현재 알고 있는 생명체와 전혀 다른 생명 시스템을 발견하는 길이다. 유전정보는 물론 화학적 구성까지도 전혀 새로운 체제를 갖춘 생명체를 뜻하는 것이다. 아무도 이러한 생명체의 속성을 기술한 바 없다. 우리의 지식의 한계 때문에 어쩌면 주변에 그러한 생명체가 존재한다는 사실을 알아차리지 못하고 있을지도 모르는 일이다.

4. 생리정보

우리가 줄곧 보아온 유전정보 외에도 생명활동에는 여러 종류의 정보가 필요하다. **생명체는 그 자체가 정보수용체이면서 스스로 정보를 생산할 수 있는 능력을 가지고 있다.** 필자가 생리정보라 일컫는 몇 가지 예를 들어 환경요인이 정보를 형성하는 과정, 정보를 수용하는 과정, 정보가 생리작용으로 변환되는 과정 등을 살펴보자.

생명체가 생명을 유지하는 동안에는 그가 처해 있는 환경과 끊임없이 상호작용을 한다. 환경요인은 생명활동에 직접 또는 간접적으로 영향을 준다. 생명체들은 환경정보에 적절히 대응하여 생명활동을 최대한으로 증진시킨다. 세균들은 여러 종류의 당을 이용하여 탄소와 에너지를 얻는다. 그러나 어떤 당은, 예를 들어 유당 같은 것은 있는 그대로 사용할 수 없기 때문에 몇 가지 미리 해결해야 할 문제를 안고 있다. 우선 세포 밖의 유당을 세포 안으로 운반하여야 한다. 이 운반에는 특별한 수송단백질(lactose permease)이 필요하다. 또한 유당은 포도당과 갈락토즈가 결합된 이당류이다. 이 결합을 끊어야 포도당과 갈락토즈가 각각 대사에 참여하게 된다. 여기에는 유당 분해효소(α-qalactosidase)가 사용된다. 이와 같은 선결조건(유당 수송단백질과 분해효소)이 충족되어야 비로소 유당을 이용할 수 있게 되는 것이다. 문제는 유당이 항상 환경에 있는 것이 아니란 점이다. 유당은 동물의 젖에 포함되어 있어 일단 있기만 하면 매우 매력적인 영양소이지만 세균으로서는 특별한 경우에만 만나 볼 수 있다. 이렇듯 언제 만날지도 모를 유당을 위하여 그것의 수송단백질, 분해효소를 항상 갖추고 있는 것은 각박한 세균의 삶에 크나큰 낭비가 아닐 수 없다. 이들의 생산에는 많은 에너지가 소모되기 때문이다. 대장균은 이 유전자들의 발현을 평소에 억제하고 있다가 유당의 존재가 확인되면 그때 가서 유전

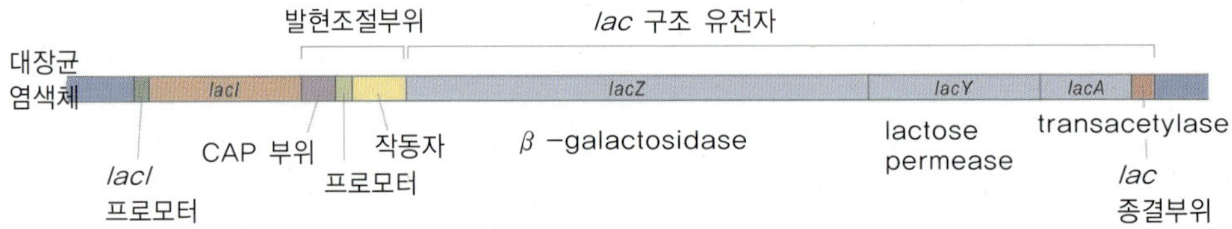

그림 5-1 락토즈 오페론. 세 개의 효소(β -galactosidase, lactose permease, transacetylase)를 암호화하는 구조 유전자와 이들의 발현을 통제하는 프로모터, 작동자, CAP 결합부위들이 모여 있다. 이렇듯 하나의 프로모터의 통제를 받는 유전자들을 포함하는 기능적 단위를 일컬어 오페론이라 한다.

자를 발현시키고 유당을 이용하는 것이다. 유당 수송단백질과 분해효소들처럼 한 가지 목표(유당의 대사)를 위해 사용되는 여러 유전자들은 흔히 모여 있어서 함께 발현이 촉진 또는 억제된다. 이렇게 유전자 발현이 서로 연계되어 있는 DNA 부위를 오페론이라 한다(그림 5-1).

락토즈(유당) 오페론은 평소에 락토즈 억제인자(리프레서, repressor)에 의해 발현이 억제되어 있는데 이는 억제인자가 오페론의 프로모터[6] 부근에 있는 작동자(operator)에 결합되어 있기 때문이다. 세포에 유당이 존재하면 억제인자는 유당과 결합하여 불활성화 되면서 DNA에 결합하는 능력을 상실하게 된다. 이제 오페론의 발현을 억제하는 요인이 사라졌으므로 수송단백질, 분해효소 유전자들은 전사, 번역과정을 거쳐 유당의 대사를 추진하는 단백질들을 생산하게 되는 것이다. 유당을 이 오페론 발현을 유도하는 유도물질(inducer)[7]이라 부르는 이유이다. 세포 안의 유당이 모두 소모되면 억제인자는 다시 원상태로 돌아가(활성화되어) 오페론의 발현을 억제한다(그림 5-2).

위에서 살펴보았듯이 유당은 그 존재가 신호가 되어 세포로 하여금 자신의 대사를 가능케 하는 유전자를 발현시킨다. 락토즈 억제인자는 360개의 아미노산으로 이루어진 폴리펩티드 4개가 모여 DNA에 결합함으로써 오페론의 발현을 억제한다. 이 단백질의 NH_2-말단은 DNA에 결합하며, COOH- 말단은 폴리펩티드가 서로 연결되는 데 기여한다. 억제인자 단백질에는 또한 유도물질이 결합하는 부위가 있어 여기에 유도물질이 결합하면 단백질의 구조가 크게 변하여 더 이상 DNA에 결합할 수 없게 된다. 유도물질이 유전자 발현을 조절하는 신호로 작용하는 것이다. 이 유전자 발현조절의 신호는 어떻게 억제인

6) 프로모터는 전사를 위하여 RNA 중합효소가 결합하는 DNA 부위이다. 유전자가 발현되려면 반드시 RNA 중합효소가 이곳에 결합하여야 한다. 억제인자는 프로모터에 가까운 장소에 결합하거나 DNA를 접히게 하여 RNA 중합효소가 프로모터에 결합하지 못하게 방해한다.

7) 엄밀히 말하면 유당의 유도체인 알로락토즈(allolactose).

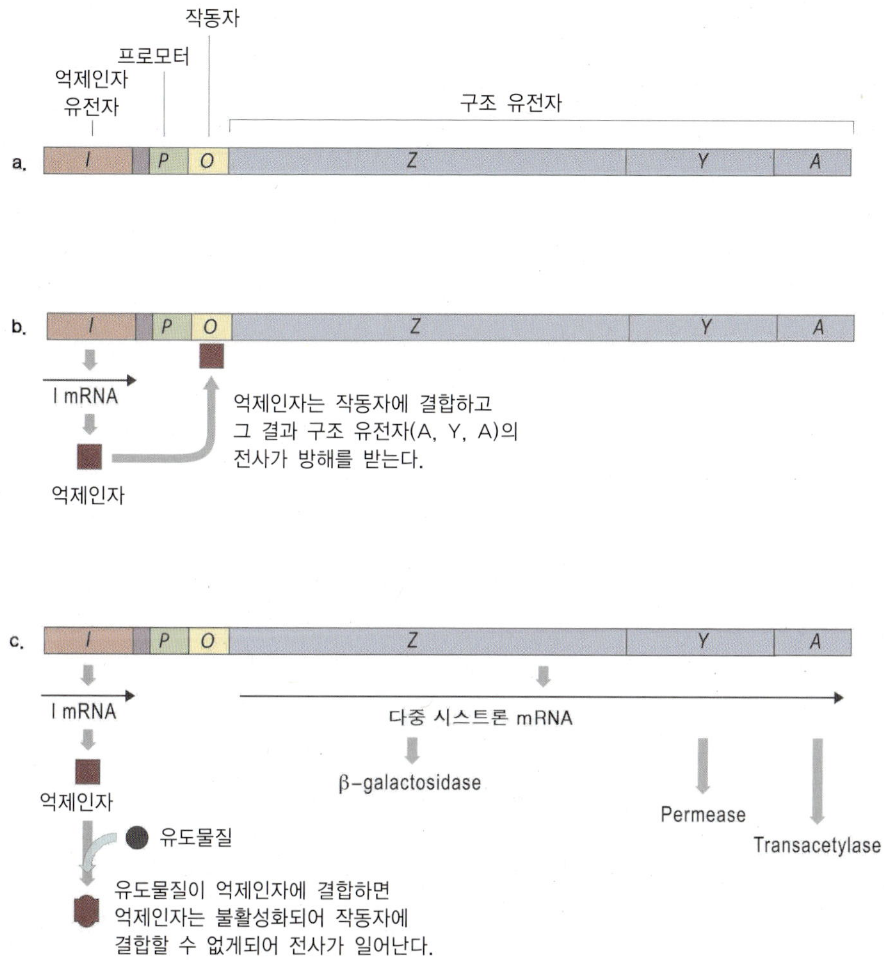

그림 5-2 **락토즈 오페론의 발현조절.** 오페론 밖에 위치한 억제인자 유전자는 자체의 프로모터에 의해 발현된다. 이 단백질은 오페론을 구성하는 작동자 부위에 결합할 수 있다. a. 오페론의 발현에 영향을 주는 요소를 나타내는 여러 부위. b. 작동자에 억제인자가 결합하면 인접한 위치의 프로모터에 RNA 중합효소가 접근할 수 없어 전사가 일어나지 않는다. c. 억제인자가 유도물질과 결합할 경우 단백질의 구조에 변화가 생겨 더 이상 작동자에 결합하지 못한다. 곧, 불활성화 된다. 전사를 방해하는 요인이 사라졌으므로 구조유전자들의 전사가 일어나 발현된다.

자 단백질의 구조 변화를 일으키는가? 억제인자의 DNA 결합부위에 있는 여러 아미노산들의 우연적 서열이 락토즈 오페론(DNA)의 특정부위에 결합하는 구조를 형성하고, 한편으론 유도물질 결합부위에 유도물질이 결합하면 이 구조가 해체되어야 한다. 아미노산들의 우연적 서열이 이러한 성질을 갖는 구조를 생성하게 되는 확률은 얼마나 될까? 억제인자를 구성하는 아미노산 360개가 모두 이 구조를 형성하는 데 참여하는 것은 아니지만 적어도 DNA 결합부위에 62개, 폴리펩티드 4개가 서로 결합하는 데 약 55개, 유도물질과 결합하는 데 참여하는 아미노산 최소 9개, 이것을 모두 합하면 126개가 된다. 이 아미노산들이 우연히 제 위치에 들어갈 확률은 $1/20^{126}$, 곧 $1/10^{164}$이다. 억제인자 단백질이 유전자 발현조절과 관련된 정보를 얻게 되는 것은 이토록 희귀한 사건이다. 한번 우연히 일어난 사건일 뿐 다시 일어날 확률은 거의 없다.

락토즈 오페론과 관련된 생리정보의 예를 설명하였다. 그런데 이 생리정보를 형성하는 신호에 관해 좀 더 알아보자. 사실 유전자 발현을 조절하는 작용은 락토즈 분자가 아니라 그의 농도임을 알 수 있다. 다시 말하면, 정보를 유도하는 신호는 물질 자체가 아니라 그 물질이 존재하는 방식인 것이다. 유전자 발현에 관련된 요소들을 모두 열거하고 그들의 상관관계를 알아보면 다음과 같다.

억제인자$_{\text{락토즈}}$ + DNA ↔ 억제인자$_{\text{락토즈}}$ · DNA 1)
활성 유전자 발현 유전자 발현억제

억제인자$_{\text{락토즈}}$ + 알로락토즈 ↔ 억제인자$_{\text{락토즈}}$ · 알로락토즈 2)
활성 불활성

락토즈 억제인자와 결합된 DNA(락토즈 오페론)는 발현이 억제되어 락토즈 분해에 필요한 단백질을 생산하지 못한다. 그러나 이 결합은 매우 약한 것이어서 결합과 분해는 농도의 영향을 받으며 평형을 이룬다(반응 1). DNA와 분리된 억제인자가 유도물질인 알로락토즈와 결합하면 불활성화 되므로(반응 2) 유도물질이 많으면 억제인자가 더 많이 불활성화 되어 발현 억제상태의 DNA를 발현 가능한 상태로 전환시킨다. 말하자면 유도물질의 농도가 유전자의 발현 정도를 결정하는 것이다. 이 정보 시스템의 신호는 유도물질의 농도이며 그 신호를 인지하는 수용기(억제인자)에 의해 생리정보인 유전자 발현조절이 이루어진다(표 5-1).

표 5-1 여러 가지 생명정보의 신호, 정보, 그리고 그들의 수용체(기)

생명정보의 예		신 호	정보(의미)	수 용 체
유 전 정 보		뉴클레오티드	아미노산의 서열	리 보 좀
생리 정보	유 전 자 발현조절	유당, 철 원소	농도 변화	억제인자
	주 성	포 도 당	농도 변화	MCP
감각(의식) 정보		환경자극	활동전위	감 각 기

생리정보가 유전자의 발현을 조절하는 또 다른 예로 세균의 철 원소 흡수와 관련된 현상을 들 수 있다. 철 원소는 거의 모든 생물체에서 없어서는 안 될 필수 원소이다. 철은 산소의 운반(hemoglobin, myoglobin), 산화-환원(cytochromes), 독성산소의 제거(일부 superoxide dismutase) 등에, 또는 DNA 대사(ribonucleotide reductase)나 생태계의 질소순환(nitrogenase)에 관여하는 중요한 효소들의 활성 부위에 포함되어 있다. 이토록 꼭 필요한 철 원소는 산소가 있는 중성 수용액에서 용해도가 아주 낮기 때문에 세균들은 철 원소를 얻는데 어려움을 겪는다. 세포 속의 농도가 기준치 이하로 내려가면 이 사실이 신호가 되어 대장균은 특별한 유전자들을 발현하는데 그 결과 철 원소와의 결합력이 매우 큰 엔테로박틴(enterobactin)이라는 화합물을 생산하여 세포 밖으로 방출한다. 방출된 엔테로박틴은 환경 속의 미량의 철 이온과 결합하여 세포 표면에 위치한 수용체와 결합하면서 세포 안으로 들어온다.

한편 철 이온이 세포내에 과량으로 존재하면, 세포는 많은 에너지를 소모하면서 철을 운반해야 할 이유가 없다. 때문에 철 원소 흡수를 위한 오페론을 억제한다. 또한 과량의 철 원소는 세포의 생존에 치명적인 역할을 한다. 그것은 철 원소가 유해 활성 산소를 생산하는데 촉매 역할을 하기 때문이다.[8] 따라서 철 원소의 세포내 농도는 좁은 범위에서 엄격히 조절되고 있다(Box; **엔테로박틴 오페론의 발현조절**).

엔테로박틴 오페론의 발현조절

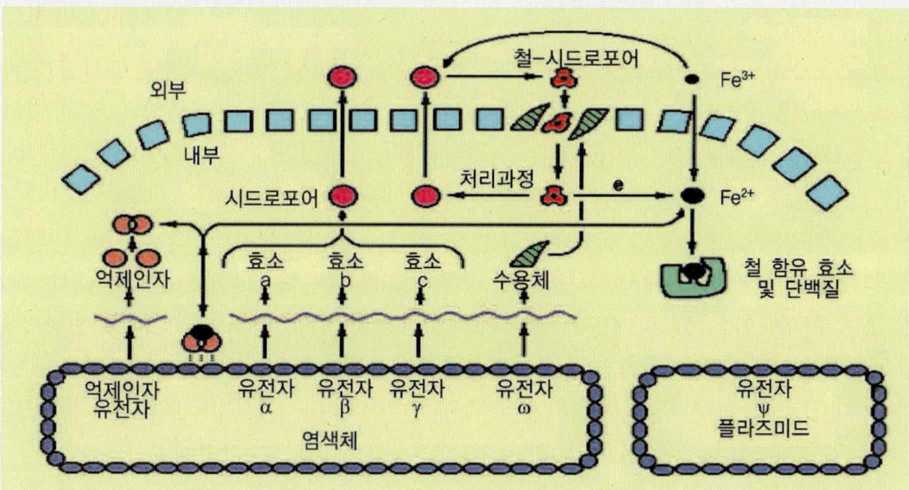

8) 철 이온은 Fenton cycle이라 불리는 작용에 의해 유해산소의 일종인 수산 라디칼(hydroxyl radical, OH·)을 생산하는 촉매작용을 한다.

대부분의 미생물은 철 원소가 부족하면 그것이 신호가 되어 세포내에서 시드로포어(siderophore)라고 불리는 철 3 가 이온에 특이성이 있는 강력한 킬레이터를 합성하여 환경으로 방출한다. 시드로포어는 철 3 가 이온과의 결합상수가 매우 커서 극미량의 철 이온과도 쉽게 결합하므로 수용액에 용해도가 낮은 수산화 철($Fe(OH)_3$)을 녹여낸다. 시드로포어는 그것을 생산하는 미생물 종에 따라 독특한 화학적 구조를 나타낸다. 대장균의 염색체에 생산 정보를 갖고 있는 엔테로박틴(enterobactin)과 플라즈미드에 정보를 간직하고 있는 에어로박틴(aerobactin) 등의 예를 들 수 있다. 이와 같은 시드로포어는 화학적 구조가 비교적 복잡하여 그것을 합성하려면 여러 효소가 필요하다. 뿐만 아니라 미생물은 그들의 외막(envelope)에 자신의 시드로포어에 대해서만 선택적으로 인식하는 수용기(receptor) 단백질을 만든다. 시드로포어 합성에 필요한 효소 유전자들과 수용기 단백질 유전자는 오페론을 형성하여 그들의 발현과 억제는 서로 연계되어 조절된다.

이것들을 "high-affinity" iron uptake system이라고 부른다. 이로써 철 원소의 이용은 미생물 종 사이에 매우 배타적임을 알 수 있고 아울러 미생물의 철 원소에 의한 스트레스를 짐작할 수 있다. 시드로포어 합성 효소 유전자들은 발현되어 시드로포어를 합성하여 세포 밖으로 방출한다. 방출된 시드로포어가 환경에 미량으로 녹아있는 철 3 가 이온과 결합하여 복합체를 형성하고 이것은 세포막에 있는 수용체를 통해 세포에 공급된다. 만일 이들 미생물의 배지에 충분한 양의 철 원소를 첨가해 주면(그 결과 세포내 철 농도가 기준치 이상으로 높아지면) 시드로포어나 수용기의 합성은 즉시 중단된다. 그것은 이들에 관여하는 유전자 발현이 철 원소에 의하여 조절되고 있음을 시사하는 것이다.

그러나 *Salmonella typhimurium*에서 철 농도에 관계없이 항상 시드로포어와 그의 수용기 단백질을 생산하는 돌연변이체가 발견되었다. 이 돌연변이는 철 원소에 의한 조절 능력을 상실하였으므로 fur(ferric uptake regulation)라고 명명되었다. 대장균에서도 유사한 표현형의 돌연변이가 유도되어 fur 유전자가 생산하는 17Kdal의 단백질은 순수 분리되었고 그것의 세포내의 기능도 명백하게 밝혀진 바 있다. 곧, fur 단백질은 억제인자(repressor)로서 두 분자가 결합된 이량체는 보조억제인자(corepressor)인 철 2 가 이온과 결합함으로써 활성화되어 작동자(operator)에 결합하게 된다. 그 결과 오페론의 발현이 억제된다. 지금까지 알려져 있는 거의 모든 철 원소의 조절 현상은 이와 같이 철에 의한 유전자 발현억제(repression) 작용이며 이들의 대부분이 Fur 단백질에 의한 음성조절(negative regulation) 현상으로 판명되었다.

세포내에 철 원자가 부족해지면 억제인자($Fe \cdot Fur_2$)는 철 이온을 잃고 따라서 작동자에 결합하는 기능을 상실하게 된다. 유전자 발현을 억제하던 억제자가 제거되었으므로 유전자는 비로소 발현이 가능하다. 이와 같은 유전자의 조절 작용으로 인해 세포 안의 철 이온 농도를 일정한 수준으로 유지할 수 있게 되는 것이다.

지고 텀블링의 빈도가 낮아진다. 그 결과 무작위 운동이 지속되기는 하지만 궁극적으로 농도가 높은 지점에 도달하게 되는 것이다. 이를 편향적 무작위 운동(biased random movement)이라고 부른다. 이것이 세균에서 화학주성(chemotaxis)이 나타나는 원리이다. 대장균이 편향적 무작위 운동을 하는 이유는 무엇일까? 말할 것도 없이 포도당 농도가 높은 곳으로 가려는 의지(?) 때문이다. 다른 세포들보다 더 빨리 복제하려면 포도당의 농도가 높은 곳으로 다가가야 한다. 이 과정에는 포도당의 농도가 높거나 말거나 상관없이 아무 일도 하지 않았을 때와는 달리 에너지를 사용해야 한다. 생명체가 아무 의지를 나타내지 않고 다만 물리적(자발적) 반응을 수행하면 별 문제가 없겠지만 에너지를 사용하면서 자발적 반응에 역행하는 경우에는 그 선택(choice)에 대한 책임을 져야 한다. 대장균은 자연선택의 심판대에 올라 자신의 선택에 대한 책임을 지게 되는 것이다. 선택이 잘못되면 에너지 낭비에 대한 대가로 큰 희생을 치르게 되고 자칫하면 그 결과로 도태된다.

화학주성에는 두 가지의 작동원리가 있다. 그 중 하나는 화학물질의 농도변화를 감지하는 작용이고 또 하나는 화학물질과 관련된 정보를 편모의 움직임으로 연결시키는 작용이다. 전자에는 MCP(methyl-accepting chemotaxis protein)이라 부르는 막단백질이 관여한다. MCP는 세포막을 관통하는 단백질로 세포 외부 표면에서 유인물질과 결합하면 구조적으로 변화가 일어나 세포막 내부 표면이 활성화되어 세포질에 있는 CheA 단백질의 자기 인산화(autophosphorylation)를 억제한다. MCP와 같이 화학물질의 존재를 감지하고 새로운 형태의 신호로 변환시키는 단백질을 화학 수용기(chemoreceptor) 또는 변환기(transducer)라고 한다(표 5-1).

CheA 인산화가 억제되면 그것이 촉매작용하는 또 다른 세포질 단백질 CheY의 인산화가 억제된다. 인산화 되지 않은 CheY는 편모의 모터 회전방향을 시계 반대방향(CCW)이 되도록 허용함으로써 세균은 계속 달리기를 하게 된다. 외부 환경의 화학물질의 존재를 세포 안의 두 단백질(CheA와 CheY)의 인산화로 신호변환을 이루므로 이를 두 요소 신호전달계(two-component system)라 부른다. 이른바 세균에서 흔히 볼 수 있는 신호전달 방식이다. CheA처럼 화학 수용체의 변화를 세포내 신호로 바꾸어 주는 감지단백질(sensor kinase)과 그 신호를 작용기(편모의 모터)에 전달하는 반응조절자(response regulator)들이 구성 요소이다.

한편 유인물질에 의해 달리기를 하던 세균은 수초 내지 1분 안에 달리기를 멈추고 텀블링을 한다. 유인물질에 의한 영향이 사라져 버린 것이다. 이런 현상을 감각적응(sensory adaptation)이라 한다. 마치 우리가 꽃향기에 취해 있다가도 곧 그 냄새에 무감각해지는 것과 같은 이치이다. 세균의 감각적응 현상은 나름대로 중요한 의미가 있다. 유인물질의 존재를 감지했을 때 계속 달리기를 하게 되면 자칫 그 지역을 벗어나게 될 수 있다.

짧은 시간 안에 뒹굴기로 전환함으로써 유인물질이 있는 지역에 더 오래 머물려는 것이다. MCP 단백질은 지속적으로 환경과 접촉을 하는데, 잠시 전보다 유인물질의 농도가 더 높을 경우 그 방향으로 달리기를, 더 낮을 경우 또 다시 뒹굴기를 한다. 달리기와 뒹굴기를 반복하지만 유인물질의 농도가 높아진 곳에서는 달리기의 빈도가, 낮아진 곳에서는 뒹굴기의 빈도가, 더 높아져 궁극적으로 유인물질이 높은(또는 기피물질이 낮은) 곳을 향해 나아가는 것이다. 이렇듯 세균은 유인물질의 현재 농도를 잠시 전의 농도와 비교함으로써 "기억"을 나타낸다(Box; **세균의 화학주성**). MCP 단백질이 환경물질과 결합하여 구조변화를 일으켜 생리정보를 생산하는 과정은 유당 억제자나 Fur 단백질의 경우를 보아 매우 낮은 확률로 일어나는 사건임이 틀림없다.

세균의 화학주성

MCP는 세포막을 관통하는 막단백질인데 세포막의 외부 표면에는 화학물질과 결합하는 부위가 있다. 화학물질이 화학수용기인 MCP에 결합하면 이 막단백질의 구조변화를 유도하고 그 신호가 내부표면 부위로 전달되어 CheW/CheA와 상호작용한다. 유인물질은 CheA의 자기인산화를 억제하고(CheW를 통해) 기피물질은 반대로 촉진한다. 인산화된 CheA(CheA-ⓟ)는 반응조절자 CheY에 인산기를 전달하여 CheY-ⓟ를 생산한다. 이것이 소위 신호전달이다. CheY-ⓟ는 편모의 모터 스위치인 FliM, FliG, FliN들과 작용하여 편모의 모터 회전방향을 시계반대 방향(CCW)에서 시계 방향(CW)으로 전환시켜 세포로 하여금 뒹굴기를 하게 한다. 화학주성의 목표는 CheY-ⓟ의 양을 통해 뒹굴기의 빈도를 변화시키는 데 있다. 세포질에 CheZ라고 하는 효소(phosphatase)가 있어 CheY-ⓟ로부터 인산을 떼어내는 작용을 한다. CheY 자신은 모터에 아무런 영향을 주지 않으므로 달리기를 방해하지 않는다. 결국, 아래의 반응처럼 CheY와 CheY-ⓟ가 균형을 이루면서 뒹굴기의 빈도를 변화시킨다. 편모는 달리기를 하도록 초기화되어 있고 CheY-ⓟ는 뒹굴기를 촉진하는데, CheZ의 작용은 결과적으로 뒹굴기의 빈도를 줄이고 상대적으로 달리기를 증가시키는 것이다.

$$\mathrm{CheY} \underset{\mathrm{CheZ}}{\overset{\mathrm{CheA\text{-}ⓟ}}{\rightleftharpoons}} \mathrm{CheY\text{-}ⓟ}$$

MCP의 세포질 쪽 표면에는 4~5개의 글루탐산 잔기(residue)가 있다. 이들이 메틸화, 탈 메틸화 되면서 감각적응을 일으킨다(아래에 계속). MCP의 내부표면에 있는 글루탐산 잔기는 세포질에 있는 메틸 전이효소(methyltransferase, CheR)에 의하여 메틸화 된다. 한편, CheA-ⓟ는 또 다른 반응조절자인 CheB를 인산화 시켜 CheB-ⓟ를 만드는데 이것은 활성화된 메틸 분해효소(methylesterase)이다. CheB-ⓟ가 MCP에서 메틸기를 제거할 때에는 자신의 인산기를 잃어 CheB로 돌아간다.

유인물질이 MCP를 자극하여 CheA의 자기인산화가 억제되면 CheB가 CheB-ⓟ로 전환되지 못하여 MCP의 메틸기는 제거되지 못한다. 그 결과 MCP가 더 많이 메틸화된 상태로 있게 된다.

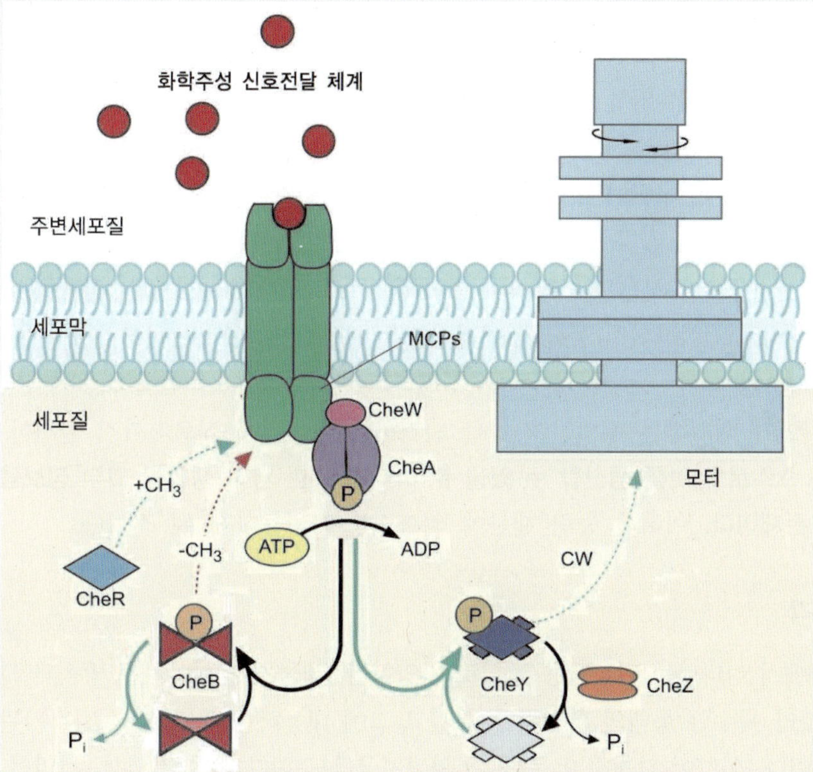

그런데 메틸화된 MCP는 CheA의 활성을 촉진하여 CheA-ⓟ를 증가시키고 이것은 다시 CheY-ⓟ의 증가로 이어져 세포는 달리기를 멈추고 뒹굴기를 하게 된다. 결국 MCP의 메틸화가 유인물질에 의해 유도된 신호(뒹굴기 억제)를 무시하고 뒹굴기를 허용하는 것이다. 유인물질이 MCP의 외부표면에 많이 결합함으로써, MCP의 내부 표면이 많이 메틸화된 상태를 세포가 특정농도에 적응되었다(adapted)고 말한다. 조금 전의 유인물질 농도를 반영한 MCP의 메틸화는 CheA를 활성화 하여 CheA-ⓟ로 전환시키려 하고 유인물질의 현재농도는 이를 억제한다. MCP의 메틸화를 세균의 '기억'이라고 말할 수 있다. 세균은 유인물질의 농도에 대한 과거의 기억(MCP의 메틸화)과 현재 상태를 비교하여 달리기, 또는 뒹굴기를 결정하는 것이다.

6. 감각정보, 의식정보

생명체는 환경과의 상호작용을 통해 생존하고 증식해 가는 존재이므로 환경은 거의 절대적 조건이라 할 수 있다. 생명체가 환경의 변화를 인지하고 그에 따라 적절히 대응하는 것은 생존의 기회와 적응력을 크게 높이는 결과를 낳을 것이다. 환경 변화를 정보로 인지하는 가장 초보적인 생체반응은 단세포 생물이나 원핵생물에서 이미 보아온 유전자 발현조절이라든지 화학주성과 같은 생리작용이다. 이러한 생리적 반응은 다양한 환경 요소에 독립적으로 작용한다. 곧, 정보처리 방식이 개별적이고 또한 서로 연관이 없다. 이와 같은 작용은 비록 외부환경을 감지하기는 해도 감각이라 하지 않고 다만 생리작용이라 한다.

생물체는 이에 더 나아가 여러 종류의 환경 자극을 같은 방식으로 정보화하는 공통의 메커니즘을 진화시켜 왔다. 그것이 곧 신경계이다. 여기에는 특별히 분화된 신경세포가 관여하며 신경세포가 처음으로 환경의 변화를 정보로 변환하는 과정이 감각이다. 신경계가 여러 형태로 진화하면서 동물의 인지기능은 다양한 수준으로 변모하였다. 단순히 외부의 자극을 인지하는 감각의 수준에서부터 감각한다는 사실을 인지하는 의식의 수준으로, 더 나아가 의식하는 주체인 자아를 인지하는 자의식에 이르기까지 발전하게 된다. **생명체는 스스로 정보를 생산할 수 있을 뿐 아니라 또한 남이 생산한 외부 정보를 수용할 수 있는 존재이다.** 이러한 능력 때문에 의사소통이 가능하게 된 것이다.

1) 감각

생명계에서 나타나는 감각작용은 실로 다양하다. 생물체가 살아가는 방식과 그들의 서식처에 따라 특수한 형태의 환경자극이 있고 그에 대응하는 여러 가지 감각기관이 진화돼 온 것이다. 인간이 감지하지 못하는 환경자극들도 허다하다. 자외선, 적외선, 초음파, 전기장, 자기장, 등등. 우리의 일차적 관심사는 우리 자신, 곧 인간에 있으므로 앞으로 전개될 이야기는 인간에 관한 것으로 중점을 두려 한다.

인간에게는 여러 가지 감각이 있다. 흔히 오감이라고 하는 시각, 청각, 후각, 미각, 촉각이 있고 그 밖에 열을 감지하는 열 감각, 통증을 감지하는 통각, 자세나 몸의 균형을 감지하는 평형감각 등이 있다. 모든 감각과정은 자극(stimulus)으로부터 시작되며 자극은 에너지 형태로 제시된다. 자극이 있을 때, 이를 감지하는 감각 세포, 곧 감각수용체는 특수한 상피세포이거나 신경세포이다. 감각세포는 일단 자극 에너지를 받아들인다. 이 과정을 감각수용이라 한다. 감각에 여러 종류가 있으므로 감각을 수용하는 방식은 감각세포의 종류에 따라 다르다. 감각수용기는 자극 에너지를 받아들이는 세포의 하부 구조를 일컫는데 자극 에너지를 세포막의 이온통로의 개폐로 전환시킨다. 그 결과 막 전위에 변화가 일어난다. 이 전위를 수용기전위라고 부른다. 수용기전위는 점진적(graded) 전위인데 이것은 자극의 강도에 따라 변화한다는 뜻이다. 수용기전위는 일정한 강도 이상에, 즉 역치에 이르면 연결되는 신경세포에서 활동전위가 발생한 명실 공히 자극 정보가 신경정보로 변환(transduce)되는 것이다. 감각정보는 감각수용체에서 감각뉴런을 통해 대뇌의 정해진 영역으로 전달(transmit)된다. 활동전위가 중추(뇌)로 들어가면 자극을 인지한다. 이렇게 자극을 느끼는 것은 감각세포가 아니라 중추인 뇌인 셈이다. 자극을 감지하는 데 의식이 필요한가? 반사신경을 점검하기 위해 고무망치로 무릎을 치면 나도 모르게 발이 올라간다. 내가 반사작용이 있었다는 것을 아는 것은 그 뒤의 일이다. 우리 몸의 내분비기관이나 소화기관 등은 자율신경에 의해 조절된다. 이들은 나도 모르게 여러 가지 신체 내부의 변화를 감지하고 그 정보를 사용한다. 이토록 내가 의식하지 못해도 신체 내·외부의 변화를 감지하고 그에 대하여 적절히 대응한다. 지렁이를 밟으면 꿈틀거린다. 자극에 대한 반응이다. 이때 지렁이는 통증을 의식할까? 의식의 문제는 뒤로 미루기로 하고 우선 감각정보가 형성되는 과정을 청각과 시각을 통해 알아보기로 하겠다.

청각은 우선 귀에서 소리를 모아 외이도 내부의 고막을 울리면 그 진동이 중이에 있는 망치뼈, 모루뼈, 등자뼈를 거쳐 난원창을 지나면서 내이와의 경계를 이루는 뼈를 통과한다(그림 5-4). 등자뼈에 전달된 소리, 곧 공기의 진동이 막으로 되어 있는 난원창을 흔들면 이 진동은 바로 연결되어 있는 달팽이관에 차 있는 액체에 전달된다. 달팽이관의 액체는 달팽이관 나선의 끝까지 갔다 되돌아 나오는데 가는 통로와 오는 통로는 구분되어 있고 여기에 기저막이라는 구조가 있다. 소리-액체의 진동으로 변환된-를 감지하는 털세포(hair cell)는 액틴(actin) 섬유를 포함하는 여러 개의 털이 있는 세포로 기저막에 붙어

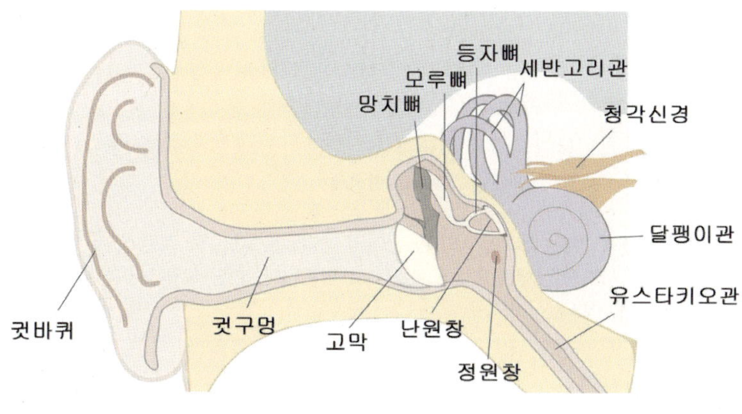

그림 5-4 귀의 구조와 여러 부위의 명칭.

있다. 털세포의 털은 젤리 성분의 덮개막(tectorial membrane)에 묻혀 있다. 액체의 진동파에 따라 기저막이 흔들리고 털세포의 털이 신축하게 되면, 세포로 하여금 신경전달물질을 방출토록 한다. 털세포에 인접한 신경세포는 신경전달물질에 의해 자극되어 활동전위를 일으킨다. 이 신경정보는 중추인 뇌의 특수한 부위를 자극하여 비로소 소리를 인지하게 되는 것이다. 결국 공기의 진동이 액체의 진동으로 변환되고 그것이 털세포로 하여금 신경전달물질을 방출토록 하는 것이다. 어떻게 털세포의 액틴 섬유가 늘어났다 줄었다 함으로써 막전위에 변화를 일으키는가? 감각정보를 발생시키는 이 과정은 매우 희귀한 사건임이 틀림없다.

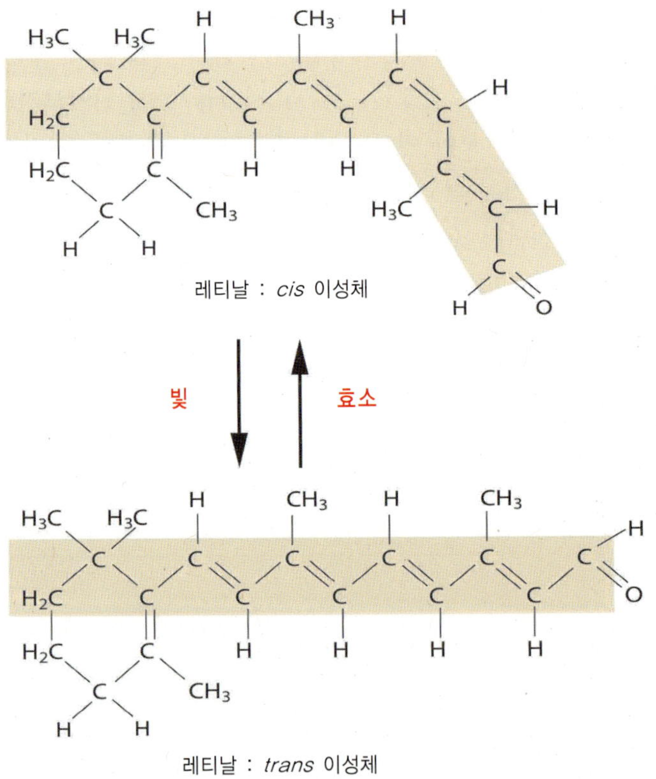

그림 5-5 레티날의 이성체 전환. 비타민 A의 한 형태인 레티날은 시스 와 트랜스, 두 개의 이성체를 갖고 있다. 빛 에너지를 받으면 시스 이성체는 트랜스 이성체로 전환된다. 한편 트랜스 이성체는 효소의 도움으로 시스 이성체로 되돌아올 수 있다.

시각정보가 형성되는 과정은 청각의 경우보다 더 복잡하다. 안구의 안쪽에 있는 망막에는 두 종류의 광수용체(photoreceptor) 세포가 있는데 간상세포와 원추세포가 그것이다. 간상세포는 빛에 더 민감하지만 색깔을 구별할 수 없고 원추세포는 빛에 덜 민감하나 색깔을 구분한다. 원추세포는 세 종류가 있어 종류별로 빛 에너지를 흡수하는 파장 영역이 다르다. 광수용체 세포의 안쪽에 원판(disk)이라 하는 막 구조가 있고 이곳에 시각 색소가 있다. 빛을 흡수하는 분자는 레티날(retinal)로서 막단백질인 옵신(opsin)에 결합되어 로돕신(rhodopsin)을 형성한다. 어두운 곳에서 레티날은 시스(11-cis) 상태로 존재하지만 빛을 받으면 그 에너지에 의하여 트랜스(trans) 상태로 전환되는데 이 변화는 옵신의 구조를 변화시켜 로돕신을 활성화시킨다(그림 5-5).

활성화된 로돕신은 트렌스듀신(transducin)이라는 G 단백질을 활성화시키고 이것은 역시 원판 막단백질인 인산 이 에스터 효소(phosphodiesterase)와 결합하여 이를 활성화시킨다. 활성화된 최종 효소는 근처의 세포막(광 수용기 세포)에 있는 Na^+ 이온통로에 붙어 있는 cGMP를 GMP로 전환시키는데, 그 결과 GMP는 이온통로 단백질에서 분리되고 그 결과 열려 있던 이온통로가 닫히게 된다. 어둠 속에서 Na^+ 이온통로는 cGMP가 결합된 상태로 열려있어 세포 외부의 Na^+ 이온이 내부로 들어옴에 따라 막전위를 탈분극(depolarize)시키고 그에 따라 광 수용기 세포는 신경전달물질인 글루탐산을 방출한다(그림

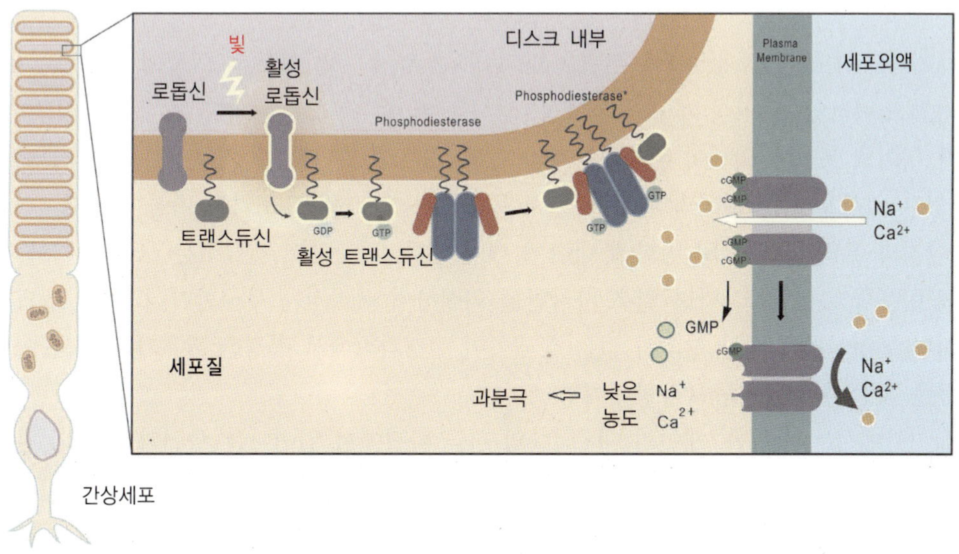

그림 5-6 시각정보의 생산. 레티날을 포함한 로돕신이 빛을 받으면 G 단백질인 트랜스듀신을 활성화시킨다. 활성 트랜스듀신은 역시 디스크 막 단백질인 인산이에스터효소(phosphodiesterase)와 결합하여 효소 기능을 활성화 시킨다. 활성화된 인산이에스터효소(phosphodiesterase)는 세포막의 Na+ 통로를 변화시켜 열려있던 이온 통로를 닫게 하여 막전위를 과분극 시킨다.

5-6). 반대로 빛을 받아 이온통로가 닫히면 외부의 Na^+ 이온이 세포 안으로 들어 올 수 없어 막전위를 과분극(hyperpolarize)시켜 글루탐산 방출이 억제된다. 광 수용기 세포와 시냅스를 이루는 양극세포(bipolar cell)는 세포막에 두 종류의 글루탐산 수용기가 있어 글루탐산이 있을 때 탈분극 되는 것, 과분극 되는 것 등이 있다. 글루탐산이 없을 때에는 당연히 탈분극, 과분극 상태가 역전되는 것이다. 이렇게 형성된 신경정보는 뇌에 입력되어 보고 있다는 사실을 인지하게 된다.

지금까지 청각과 시각 정보가 형성되는 과정을 지루하게 늘어놓았다. 그 이유는 감각정보의 형성과정이 확률적으로 얼마나 쉬운지 또는 어려운지 짐작해 보고자 하였기 때문이다. 로돕신의 활성 구조를 만들기 위하여 레티날의 화학적 구조변화가 영향을 미치는 아미노산 서열은 얼마나 될까? 그 특수한 서열을 이룰 수 있는 확률은 어느 정도일까? 우리는 위에서 락토즈 억제인자의 독특한 기능을 나타내는 아미노산 서열구조가 마구잡이로 형성되는 확률은 어림잡아 $1/10^{164}$라고 추산하였다. 자극 에너지를 감각정보로 전환시키는 데도 이와 유사한 희귀한 확률이 적용될 것으로 확신한다. 확률이 너무 낮아 또 다시 같은 것이 발생할 수 없을 때 우연한 현상이라고 하였다. 아무런 의미도 없었을 환경 에너지를 의미 있는 정보로 변환하는 과정이 이렇다. 생명과 관련된 이러한 우연성은 생명이 아무 곳에서나 아무 때에나 발생하지 않음을 웅변하는 것은 아닐까?

2) 의식

데카르트(René Descartes)와 로크(John Locke) 이후 철학자들은 의식의 본질을 이해하려고 노력하였다. 의식 개념의 타당성, 의식을 기계론적으로 해명할 수 있는지의 여부, 인간 이외의 동물에 의식이 존재하는지의 여부, 있다면 확인할 수 있는 가능성, 객관화할 수 없는 의식을 어떻게 파악할 수 있는지 등을 대상으로 많은 노력을 기울여 왔다. 의식은 환경과 우리 몸 내부의 변화에 대하여 깨어 있다. 감각에서 전달하는 모든 자극에 대하여 반응할 수는 없고 다만 일부 자극만을 의식하며 나머지는 무시한다. 그러나 정확히 의식이 무엇인지에 대한 합의가 없는 상태이며 신경과학에서 측정한 결과가 의식과 어떤 관계를 갖는지 알지 못하는 상태이다.

심리학에서는 의식을 '개인의 내·외부의 자극-환경에서 일어나는 사건과 신체의 감각(sensation), 기억과 생각 등 - 에 대하여, 또한 환경이나 자신의 목표에 대한 반응으로 의도적 선택을 할 때 현재 깨어 있는 상태'라고 정의한다.[10] 의식은 깨어 있으면서 내적

10) Rita L. Atkinson, Richard C. Atkinson, Edward E. Smith, Daryl J. Bem, Susan Nolen-Hoeksema *Hilgard's Introduction to psychology*, 13th Ed. Harcourt College Publishers 2000. pp.191~

상태를 끊임없이 모니터하고 통제한다. 개인의 개별적 경험은 타인이 직접 관찰할 수 없고 따라서 객관적으로 측정할 수 없다. 그러므로 이들은 각 개인의 내부성찰(introspect)에 의해 파악될 수밖에 없다. 행동주의자들은 개별적 사건(event)을 다룰 때 참여자의 내부성찰의 대용으로 언어 반응(verbal response)을 수용한다. 언어는 의사소통의 수단이지 의식 자체는 아니다. 그러나 달리 타인의 의식을 관찰할 수단이 없으므로 그에 의존할 수밖에 없는 실정이다.

생명체에서, 특히 인간에서 우리의 관심을 끄는 대상은 의식정보이다. 동물계에서 가장 원시적이라 할 수 있는 해면동물을 제외하고 모든 동물이 신경계를 가지고 있다. 동물의 특정한 부위에서는 신체 외부 또는 내부의 변화를 감지하고 그 변화를 정보화하여 신경세포를 거쳐 다른 신체부위에 전달한다. 우리는 간혹 전신마취를 통해 수술을 받는 경우가 있다. 전신마취는 의식을 마비시킨다. 마취에서 깨어나면 비로소 극심한 고통을 맛보게 된다. 바로 얼마 전까지도 이런 감각작용이 있었으나 마취상태에서는 느끼지 못한 것들이다. 이렇듯 의식은 감각하고 있다는 사실을 인지한다. 기억, 감정, 깨어 있음(wakefulness), 생각, 판단 등을 내적 감각이라고 한다면 의식을 '일반적으로 감각한다는 사실을 인지하는 작용'이라고 할 수 있을 것이다.[11] 부분 마취를 통해 일부 감각기능이 사라진다 해도 의식은 깨어 있을 수 있다. 그러나 의식이 사라지면 모든 감각작용이 정지된다. 이것은 의식이 감각작용보다 더 상위 수준의 인지작용이기 때문일 것이다. 중추신경계에서 의식 중추가 어디에 있는지 알아내는 것이 매우 중요하고도 의미 있는 일이라 생각된다. 감각이 외부 자극에 대한 정보인 것처럼 의식 역시 감각에 대한 정보라고 말할 수 있다. 위에서 한 말을 중언부언하자면 의식정보는 외적 감각(외부 자극에 대한 감각)과 내적 감각에 대한 인지작용의 결과이다.

자의식은 의식하는 주체인 자아(나)를 인지하는 상태라 말할 수 있겠다. 아무리 게걸스러운 하이에나일지라도 눈앞에 놓여 있는 자신의 앞 다리를 물어뜯지는 않는다. 그것이 임팔라의 다리와 정말로 비슷하게 보여도 그렇다. 하이에나의 의식 세계에서 적어도 자신과 남을 식별해 내는 것이다. 그런데 자의식이 인지하는 자아는 무엇인가? 자아는 의식의 대상이면서 동시에 주체이다. 다른 모든 의식의 대상들처럼 자아 역시 비물질적 정보이다. 수많은 객체 속에서 '나'를 어떻게 인지하는가?

고등동물에서는 남과 나를 식별하는 두 가지 방식이 있다. 면역계와 신경계의 작용이

11) 로크는 추리를 비롯한 감각, 지각, 기억, 상상 등을 포함한 의식작용의 모든 대상을 관념이라고 부른다. 그리하여 감각으로 얻어지는 물리적 대상의 성질을 감각관념, 지각, 사유, 추리, 앎, 의도와 같은 마음의 작용을 내성관념이라 하였다.

그것이다. 면역계와 신경계는 몇 가지 유사점이 있다. 무엇보다 남과 나를 구분할 수 있다는 점이다. 이 두 시스템은 인간이 태어나는 시점에도 완성되지 않고 태어난 후 비로소 완성된다. 면역계와 신경계의 발달이 서로 연계되어 있는지는 알 수 없으나 두 체계를 비교해 보는 것도 흥미 있는 일이 되겠다. 면역계의 피아 식별은 물질에 의한 인식이다. 세포 표면에 자기물질(self molecule)[12]이 있어 면역세포가 이를 확인하여 자신과 남을 식별한다. 신생아는 독립된 면역체계를 완성될 때까지 모체로부터 완성된 항체를 받아 부족한 면역기능을 보완한다. 면역계의 문제 해결방식이 신경계에 도움이 될 것인가? 신경계의 의식체계가 자아를 식별하는 것은 의식의 대상 정보가 자신인지 아닌지를 판단하는 것이다. 면역계가 물질적 근거에 의존하는 데 비해 신경계가 다루는 대상은 비물질적(의식정보)이다. 이 말은 꼭 자의식의 물질적 근거를 부정하는 것은 아니다. 그렇다면 자아를 식별하는 데 물질적 근거를 찾을 수 있을까? 면역계의 경우처럼 신경계도 체제가 완성되기 전에 자의식을 대체할 수단이 있는가? 아니면 자의식이 없는 채로 기다리는가? 아직도 가야할 길이 까마득한 것 같다.

7. 자유의지

근대 과학의 영향으로 아리스토텔레스로부터 비롯된 목적론적 세계관에서 벗어나 물리적, 인과론적, 결정론적인 세계관이 대두되었다. 코페르니쿠스, 갈릴레이, 뉴턴 등으로 이어지는 천문학, 물리학의 발달이, 천체를 비롯한 물리계 전체에서 일어나는 변화의 원리가 원인과 결과 사이의 인과법칙임을 확인시켜 주었다. 자연법칙이 엄격하게 인과율을 따르는 이상 모든 물리계의 현상이 선행원인의 결과로 나타나며 그 원인은 또 다른 원인의 결과라는 것이다. 따라서 현재는 과거의 결과이며 미래의 원인이다. 이것이 결정론이다. 현대에 들어와서는 과학의 영역이 더욱 확대되어 인간의 정신과 지성을 비롯한 모든 현상이 결정론의 지배를 받는 것으로 생각되기도 한다. 인간도 그 자신이 물리계에 속해 있는 이상 인과의 법칙에서 벗어날 수 없고, 따라서 인간에게 과연 자유란 존재할 수 있는가라는 의문이 제기되는 것이다. 또한 이와 같은 물리계에서, 인간에게 있다고 여겨지는 비물질적 요소인 정신(마음)이란 무엇인지를 규정하여야 한다.

12) 고등 동물의 세포 표면에는 특별한 막 단백질이 있어 이것으로 자신과 외래 세포를 구분한다. 이 막 단백질은 주조직적합성복합체(major histocompatibility complex)라 불리는 유전자의 산물인데 이들은 몇 가지 종류가 있고 높은 돌연변이와 재조합 빈도 때문에 각 유전자마다 다양한 대립인자를 갖고 있다.

결정론은 그것 자체로 여러 가지 비판을 받아 왔다.[13] 많은 물리 현상은 선행원인에 의한 결과이며 그 원인은 또 다른 원인에 의하여 나타나는 것이지만 선행원인이 불확정성 원리에 의한 예측 불가능성에 의존할 수도 있다. 선행원인은 또한 확률적으로 제시되기도 한다. 물리계의 이러한 비결정론적 요인에도 불구하고 결정론은 인간의 세계관에 깊게 뿌리를 내렸다. 그와 더불어 철학계는 혼돈 속에 빠지게 되었다. 정신[14]과 자유의지가 박탈된 상태에서 철학이 온전하게 제 구실을 담당하지 못하는 것은 어찌 보면 당연하다 하겠다.

정신의 관점에서 보면, 정신의 존재를 부정하고 나와 나의 육체는 같은 것이라고 주장하는 유물론(materialism), 육체는 정신 속에서 오직 관념으로 존재할 뿐이라는 관념론(idealism)을 양 극단으로 하고 육체와 정신을 오가는 많은 이론들이 있다. 결정론과 자유의지에 관해서도 역시 견해에 따라 여러 가지 이론들이 있다. 결정론을 인정하면서 자유의지를 배척하는 강한 결정론(hard determinism), 결정론과 자유의지를 함께 수용하는 양립론(compatibilism), 결정론과 자유의지 모두 부정하는 강한 양립불가론(hard incompatibilism), 결정론을 거부하고 자유의지만을 인정하는 자유지상주의(libertarianism)가 그것이다. 자유의지가 존재하느냐의 문제는 철학적 사유의 대상일 뿐만 아니라 정치적으로, 도덕적으로, 또한 법적으로도 매우 중요한 사안이다. 철학이 결정론의 강력한 마법에 걸려 제 구실을 하지 못하는 것은 자유의지나 정신이 존재하는지는 둘째로 치고 그들이 과연 무엇을 뜻하는지조차도 파악하지 못하는 데에 원인이 있다.

우리는 모두 자신에게 자유의지가 있다는 것을 직관적으로 안다. 대부분의 사람들은 미래는 결정된 것이 아니며 자기의 노력 여하에 따라 결정된다고 믿고 있다. 이것이 우리가 지금보다 더 나은 미래를 바라보고 노력하는 이유이다. 운동선수들은 시합에서 이기기 위하여 최선을 다 하고 관중은 그들의 승리를 염원하여 목이 터져라 응원한다. 이러한 행위들은 인간의 자유로운 선택이 앞으로 다가올 미래를 변화시킬 수 있다는 믿음 때문이다. 인간을 포함한 세상의 모든 변화가 엄격한 물리적 인과율에 따라 일어난다는 결정론을 받아들인다 하여도 이러한 믿음은 떨쳐버릴 수가 없다. 이것은 믿음이라기보다 직관이다. 우리가 갖고 있는 자유의지에 대한 직관을 철학자들은 어떻게 바라보는지 검토해 보자.

13) Karl Popper, "Indeterminism and Human freedom" in David Miller Ed., *Popper selections*. Princeton University Press, 1985.

14) 물리주의(physicalism)는 인간에게 비물리적 요소나 현상은 존재할 수 없고, 따라서 인간의 정신이란 신경회로에서 발생한 창발성(emergent property)이라고 규정한다.

13세기의 신학·철학자인 토마스 아퀴나스(Thomas Aquinas, 1225~1323)[15]에 따르면,

> '자유라는 말은 엄밀히 이성과 의지에 의해서 생긴 행위에 대해서만 적용되는 것이다. 이런 행위를 인간적 행위라고 하는데 이러한 행위는 인간이 그 지배자일 그런 행위일 뿐이다. 자유로운 선택활동에 앞서서 이성의 판단이 있고 의지가 이성의 판단에 따라서 선한 것이라고 제시된 것을 수행한다. 그러므로 인간은 자기의 이성과 의지로 그 행위의 지배자이다. 따라서 자유의지는 의지와 이성의 능력이라고 불린다. ...... 인간의 의지는 인간으로서의 인간의 최종적이거나 궁극적인 목적으로 향하도록 필연적으로 정해져 있고, ... 최종적이며 궁극적인 목표는 인간의 여러 가능성을 최고도로, 그리고 가장 완전한 방법으로 실현하는 것으로 신을 소유하는 것이다.'

이렇듯 아퀴나스의 자유의지 개념은 신의 속성과 연계되어 있다.

칸트(Immanuel Kant, 1724~1804)는 자유를 "한 상태를 자신으로부터 시작하는 능력"[16]이라고 정의하고 그러나 자유의 근거를 인간의 이성으로 사변적으로 유추해 낼 수 없고 오직 실천적으로만 그 존재를 인식할 수 있다고 하였다. 또한 도덕 감정(법칙)은 어떠한 감성적 조건에 의해서도 영향 받지 않는 전적으로 독립적인 규정이며 자유의 개념에 이를 수 있고 도덕 감정(법칙) 만이 우리가 자유를 직접적으로 인식할 수 있는 것이라 하였다.[17] 그리하여 "자유는 도덕 법칙의 존재근거이나, 도덕 법칙은 자유의 인식근거"이며[18] "도덕법칙들은 의지의 자유와 관련해서만 가능하며, 그러나 자유를 가정한 상태에서는 필연적이고, 또는 거꾸로 저 법칙들은 실천적 요청들로서 필연적이기 때문에, 자유는 필연적"이라는 것이다.[19] 의지의 자유는 자연의 결정론에서 벗어나, 단순히 존재하는 상태를 넘어 서서 이성이 스스로 부과한 당위의 법칙을 따른다. 이제 자유는 자연 필연성으로부터 벗어나 도덕 필연성에 스스로 복종하는 것이다. 즉, 자유는 반드시 이루어져야 할 일(도덕적 당위)을 자발적 의사로 실천하는 행위인 셈이다.

인간이 저 하고 싶은 대로, 마음대로 행동하는 것이 자유가 아니고 도덕률에 따라 행동하는 것이 자유라는 뜻이다. 이 궤변에 가까운 주장을 살펴보면 그가 결정론의 손아귀에서 벗어나 자유를 얻기 위해 얼마나 고심하였는지 짐작할 수 있다. 인간의 행동을 포함한 이 세상 모든 것의 변화는 물리적 인과관계, 곧 자연법칙에 따라 움직인다. 이렇게 자연

15) F.C. 코플스톤, 강성위 옮김, *토마스 아퀴나스*. (1993) 성바오로 출판사 pp. 280-301
16) Immanuel Kant, *Critique of Pure Reason*. Transl. & Ed. by Paul Guyer and Allen W. Wood, Cambridge University Press. (1998) A533/B561
17) Immanuel Kant, *Critique of Practical Reason*. Dover Philosophical Classics (2004) pp. 29~30.
18) Immanuel Kant, 같은 책, p. 2.
19) Immanuel Kant, 같은 책, p. 47.

법칙의 강력한 힘에 속박된 인간이 인과율을 거부하고 자유로워질 수 있는 것은 도덕률에 따라 행동하는 길 뿐이다.

그러나 이런 방식으로는 도덕법칙(도덕율)을 따르지 않는 수 없이 많은 행위의 존재근거를 설명할 수 없다. 특정한 조건에서 인과율에 의한 결과는 오직 한 가지뿐이다. 그러나 인과율을 벗어나는 나머지 행위(자유)들은 무수히 많다. 일어날 수 있는 행위 중에 극히 일부만이 일어나야 할 행위(당위)일 뿐이다. 칸트의 자유로는 도덕법칙을 따르는 행위(당위)를 제외한 일어날 수 있는 행위를 설명할 근거를 잃게 된다. 칸트는 자유를 얻고자 하는 열망에 서둘러 결정론(인과율)에서 탈출하려다 보니, 이 '나머지 모든 선택 가능한 행위들'을 수습하지 못한 것으로 보인다. 한편, '자유를 존재근거로 요구하는 도덕법칙'에 관해 생각해 보자. 과연 아무런 감성조건 없이 직접 인식할 수 있는 독립적 규정인 도덕법칙이 선행원인을 요구하지 않는 "한 상태를 자신으로부터 시작하는 능력" 곧, "절대적 자발성(absolute causal spontaneity)"[20]인가? 인간의 행위 속에 스며있는 생리적 본능, 문화적 규범들이 비록 한 개인에 있어서는 경험 이전에 이성적으로 파악할 수 있는 독립적인 것으로 보일지라도, 인간의 육체와 함께 진화되어 온 행동방식(패턴)은 수 없이 많은 선행원인의 결과인 것이다. 도덕 감정 역시 인과율에 의한 결과 일 수밖에 없다. 또한 칸트는 자유의지는 인간에게서만 존재한다고 했지만 도덕 법칙이라고 주장할 수 있는 행동방식의 규범은 인간 이외의 동물에서도 얼마든지 발견할 수 있다.

홉스(Thomas Hobbes, 1558~1679)는 타인으로부터의 제약 없이 개인의 결정된 동기에 의해 행동하는 자유, 곧 결정론과 관계없이 외부의 힘에 억눌리지 않고 오직 자신의 욕망에 의한 결과를 자유의 실현으로 보았다. 자유의지가 결정론과 양립될 수 있다는 주장이다.

흄(David Hume, 1711~1776)은 필연과 인과관계를 전적으로 "자연의 작용에서 비슷한 대상들이 항상 함께 결합하는(conjoin) 것으로 관찰되는, 그리고 마음이 관행으로 하나의 출현으로 다른 것을 추론하는(infer) 통일성(uniformity)"으로 보고[21] 인과관계에서 나타나는 필연성은 전적으로 우리의 경험에 근거한 것이기에 인과관계는 사실의 문제이지 논리적인 문제가 아님을 주장한 것이다. 또한 자유를 "의지의 결정에 따라 행위 하거나 행위 하지 않는 힘"이라고 정의하고[22] 강제가 없음을 의미하지 않고, 필연성에 반대되는

20) Immanuel Kant, *Critique of Pure Reason*. Transl. & Ed. by Paul Guyer and Allen W. Wood, Cambridge University Press. (1998) A446/B474

21) David Hume, *An Enquiry Concerning Human Understanding*, Ed. by Eric Steinberg, 2nd ed. Hackett Publishing Co., (1993) pp. 53~54.

22) David Hume, 같은 책 p. 63.

의미의 자유란 존재가 허용되지 않는다고 하였다.[23] 행위의 자유는 의지에 따라 행할 수 있는 자유를 의미하고 행위에 대한 원인으로 의지가 전제되어 있으므로 결정론과 모순되지 않는다고 하였다. 흄의 자유는 다만 행위의 자유를 뜻하는 것일 뿐, 행위의 원인인 의지에 관해서는 언급하지 않고 있다.

현대의 양립론자들, 프랑크푸르트(Harry Frankfurt)나 데넷(Daniel Dennett) 같은 사람들은 제한과 속박 속에서도 허용되는 것들을 자유롭게 선택하는 행위를 자유의지로 보았다. 비록 강제된 것이라 하더라도 강제 당한 존재의 개인적 의도나 욕망과 부합될 때 이를 자유로 본다는 것이다. 특히 데넷의 경우, 타인의 예상과 달리 행동할 수 있을 때 자유의지를 확인할 수 있다고 하였다. 우리나라 철학자들의 견해도 대체로 현대 양립론자들과 일치하는 것으로 보인다. 즉, '인간의 자유는 자연법칙을 무시하고 위반하는 데서 오는 것이 아니다. 자신이 원하는 행동을 하는데 외적·내적 장애물이 없는 경우에 인간은 자유로운 것이다.' [24]라든지 또는 '강제나 억압과 반대되는 의미로서의 자유 곧, 특정한 시점에 나의 의지에 따른 행위를 방해하는 장애가 없다는 의미의 행위의 자유' [25]를 주장한다.

이렇듯 경험주의 철학자들을 비롯한 현대의 양립론자들은 칸트와 달리 필연으로부터 벗어날 자유를 적극 주장하지 않는다. 다만 소극적 자유, '강제나 억압과 반대되는 의미로서의 자유' 곧, 행위의 자유만을 주장하는 것이다. 그러나 사실 우리가 처음 자유를 논하기 시작한 이유는 필연적인 물리적 인과관계에서 인간의 행동이 자유로울 수 있느냐 하는 점이었다. 그러므로 자유의 의미를 '강제나 억압과 반대되는 의미로서의 자유'로 후퇴함으로써 자유에 관한 논의의 핵심 주제를 기피하였다는 비판을 면할 수 없을 것으로 보인다.

웨그너(Daniel Wegner)[26]나 해리스(Sam Harris)[27] 같은 사람들은 인간에게 자유의지란 단지 환상에 불과하다고 말한다. 이들은 대부분의 현상은 결정론적 선행 원인에 의해 일어나며, 설령 선행 원인이 양자론이나 확률론에 의해 나타난다 하더라도 자유의지와는 관련이 없기 때문이라고 말한다. 이들은 특히 리벳(Benjamin Libet)[28]이나 헤인즈(John-Dylan Haynes)[29]의 실험을 통해, 인간의 의지로 선택이 이루어지기 이전에 선행하는 두

23) David Hume, 같은 책 p. 64.
24) 김형철. 자유의지와 결정론, 그리고 도덕적 책임. 「가톨릭철학」(2006) 제8호, 122-143.
25) 김효명. 결정론과 자유. 「철학사상」(2008) 제 28호, 291-313.
26) Daniel Wegner, *The ellusion of conscious will*. Bradford books, The MIT Press. (2002)
27) Sam Harris, *Free will*. Free Press. (2012)
28) Libet, Benjamin, C. A. Gleason, E. W. Wright and D. K. Pearl. "Time of Conscious Intention to Onset of Cererbral Activity(Readiness Potential)" (1983) *Brain* 106: 623-642.

뇌 활동이 있다는 것을 확인할 수 있으므로 자유의지가 불가능하다는 주장을 펼치고 있다. 리벳은 움직이려는 의식적인 시도가 있기 약 350 ms(millisecond) 전에 물리적 두뇌 활동인 RP(readiness potential)를 측정하였다. 또한 헤인즈는 실험자가 의식적 결정을 내릴 때 뇌의 fMRI를 촬영하였는데, 결정을 하기 7초-10초 이전에 이미 뇌의 특정부위가 활성화된다는 것을 알았다. 즉, fMRI를 보고 있으면 실험자가 결정하기 전에 그가 무엇을 결정하는지 정확히 예측할 수 있다는 것이다. 이와 같은 신경과학의 연구결과는 자유의지에 치명적인 것으로 보인다. 이제 인간은 결정론이 조정하는 꼭두각시나 좀비에 불과한 존재라고 주장하기에 이르렀다. 발라거(Mark Balaguer)[30]는 자유의지를 무력하게 만드는 이들 신경과학자들의 연구결과와 함께 자유의지가 환상에 불과하다는 주장에 대하여 치밀하게 반론을 제기하면서도 자유의지에 대한 자신의 주장을 유보하고 있다. 양립불가론적 결정론자들에 대항하는 자유의지의 개념이 불확실하고 범위 또한 제한적이기 때문이다.

하이젠버그(Martin Heisenberg)[31]는 생명체에서의 행위가 반드시 의식적일 필요는 없으며 어떤 행위는 외부 자극을 요구하지 않는 무작위적 초기 활동으로 활성화된다는 데 착안하였다. 이것이 행동(behavior)으로 전환될 때 자발적 행위(self-initiated action), 곧 자유의지에 의해 변화된다고 주장하고 인간의 경우, 이 과정에서 '칸트의 자유의지'가 적용된다고 하였다. 위에서 검토한 바와 같이 칸트의 자유의지론 자체가 비판의 여지를 갖고 있을 뿐 아니라, 그가 예로 들은 대장균의 무작위적 초기 활동이 어떻게 행동(화학주성)으로 이어지는지에 대한 설명이 없다.

여기서 필자는 자유의지에 관한 개념을 새로운 관점에서 탐색해 보고자 한다. 이를 위하여 먼저, 자유의지를 '행위의 결과에 영향을 주는 행위자에서 비롯된(self-initiated) 의도'라고 정의하겠다. 아무런 외적 개입이 없을 때 선행 원인은 자발적으로(저절로 일어나는, spontaneously) 결과에 이르게 된다. 예를 들자면, 열은 뜨거운 곳에서 찬 곳으로 이동한다든지 물이 위에서 아래로 흐르는 현상은 자발적 과정이다. 이것이 물리법칙이다. 의도가 없는 곳에서는 어김없이 인과율이 적용된다. 생명체에 있어서 환경은 원인 제공자이며 이 원인은 인과율에 따라 특정한 결과를 낳는다. 생명체는 그러나 항상 선행원인을 그대로 수용하는 것은 아니다. 불리한 조건을 극복하기 위해 또는 더 좋은 조건을 만들기 위하여, 선행원인에 선택 가능한 모든 것을 시도한다. 이것으로, 예상되는 결과에

29) Haynes, John-Dylan "Decoding and Predicting Intentions" *Annals of the New York Academy of Sciences* (2011) 1224: 9-21.
30) Mark Balaguer, *Free will*. The MIT Press. (2014)
31) Martin Heisenberg, "Is free will an illusion?" *Nature* (2009) 459:164-165.

변화를 추구하며 궁극적으로 생존의 기회를 높이는 것이다. 선행원인이 인과율에 따라 결과에 이르는 자발적 과정은 에너지 방출반응(exergonic reaction)이다. 그런데 행위자의 의도는 선행 원인과 결과 사이에 개입하여 물리, 화학적으로 저절로 이룰 수 없는 일을 진행시키는 것이다. 이 일은 에너지 공급이 필요한 에너지 흡수반응(endergonic reaction)인 것이다. 그러므로 자유의지를 '에너지를 사용하여 자발적인(spontaneous) 물리·화학적 과정을 벗어나 일을 진행시키는 작용'이라고 할 수 있다. 따라서 자유란 인과율을 벗어나는 현상, 즉 인과율로부터의 자유라고 말할 수 있다.

우리는 첫 단원에서 생명이란 무엇인가라는 주제를 다루면서 슈뢰딩거의 생명의 정의를 논의하였다. 그의 정의는 이러하였다; 자기보전(체제유지, 증식)을 위하여 '환경으로부터 네거티브 엔트로피(negative entropy)를 흡수하는 비 주기성 결정'. 엔트로피가 증가하는 것이 자연적, 자발적 현상인데 네거티브 엔트로피의 흡수는 에너지를 사용하였을 때에만 얻어지는 결과이다. 따라서 생명체의 정의를 '에너지를 사용하면서 자발적 과정을 벗어나 이룩하는 거대분자들의 체제'로 고쳐 쓸 수 있겠다. 에너지를 사용하면서 자발적 과정을 벗어나는 현상은 인과율에 어긋나는 작용이므로[32] 생명체의 생명활동 중 핵심되는 것은 인과율을 벗어나는 현상이다. 위에서 인과율을 벗어나는 현상을 자유라 하였으므로 생명활동의 핵심은 자유인 것이다. 여기에서 '**생명의 본질은 곧 자유이다**'라는 결론을 도출할 수 있게 되는 것이다. 자유는 생명의 한 중요한 속성인 셈이다. 자유의 또 다른 특성은 그것의 근원이 행위자에서 비롯된 것이라는 점이다. 자유는 다른 것으로 부터 부여 받을 수도 없고 다른 것에 부여할 수도 없는 오로지 생명체 자신의 본질적 속성이기 때문이다.

자유의 근원에 관하여 더 깊이 생각해야 할 것이 있다. 행위자에서 비롯된 행위(self-initiated action)란 행위자로 하여금 특정한 행위를 하게 만드는 조건(conditions for self-initiation)을 요구한다고 주장할 수 있다. 그러한 조건들이 선행원인이 되어 행위에 이르게 하는 것이므로 결국 자유조차도 인과율에서 벗어나기 어려운 아닌가? 그러나 환경 원인에 시도하는 생명체의 선택은 무작위에 의해 발생하는 추가 조건 중에서 일어나는 것이다. 무의식 수준의 자유의지뿐 아니라 의식 수준의 자유에 대해서도 그러하다. 자유의 뿌리는 궁극적으로 우연성이다. 자유가 우연적으로 발생된 것이라면 그것이 그 생명체의 자유라고 말할 수 있는가? 비록 자유가 우연적으로 발생되었다 하더라도 그것이 다름 아닌 그 특정한 생명체에서 발생하고 선택된 이상 자유의 주인은 그 생명체라

32) 여기서 말하는 인과율은 자발적 반응의 의미이다. 외적 조건의 개입 없이 (예를 들어 에너지 공급 같은) 반응의 선행원인 자체만으로 결과에 이르는 자연법칙이다.

하지 않을 수 없다. 마치 생명체는 그가 지닌 생명에 대하여 아무런 역할도 하지 않았어도 그 생명의 주인인 것과 같다.

이제, 생명의 중요한 속성으로 대두한 자유의지를 실제로 생명체에서 일어나는 여러 가지 현상에 적용하여 보자. 우리는 위에서 대장균의 화학주성에 대하여 살펴보았다. 무작위 운동(randon movement)으로 떠돌던 대장균이 포도당 농도의 구배를 감지(?)했을 때 높은 농도를 향하여 달려가고 낮은 농도에서 방향을 바꾸는 행동은 에너지를 소비할 때에만 가능하다. 대장균의 자발적 반응(spontaneous reaction)은 그저 무작위하게 떠도는 것일 테니까. 만일 유인물질인 포도당과 기피물질인 페놀(phenol)이 함께 있을 때 대장균은 어떻게 움직일까? 영양물질을 많이 흡수한 상태에서는, 즉 포도당이 시급히 보충되지 않아도 될 때에는 기피물질에 대한 반응을 나타내고(피해서 달아나고), 영양물질이 필요할 때에는 페놀의 존재를 무시하고 그곳으로 달려갈까? 대장균은 이 상황에서 취할 행동을 어떻게 선택하는가? 아무도 대장균이 이 상황을 의식하고 자신의 행동을 선택한다고 생각하지는 않을 것이다. 세균에는 신경이 없으므로 이러한 환경을 '느낄' 수 없다. 위에서 언급한대로 유인물질이든 기피물질이든 MCP와 결합하여 그 신호가 CheA와 CheY에 전달되어 궁극적으로 편모의 회전방향을 결정하게 된다. 그러므로 이들 물질들의 농도, MCP와의 친화력 등이 총체적으로 작용하여 서로 상반되는 힘들은 상쇄되고 남는 힘이 편모의 회전방향을 최종적으로 결정하는 것이다. 결국 물질의 분자적 성질이 세균의 행동을 선택하는데 작용한다고 결론지을 수 있다. 모든 선택에는 책임이 따른다. 필자가 대장균의 선택에 대해 책임을 묻겠다고 하면 많은 사람들이 정신 나간 짓이라고 비웃을 것이다. 그러나 그 책임을 묻는 주체는 필자가 아니고 자연이다. 대장균의 결정은 자연선택의 심판에 맡겨져 이미 허용(승인)된 상태이다[33]. 대장균의 선택이 적절치 못했으면 이미 도태되어 사라져 버렸을 것이다. 이것이 잘못된 결정에 대한 책임이다.

대장균과는 달리 고등동물인 생쥐의 경우를 생각해 보자. 생쥐가 굴 밖에 있는 땅콩을 발견하였다. 당장 달려가 물고오고 싶지만 굴 밖에는 고양이가 도사리고 있다. 막상 나갔을 때 고양이가 다른 곳으로 가고 없을지도 모른다. 고양이가 있더라도 용케 피해서 무사히 도망칠 수 있을 가능성도 있다. 그러나 만일 잘못되면 그것으로 끝이다. 그냥 내버려두면 다른 녀석에게 빼앗기게 되므로 생쥐는 빨리 결정을 해야 하는 입장이다. 어떤 선택을 하든 생쥐에게는 상황을 파악하는 의식이 있다고 보아야 하지 않을까? 생쥐의 선택은 그런 의식을 바탕으로 한 자유의지가 아니겠는가? 자유의지란 오직 인간에게만 허용된

33) 이 시스템이 이미 있는 것은 그것 자체로 자연선택의 결과임을 보여주는 것이므로 대장균의 결정은 올바른 선택으로 적응이라는 보상을 받은 것이다.

특권이라고 믿는 사람들에게는 충격적인 발언일 수 있겠다.

신경계가 처음부터 생쥐의 경우처럼 복잡하고 고등한 것으로 진화한 것은 아니다. 신경세포가 동물계에 나타난 것은 자포동물문(phylum cnidaria)에서부터인데 히드라, 해파리, 말미잘 따위가 여기에 속한다. 신경은 온몸에 걸쳐 그물처럼 연결되어 있어 이들의 신경조직을 신경망(nerve net)이라 한다. 이들은 모두 촉수가 있고 촉수에는 수많은 자세포(cnidocyte)가 있다. 자세포는 특이한 구조를 나타내는데 바늘이나 창으로 비유될 수 있는 구조가 세포 속에 장전되어 있다가 세포의 한 부분(방아쇠라 부를 수 있는)을 건드리면 발사되어 희생물의 몸체에 꽂히면서 독소를 주입하여 마비시킨다. 신경세포는 촉수에도 뻗어 있으므로 지나가던 물고기가 건드리면 즉시 여러 촉수들이 모여들어 물고기를 감싸고 결국 위수강(gastrovascular cavity)안으로 밀어 넣는다. 히드라나 말미잘은 자신들의 행위를 의식하고 있을까? 오늘 큰 물고기를 하나 잡았으니 대박이다! 한 일주일은 사냥을 못해도 버티겠다. 신경계가 진화하면서 초기부터 의식이 생겨난 것은 아니리라. 그렇다면 이들의 행동은 어떻게 설명해야 옳은가. 비록 의식은 없어도 이와 같은 행동이 생존에 유리하게 작용하므로 그렇게 자연선택된 것으로 판단된다. 생쥐의 소화기관에서 일어나는 불수의 운동(involuntary action)도 같은 원리로 자연선택에 의해 이미 생명체에 적응된 것으로 보인다. 대장균의 경우처럼 옳은 선택에 대한 보상을 받게 된 것이다. 생쥐와 같은 의식이 있는 동물에는 불수의 운동 외에도 자신의 의식의 통제 아래에 있는 수의 운동(voluntary action)이 있다. 어떤 초기 활동이 무작위 또는 확률적으로 발생되었다 하더라도 의식을 통해 수 없이 많은 자유의지에 의한 선택이 이루어지는 것이다. 이런 이유로 에너지를 사용하면서 자발적 물리과정에 개입한 자신의 의도(선택)에 대하여 응당 책임을 져야 마땅한 것이다.

생명은 물 위에 떠서 바람 부는 대로 흘러가는 존재가 아니다. 생명은 흐르는 물을 거슬러 상류로 올라가기도 하고, 바람을 맞으며 앞으로 나아가기도 한다. 또한 언덕을 기어올라 언덕 너머의 세상으로 발을 내 딛기도 한다. 이것이 생명이다. 이것이 자유이며, 이것이 생명의 자유인 것이다. 생명은 자연의 물질세계에 속해 있으면서도 자유의지가 있음으로 해서, 결정론의 구속을 받지 않고 필연에서 벗어나 우연적이며 예측 불가능한 사건을 만들어 낸다. 결정론으로부터 해방되는 자유, 이것이 곧 생명활동이다.

8. 물질 → 정보의 비가역성

분자생물학이 태동하던 시기에 프랜시스 크릭(Francis Crick)은 DNA의 정보가 세포활동으로 전달되는 과정에서의 정보흐름에 주목하였다. DNA의 정보는 복제를 통해 자신의 정보를 재생산하고, 전사를 통해 또 다른 핵산(RNA)을 합성하여 일부는 세포활동에 직접 사용되고 일부는 단백질로 번역된다. 분자생물학의 중심원리(central dogma)라고 불리는 이 과정에서 그는 정보의 흐름이 핵산(DNA) → 핵산(RNA) → 단백질로 일방적으로 진행된다고 하였다. 정보흐름의 비가역성을 주장한 것이다. 핵산의 염기서열이 단백질의 아미노산 서열로 바뀔 수는 있으나 역으로 아미노산 서열이 핵산의 염기서열로 전환될 수는 없다는 말이다. 그의 주장은 반세기 이상 지난 지금까지 진실로 인정되고 있다.

정보흐름의 일방적 진행은 앞에서 예로 든 생리정보의 경우에도 예외는 아니다. 즉, 유도물질 알로락토즈의 농도가 높아질 때 락토즈 오페론이 발현되는 것이지 역으로 오페론의 발현으로 유도물질의 농도를 높일 수는 없다. 얼핏 보면 당연한 것으로 여겨질 수도 있는 이러한 사실은 실은 매우 중요한 의미를 포함하고 있다. 비물질적 존재인 정보는 물질세계에서, 다시는 재현될 수 없는 낮은 확률로 우연히 발생하였으며 그것은 거꾸로 물질세계로 전환될 수 없다는 뜻이다. 이러한 관념적 존재는 그것을 지탱하고 있는 실체가 사라지면 함께 사라진다. 그러므로 정보는 실체와 무관하게 존재할 수는 없다. 여기서의 실체는 정보를 생산한 물질적 존재와 함께 그 정보를 인지하는 수용체(기)를 함께 의미할 수 있다. 정보는 물질적 존재에 의해 생겨난 관념적 존재이지만 그 속성은 물질적 존재와 무관하므로 독립적이다. 물질에서 관념적 존재인 정보가 파생될 수는 있지만 그의 역은 성립되지 않는다. 곧, 정보에서 정보체가 생겨날 수 없다. 물질과 정보의 비가역성을 말하는 것이다. 위에서 본 감각은 물론이고 의식, 자의식(자아) 역시 궁극적으로는 물질에서 발생된 비물질적 존재이다.

생명정보의 생성은 서로 인과관계가 없는 수많은 원인들이 동시에 일어나야하기 때문에, 확률이 매우 낮을 수밖에 없고(따라서 다시는 똑 같은 것이 생길 수 없고) 또한 개별적 원인과 그것들의 결과(생명정보) 사이에 인과관계를 주장할 수가 없는 것이다. 정보는 정보체(신호)의 속성도, 수용체의 속성도 아니다. 정보는 그것을 구성하는 신호(또는 기호)와 정보수용체가 상호작용을 통해 만들어 낸 것이므로 창발성(emergent property)이라고 할 수 없다. 왜냐하면, 신호와 수용체는 서로 독립적으로 존재하는 것이며 그들이 모여 새로운 조직 체계를 형성하는 것은 더더욱 아니기 때문이다. 정보의 생성은 물리적 필연성에 의한 것이지만 오직 한번 일어나기 때문에 우연적인 것이라고 할 수 밖에 없다.

9. 유(있음)와 무(없음), 그리고 창조

실체는 다만 변화할 뿐, 사라질 수 없다. 그렇기 때문에 우주에는 일정한 양의 실체가 존재한다. 따라서 아무 것도 없는 것에서 실체가 생겨날 수 없다. 이것은 열역학에 관한 제 1 법칙을 변형하여 실체에 적용한 것이다. "무"에서 "유"가 나타날 수 없다. 무에서 유를 생산하는 행위를 창조라 한다면 창조란 원천적으로 불가능한 것이다. 창조는 오직 신앙의 세계에서만 가능한 것이다.

우리가 사는 세상은 유(실체가 존재하는)의 세계이다. '무'의 상태, 즉 아무 것도 없는 상태는 그것을 판단할 의식조차 존재할 수 없으므로 자체적으로 논리적 모순이다. 의식이나 정신으로 일컫는 비물질적 존재는 물질적 근거에 의해서만 존재하는 것이기 때문이다. 결국 '무'(아무 것도 없음)란 실상이 아닌 관념일 뿐이다. 마치 실존의 세계에서 0은 오직 추상적 관념뿐인 것처럼. 그럼에도 불구하고 '유'가 '무'에서 생겨나는 것으로 생각되는 것은 우리의 경험 때문이다. 한 시점에서 특정한 지점에 아무 것도 없는 것을 우리는 '무' 의 상태로 착각하는 것이다. 그러나 실제로는 그 지점에 '유'라고 인지할 수 있는 상태가 찾아올 수 있다. 그런 상태가 언제 찾아올지, 얼마나 자주 찾아올지 알 수는 없지만 언젠가는 찾아올 가능성이 있으며 이것이 '무'의 상태와는 다른 점이다. 확률 0과 0.00000000000001의 차이는 크게 다르다. 확률이 0인 것은 결코 실현될 수 없지만 확률이 매우 낮더라도 0이 아닌 것은 실현될 수 있다. 그의 실현은 무작위적이어서 예측 불가능하며 따라서 완전히 우연적이라고 할 수 있다. 이것이 '유'와 '무'의 차이이다.

좀 더 쉽게 이해할 수 있도록 수소 원자의 예를 들어보자. 수소 원자의 핵 주위에 전자가 있다. 원자핵이 반경 1cm인 구슬이라 하였을 때 그 주위의 전자는 반경 1km 되는 공간을 차지한다. 수소원자에 있는 한 개의 전자가 어느 시점에 어느 위치에 있을 것인지는 오로지 확률에 의해서만 정해질 수 있다. 사실 전자가 위치한 지점 이외의 모든 공간은 진공 상태이며 '무'의 상태라고 말하고 싶지만 어떤 곳이든 전자가 나타날 확률이 있으므로 '무'의 상태는 아니다. 곧, 전자는 해당 공간 어디에나 존재하며 따라서 전자가 존재하지 않는 곳은 아무데도 없다. 특정한 위치에 전자가 나타난 것은 그것이 창조되어서가 아니라 나타날 것이 나타난 것이기 때문이다. 그렇다면 왜 이 세상은 처음부터 무엇이 존재하는가? 이런 질문은 쉽게 할 수 있는 것이지만 실은 성립될 수 없는 질문이다. 우리의 육체가, 우리의 의식이 그런 세상에서 태어났기 때문이다.

단원정리 5

생명을 유지하기 위해서는 많은 종류의 정보를 다루어야 한다. 이 단원에서는 일반적으로 정보 자체의 성격이 무엇인지 파악해 보고 그 후 개별적인 생명정보에 대하여 설명하였다.

정보 체계는 신호 또는 기호(정보체)와 의미, 그리고 정보 수용체로 구성되어 있다. 정보는 사물이나 사건이 존재하는 방식이다. 이것은 일종의 에너지이다. 정보체의 정보 에너지는 정보 수용체가 의미를 인지할 때에 비로소 정보가 된다. 수용체는 초기 정보 에너지를 다른 형태의 에너지로 변환시킨다. 정보 변환이 일어나는 것이다. 실체적 존재인 정보체에서 정보가 형성되는 최초의 과정은 물리적 인과율에 의한 필연적인 현상이다. 그러나 이 과정은 일어나는 빈도가 매우 낮아서 다시는 반복될 가능성이 없다. 그럼으로, 형성된 정보는 결국 매우 특별한 것이며 우연적으로 나타난 것이라고 할 수 있다. 물리적 인과율에 의한 결과를 놓고 특별하며 우연적이라고 말하는 것은, 우리가 일상생활에서 기대하는 물리법칙이란 결과가 항상 반복, 재연되는 것이어야 한다는 일반의 기대에 어긋나기 때문이다.

유전정보는 하나의 코돈과 그것이 지정하는 아미노산 사이의 인과관계에서 형성된 것이다. 코돈과 아미노산의 인과관계는 tRNA가 매개체 역할을 함으로써 이루어진다. tRNA와 아미노산 사이의 필연적 인과관계는 80개의 뉴클레오티드의 우연적 서열과 특정한 아미노산의 우연적 만남으로 이루어진다. 이렇게 형성된 유전암호를 바탕으로 지구의 모든 생명체가 다양한 형태로 진화하였다. 유전암호의 보편성은 지구생물이 하나의 기원에서 파생되었음을 의미하는 것이며 곧, 생명의 특수성을 의미하는 것이다.

생물은 처해있는 환경에 따라 신진대사에 변화를 일으켜, 주어진 조건에서 가장 효율적인 방법으로 살아간다. 이것은 내·외부 환경 조건에 적합한 유전자를 발현시킴으로써 가능하다. 이와 같이 생물의 생리작용에 영향을 주는 생명정보를 생리정보라 한다. 생물체는 많은 유전자를 갖고 있지만 모든 유전자가 항상 발현되지는 않는다. 신진대사의 원료물질을 분해하는 효소는 그 원료물질이 있을 때만 필요하다. 원료물질이 있지 않으면 분해효소의 유전자 발현은 불필요한 낭비를 초래할 뿐이다. 따라서 분해효소 유전자는 평소에 발현이 억제되어 있다가 원료물질이 존재할 때에 비로소 발현유도(induction)되는 것이다. 이와는 대조적으로, 합성대사의 최종산물은 세포에 이미 많이 있거나 외부에서 공급되면 굳이 합성할 필요가 없다. 따라서 이 물질을 합성하는 효소들의 유전자는 평소에 발현되다가 합성할 물질이 세포에 많이 있으면 발현이 억제되는 것이다. 이러한 유전자 발현조절 방식을 발현억제(repression)라 부른다.

유전자 발현을 조절하는 가장 보편적인 방식은 전사과정을 통제하는 것이다. 유전자의 프로모터(promoter) 부위에는 작동자(operator)라고 부르는 염기서열이 있다. 작동자에 특수한 단백질이 결합하게 되면 유전자 발현이 불가능하게 되는데 그 때문에 이 단백질을 억제자(repressor)라고 부른다. 그러므로 억제자가 작동자에 결합하느냐 못하느냐에 따라 유전자 발현이 조절될 수 있다. 유당 오페론은 유당을 분해하여 대사과정에 공급하는데 필요한 효소 유전자들을 포함하고 있다. 유당 억제자는 평소에 작동자에 결합되어 유전자 발현(전사)을 억제한다. 유당(유도물질)은 억제자 단백질과 결합하는데 그 결과 단백질의 구조에 변형이 생겨 DNA(작동자)에 결합할 수 없게 된다. 전사를 억제하던 억제자가 불활성화 됨으로써 억제되었던 유전자 발현이 유도되는 것이다. 유전자 발현은 당장 유당을 소모하는 결과를 낳는다. 세포 속의 유당이 다 없어지면 억제자를 더 이상 불활성 상태로 묶어 둘 수 없으므로 활성을 되찾은 억제자는 유전자를 다시 억제 상태로 전환시킨다.

억제되어 있는 유전자 발현을 유도하는 작용과 달리 발현되고 있는 유전자를 발현억제(repression)하는 작용도 있다. 예를 들면 철 원소 흡수와 관련된 대사과정에 작용하는 엔테로박틴(enterobactin) 오페론의 경우이다. 세포 속의 철 원소 농도가 낮아지면 대장균은 철 원소와의 결합력이 매우 큰 엔테로박틴이라는 화합물을 생산하여 세포 밖으로 방출한다. 엔테로박틴은 매우 복잡한 화합물로 이를 생산하기 위해서는 여러 효소가 필요하며 이 효소 유전자들은 엔테로박틴 오페론에 포함되어 있다. 세포 밖으로 방출된 엔테로박틴은 환경 속의 미량의 철 이온과 결합하여 세포 표면에 위치한 수용체와 결합하면서 세포 안으로 들어온다. 한편 철 이온의 계속된 흡수로 세포내의 농도가 높아지면 세포는 많은 에너지를 소모하면서 철을 흡수해야 할 이유가 없다. 때문에 엔테로박틴 오페론을 억제한다. 철 이온이 Fur라고 명명된 조절 단백질에 결합하면 활성 억제인자가 되는데 이것이 오페론의 작동자에 결합함으로써 유전자 발현이 중단된다. 뒤 이어 철 원소의 흡수도 중단된다. 철 원소가 결핍상태에 이르면, Fur 단백질은 결합하고 있던 철 원소를 잃고 그에 따라 유전자 발현이 다시 일어나는 것은 말할 것도 없다.

환경정보가 유전자 발현을 조절하는 중심에 억제자가 있음을 알게 되었다. 예로 들은 두 개의 오페론에서 유당 억제자와 Fur 단백질(엔테로박틴 억제자)이 그것이다. 유당 억제자는 360개의 아미노산으로 이루어진 4개의 동일한 폴리펩티드로 구성되어 있다. NH_2- 말단은 DNA에 결합하며, COOH- 말단은 폴리펩티드가 서로 연결되는데 기여한다. 또한 억제자에 유도물질이 결합하면 구조가 변하여 더 이상 작동자에 결합할 수 없게 된다. 환경의 생리정보(유당의 농도)를 억제자 단백질의 미묘한 표면구조를 통해 유전자 발현에 이용하는 것이다. 억제인자를 구성하는 아미노산 360개가 모두 이 표면구조를 형성하는데 참여하는 것은 아니지만 적어도 DNA 결합부위에 62개, 폴리펩티드 4개가 서로 결합하는데 약 55개, 유도물질과 결합하는데 참여하는 아미노산 최소 9개가 필요하며, 이것을 모두 합하면 126개가 된다. 이 아미노산들이 우연히 제 위치에 들어갈 확률은 $1/20^{126}$, 곧 $1/10^{164}$이다. 억제인자 단백질이 유전자 발현조절과 관련된 정보를 얻게 되는 것은 이토록 희귀한 사건이 일어난 후 발생된다. 한번 우연히 일어난 사건일 뿐 다시 일어날 확률은 거의 없다. Fur 단백질은 분자량이 17kDa으로 148개 아미노산으로 구성되어 있다. 이 단백질이 철 이온을 감지하는 센서의 역할을 한다. 철 이온과 결합한 Fur 단백질은 구조적 변화를 일으켜 DNA 부위에 결합하게 된다. 철 이온 농도가 유전자 발현을 억제하는 정보로 사용되려면 Fur 단백질의 특별한 구조가 요구된다. 단백질의 무작위 서열이 정보 변환에 필요한 구조를 획득하는 데에 우연이 작용할 수밖에 없다.

좀 더 복잡한 생리정보로 화학주성(chemotaxis)을 들 수 있다. 화학주성은 세균이 유인물질을 향해서 또는 기피물질을 피해서 이동하는 행동을 말한다. 세균의 이동에는 두 가지 방식이 있다. 뒹굴기(tumbling)는 편모들이 제각기 시계방향으로 회전함에 따라 세포는 제자리에서 맴도는 경우이다. 달리기(running)는 모든 편모가 다발을 이루어 시계 반대방향으로 회전하면서 한 쪽 방향으로 나아가는 방식이다. 영양소가 균일한 배양액에서는 뒹굴기와 달리기가 교대로 일어나 무작위 운동을 나타낸다. 그러나 유인(기피)물질의 구배가 있을 때에는 달리기의 빈도가 더 높아 져 일정한 방향으로 다가가거나 피해가게 된다.

세균에는 화학물질의 농도변화 감지하는 MCP(methyl-accepting chemotaxis protein)이라 부르는 막 단백질이 있다. 이 단백질이 세포 외부 표면에서 유인물질과 결합하면 구조적으로 변화가 일어나 세포막 내부 표면이 활성화 된다. 그 결과 세포질에 있는 CheA의 자기 인산화(autophosphorylation)를 억제하며 이것이 또 CheY의 인산화를 불가능하게 한다. CheY는 편모를 시계 반대방향으로 회전하는 것을 허용하며 인산화(CheY-ⓟ)되면 시계 방향으로 회전시킨다. MCP는 환경정보를 수용하여 생리정보(CheA 또는 CheA-ⓟ)로 변환시키고 그것은 또 다른 생리정보(CheY 또는 CheY-ⓟ)로 변환된다. 세균에서 나타나는 단순한 신호전달계이다. MCP 단백질이 환경물질과 결합하여 구조변화를 일으켜 생리정보를 생산하는 과정은 위의 유당 억제자나 Fur 단백질의 경우처럼 매우 낮은 확률로 일어나는 사건임이 틀림없다.

생물체는 여러 종류의 환경 자극을 동일한 방식으로 정보화하는 공통의 메커니즘을 진화시켜 왔다. 그것이 곧 신경계이다. 여기에는 특별히 분화된 신경세포가 관여하며 신경세포가 처음으로 환경의 변화를 정보로 변환시키는 과정이 감각이다. 신경계가 여러 형태로 진화하면서 동물의 인지기능은 다양한 수준으로 변모하였다. 단순히 외부의 자극을 인지하는 감각의 수준에서부터, 감각한다는 사실을 인지하는 의식의 수준으로, 더 나아가 의식하는 주체인 자아를 인지하는 자의식에 이르기까지 발전하게 된다. 모든 감각과정은 환경자극으로부터 시작되며 자극은 에너지 형태로 제시된다. 자극이 있을 때, 이를 감지하는 감각 수용체는 특수한 상피세포이거나 신경세포이다. 감각세포의 하부 구조인 감각수용기는 자극에너지를 감각정보(활동전위)로 변환시킨다. 자극에너지를 흡수한 감각수용기(예를 들어, 청각세포의 액틴 섬유나 광 수용체 세포의 로돕신)가 구조적 변화를 거쳐 감각정보를 생산할 수 있는 아미노산 서열을 무작위로 가질 확률은 우리의 상상을 초월하는 낮은 값임이 틀림없다. 의식과 자의식이 형성되는 과정도 비슷할 것으로 보인다.

의식의 문제를 다루게 되면 필연코 자유의지를 거론하지 않을 수 없다. 근대과학이 발전하면서 기계론적, 결정론적인 세계관이 대두하였다. 물리계에서 일어나는 모든 현상은 물리법칙을 따르게 마련이어서 선행 원인은 인과율에 의해 필연적 결과를 낳게 된다. 인간도 그 자신이 물리계에 속해 있는 이상 인과의 법칙에서 벗어날 수 없고, 따라서 인간에게 과연 자유가 있는가라는 의문이 제기되는 것이다. 또한 이와 같은 물리계에서, 인간에게 있다고 여겨지는 비물질적 요소인 정신(마음)이란 무엇인지를 규정하여야 한다.

결정론에 대하여 여러 가지 비판이 있어 왔다. 어떤 원인은 불확정성 원리에 의하여 또는 확률적 현상으로 나타나므로 필연적 선행원인이 불가능하다. 결정론은 너무나 강력하여 이러한 비판들이 자유의지의 존재를 주장하는데 전혀 도움이 되지 않고 있다. 우리는 모두 자신에게 자유의지가 있다는 것을 직관적으로 안다. 대부분의 사람들은 미래는 결정된 것이 아니며 자기의 노력 여하에 따라 결정된다고 믿고 있다. 그러나 웨그너(Daniel Wegner)와 해리스(Sam Harris) 같은 철학자들은 자유의지는 오로지 환상이며 인간은 결정론이 조정하는 꼭두각시 또는 좀비에 불과하다고 말한다. 이들은 리벳(Benjamin Libet)이나 헤인즈(John-Dylan Haynes)와 같은 뇌과학자들의 실험결과를 인용하여, 인간의 자유 선택에 관한 의식 이전에 측정 가능한 선행 원인이 있다고 주장한다.

필자는 자유의지를 새롭게 정의하고 새로운 관점에서 탐구해 보고자 한다. 자유의지는 '행위의 결과에 영향을 주는 행위자의 자발적(self-initiated) 의도' 라고 정의할 수 있다. 아무런 외적 개입이 없을 때 선행 원인은 자발적으로(저절로 일어나는, spontaneously) 결과에 이르게 된다. 즉, 의도가 없는 곳에는 어김없이 인과율이 적용된다. 그러나 행위자의 의도는 선행 원인과 결과 사이에 개입하여 물리, 화학적 작용으로는 결코 저절로 일어나지 않는 일을 진행시킨다. 여기에는 에너지 사용이 필수적이다. 에너지 용어를 사용하여 자유의지를 재정의하면 '에너지를 사용하여 자발적인 물리, 화학적 작용에 벗어나는 일을 진행시키는 작용'이 된다. 슈뢰딩거(Erwin Schrödinger)는 생명을 '환경으로부터 네거티브 엔트로피(negative entropy)를 흡수하는 존재'이라고 정의하였다. 엔트로피가 증가하는 것이 자연적, 자발적 현상인데 네거티브 엔트로피를 흡수하는 것은 에너지를 사용할 때에만 가능하다. 따라서 생명을 '에너지를 사용하면서 자발적 현상을 벗어나 체제를 유지, 증식하는 존재'라고 말할 수 있다. 생명과 자유의지에 관한 정의에서 "자유의지는 생명의 본질에 속한다."라는 결론을 얻을 수 있다. 자유가 에너지를 사용하여 물리적 과정을 거스르는 행위였음으로 당연히 그 선택에 대한 책임을 져야 한다. 무생물의 활동(변화)은 완벽하게 결정론에 따라 필연적 결과를 얻지만 생물의 활동에는 자유의지가 있기 때문에 우연적이며 예측 불가능한 결과를 낳게 되는 것이다.

생명정보는 물질에서 발생되었으나 이 과정은 비가역적이다. 유전정보의 흐름을 다루는 분자생물학의 중심원리(central dogma)가 그렇다. 핵산→핵산→단백질로 표현되는 정보의 흐름이 일방적으로 진행되는 것이다. 또한 유당 오페론의 발현으로 유도물질의 농도를 변화시킬 수 없고, 엔테로박틴 유전자들의 발현으로 철 이온의 농도를 좌우할 수 없다. 비물질적 존재인 정보는 물질세계에서 다시는 재현될 수 없는 낮은 확률로 우연히 발생하였으며 거꾸로 물질세계로 전환될 수 없다. 생명정보의 생성은 서로 인과관계가 없는 수많은 원인들이 동시에 일어나야하기 때문에, 확률이 매우 낮을 수밖에 없고(따라서 다시는 똑 같은 것이 생길 수 없고), 또한 개별적 원인과 결과(생명정보) 사이의 인과관계를 주장할 수가 없는 것이다.

'무'의 상태, 곧 아무 것도 없음은 그것을 판단할 의식조차 존재할 수 없으므로 자체적으로 논리적 모순이다. 의식이나 정신으로 일컫는 비물질적 존재(정보)는 물질적 근거에 의해 비로소 발생한다. '무'란 실체가 없는 관념일 뿐이다. 실체는 다만 변화할 뿐 사라질 수 없다. 따라서 아무 것도 없는 것에서 실체가 생겨날 수 없다. 창조란 원천적으로 불가능하다. 이것은 오직 신앙의 세계에서만 가능한 것이다.

에필로그

생명이 무엇인지를 놓고 여러 각도에서 논의해 보았다. 생물과 무생물의 차이는 예로 든 두꺼비와 돌멩이에서 보는 것처럼 언제나 명백히 구분할 수 있는 것은 아니다. 무지개가 빨간색에서 보라색에 이르는 동안 무수히 많은 중간단계가 있다. 이와 마찬가지로 생명체와 비생명체 사이에 많은 중간 형태가 있어 필자는 이를 생명 스펙트럼이라 부른다.

생명을 '자기복제체에서 유래된 독립적인 자기보전체'라고 정의한다. 초기 복제물질인 RNA가 안정적으로 복제하기 위해서는 안정된 뉴클레오티드의 공급이 필요하다. 이것은 에너지 변환을 요구한다. 에너지 변환은 생명체가 되기 위한 필수 과정이다. 따라서 생명은 에너지 변환체이다.

생명체는 자발적으로 일어나지 않는 과정을 자신의 필요에 따라 에너지를 사용하여 수행하는 존재이다. 그러므로 자유의지는 생명의 본질적 속성이다. 생명체는 물질세계에 속해 있으면서도 자유의지가 있기 때문에 필연에서 벗어나 우연적이며 예측 불가능한 사건을 만들어 낸다. 결정론으로부터 해방되는 자유, 이것이 곧 생명활동이다.

생명은 정보이다. 생명체는 자체로 정보이며 정보를 만들고 외부의 정보를 수용한다. 생명정보 역시 우연히 오직 한 번 만들어지는 것이며 때문에 그것이 파생된 물리적 근거와의 사이에 인과관계를 주장할 수가 없는 것이다.

지금까지 장님의 코끼리 더듬기처럼 생명에 관한 생각을 풀어 놓았다. 우리가 더듬어 볼 수 있는 생명은 오직 우리가 현재 다루고 있는 것 외에는 다른 예를 찾을 수 없으므로 쉽게 정의하기가 어렵다. 어쩌면 색상을 나타낼 때 노란색을 H 값 30으로 정한 것처럼 임의적 기준을 사용할 수밖에 없을지도 모른다. 생명에 대한 우리의 이해가 더욱 깊어지면 좀 더 만족스러운 정의를 내릴 수 있을지 모르겠다.

보잘 것 없는 지식을 바탕으로 글을 쓰고 이제 마무리하면서 생명이란 참으로 신비한 것이라는 생각이 든다. 자연과학을 연구하는 사람으로 금기로 여겨야 할 말 중의 하나가 '신비'라고 할 수 있겠는데, 이것이 거슬리는 독자를 위하여 '기막힌 우연' 또는 '놀라운 현상'이라고 불러도 무방할 것이다. 그 몇 가지를 아래에 소개하겠다.

뉴클레오티드; 뉴클레오시드 삼인산 중 마지막에 붙은 인산이 떨어지면서(ATP → ADP + P_i) 자유에너지를 방출하여 화학반응을 활성화시킨다. 뿐만 아니라 핵산의 중합반응이 일어날 때는 역시 자유에너지를 방출하면서 끝에 있는 인산 두 개를 끊고(NTP → NMP + PP_i) 뉴클레오티드를 중합체에 추가한다. 이것이 중합체를 만들면서도 외부에서 에너지를 요구하지 않는 이유이다. 생명의 신비는 여기에서 시작되었다고 말할 수 있다. 만일 핵산의 중합과정이 다른 중합반응처럼 에너지 흡수반응이었다면 아마도 생명의 출현은 불가능했을 것이다. 핵산을 합성하기 위해 환경의 에너지를 직접 공급할 수는 없다. 생명 시스템에 공급할 에너지는 안정되고 지속적인 형태로 제공되어야 하기 때문이다. 이것은 에너지 변환과정에 의해 비로소 가능하다. 에너지의 중요성이 다시 한 번 떠오른다.

무작위 염기서열을 가진 핵산이 똑같이 만들어질 수 있는 방법이 복제이다. 뉴클레오티드의 염기들은 수소결합을 통해 두 종류의 특수한 염기쌍을 이루는데 이 성질 때문에 핵산의 복제가 가능하다. 뉴클레오티드가 중합되었어도 복제를 하지 못하면 생명체로 발전할 수 없기 때문에 상보적 염기쌍 형성은 두 번째의 신비라고 할 수 있다.

아미노산은 탄소 한 원자에 네 개의 작용기가 결합된 분자이다. 이들 중 세 개는 모든 아미노산에서 같고 마지막 작용기 R만이 달라 단백질을 구성하는 20종류를 가릴 수 있게 해 준다. 아미노산들은 펩티드 결합으로 중합체를 이루는데, 이 때 생성된 펩티드 결합과 곁가지에 붙은 R 그룹들은 서로 작용하여 매우 다양한 삼차원적 구조를 형성한다. 그 다양성은 아미노산이 한 개 추가될 때마다 20배 씩 증가하므로 실로 천문학적 수치(다양성 = 20^n, n은 아미노산의 개수)를 나타낸다. 처음으로 특별한 기능을 가진 구조를 만들어내는 아미노산의 특별한 서열은 우연히 얻은 것이지만 핵산의 복제가아니면 다시는 반복해서 얻을 수 없다.

생명의 네 번째 신비는 이러한 아미노산의 서열정보를 뉴클레오티드 서열로 나타낸다는 데 있다. 뉴클레오티드 서열이 아미노산의 서열로 전환되는 데는 tRNA가 매개체 역할을 한다. tRNA의 특별한 구조가 특별한 아미노산과 결합할 수 있게 되고 그 tRNA의 다른 부위가 정보를 가진 폴리뉴클레오티드와 상보적 수소결합을 함으로써 가능하게 된 일이다.

생명으로 발전되는 일련의 과정들이 이와 같이 신비롭기는 해도 엄밀한 물리적 인과율에 따라 진행되는 것이다. 그런데, 비록 인과율에 따라 발생되었다 하드라도 이 과정은 반복될 수 없다. 생명이 탄생하기 이전의 환경을 과거와 똑같이 재현한다 하여도 뒤따르는 변화가 이전의 것과 똑같이 반복되어 나타날 수는 없다. 더 나아가 이전의 환경을 과거와 똑같이 재현하는 것조차 불가능하다. 이것이 생명의 일회성이다. 그러므로 필자는 생명을 우연의 소산이라고 주장하는 것이다.

찾아보기

위세찬 (Sechan Wee)

서강대학교 생물학과 학사, 석사

미국 일리노이 주립대학 박사 (미생물학)

미국 캘리포니아 대학, 버클리 연구원

1987년 한림대학교 유전공학과 (바이오메디컬학과) 교수

2011년 한림대학교 명예교수

swee@hallym.ac.kr

http://blog.naver.com/sechanwee